河（湖）长制系列培训教材

水生态修复

河海大学河长制研究与培训中心　组织编写

郑蕾　张淑荣　鞠茂森　李艳利　编著

U0217448

中国水利水电出版社
www.waterpub.com.cn
·北京·

内 容 提 要

本书从水生态系统的基本概念和结构出发，深入浅出地阐述其各要素之间的作用规律、过程及其与水生态系统作为整体来体现的基础功能和服务功能之间的联系，使读者从不同尺度深入理解水生态的内涵。提炼水生态修复的思想和方法，列举经典案例，可加深理解，提高可操作性。第一章描述了水生态的构成要素与相互关系，阐述了水生态系统功能，分析了水生态现存问题与修复的必要性；第二章针对水生态系统开放性特征，描述了流域尺度自然地理特征和人类活动对水生态系统功能和结构的影响，以及对水生态系统管理和修复的指导意义；第三章阐述了以河湖为代表的动水水体和静水水体的相关理论，深入归纳水生态系统各要素间的关系与作用规律、外在表现；第四～六章分别阐述了水文、物质迁移转化和生物结构的分布规律、影响因素及生态学意义；第七章针对水生态修复实操，归纳总结了水生态修复的目的、规则、程序、方法和技术；第八章结合河湖长制和我国现有水生态问题，分析了水生态系统管理机制；第九章列举了国内外经典水生态修复案例，并分析了其经验和启示。

本书可供高等院校、科研院所从事水生态研究、环境科学、湖泊科学的研究人员，以及河湖管理部门、河湖水生态修复技术人员参考使用。

图书在版编目（CIP）数据

水生态修复 / 郑蕾等编著；河海大学河长制研究与
培训中心组织编写. -- 北京：中国水利水电出版社，
2020.9
河（湖）长制系列培训教材
ISBN 978-7-5170-8913-1

Ⅰ. ①水… Ⅱ. ①郑… ②河… Ⅲ. ①水环境－生态
恢复－技术培训－教材 Ⅳ. ①X171.4

中国版本图书馆CIP数据核字(2020)第185170号

书　　名	河（湖）长制系列培训教材 **水生态修复** SHUISHENGTAI XIUFU	
作　　者	河海大学河长制研究与培训中心　组织编写 郑蕾　张淑荣　鞠茂森　李艳利　编著	
出版发行	中国水利水电出版社 （北京市海淀区玉渊潭南路1号D座　100038） 网址：www.waterpub.com.cn E-mail：sales@waterpub.com.cn 电话：(010) 68367658（营销中心）	
经　　售	北京科水图书销售中心（零售） 电话：(010) 88383994、63202643、68545874 全国各地新华书店和相关出版物销售网点	
排　　版	中国水利水电出版社微机排版中心	
印　　刷	北京瑞斯通印务发展有限公司	
规　　格	184mm×260mm　16开本　14.5印张　353千字	
版　　次	2020年9月第1版　2020年9月第1次印刷	
印　　数	0001—2000册	
定　　价	**69.00**元	

序

　　江河湖泊是水资源的重要载体，是生态系统和国土空间的重要组成部分，是经济社会发展的重要支撑，具有不可替代的资源功能、生态功能和经济功能。2016年11月，中共中央办公厅 国务院办公厅印发《关于全面推行河长制的意见》（厅字〔2016〕42号）（以下简称《意见》）。2017年12月，中共中央办公厅 国务院办公厅印发《关于在湖泊实施湖长制的指导意见》（厅字〔2017〕51号）。全面推行河长制、湖长制是落实绿色发展理念、推进生态文明建设的内在要求，是解决我国复杂水问题、维护河湖健康生命的有效举措，是完善水治理体系、保障国家水安全的制度创新。

　　全面推行河长制以来，地方各级党委政府作为河湖管理保护责任主体，各级水利部门作为河湖主管部门，深刻认识到全面推行河长制的重要性和紧迫性，切实增强使命意识、大局意识和责任意识，扎实做好全面推行河长制各项工作。水利部党组高度重视河长制工作，建立了十部委联席会议机制、河长制工作月调度机制和部领导牵头、司局包省、流域机构包片的督导检查机制，多次在北京召开全面推行河长制工作部际联席会议全体会议。水利部会同联席会议各成员单位迅速行动、密切协作，第一时间动员部署，精心组织宣传解读，与环境保护部联合印发《贯彻落实〈关于全面推行河长制的意见〉实施方案》（水建管函〔2016〕449号）（以下简称《方案》），全面开展督导检查，加大信息报送力度，建立部际协调机制。地方各级党委、政府和有关部门把全面推行河长制作为重大任务，主要负责同志亲自协调、推动落实。全国各地上下发力，水利、环保等部门联动。水利部成立了"全面推进河长制工作领导小组办公室"（以下简称"部河长办"），全国各地成立了省、市、县三级河长制办公室。

　　两年多来，水利部会同有关部门多措并举、协同推进，地方党委政府担当尽责、狠抓落实，全面推行河长制工作总体进展顺利，取得了重要的阶段性成果，提前半年完成了中央确定的全面建立河长制的工作任务。在方案制度出台方面，31个省、自治区、直辖市和新疆生产建设兵团的省、市、县、乡四级工作方案全部印发实施，省、市、县配套制度全部出台。各级部门结合实际制定出台了水资源条例、河道管理条例等地方性法规，对河长巡河履职、考核问责等做出明确规定。在组织体系构建方面，全国已明确省、市、县、乡四级河长超过 32 万名，其中省级河长 402 人，59 名省级党政主要负责同志担任总河长。各地还因地制宜设立村级河长 76 万名。在河湖监管保护方面，各地加快完善河湖采砂管理、水域岸线保护、水资源保护等规划，严格河湖保护和开发界线监管，强化河湖日常巡查检查和执法监管，加大对涉河湖违法、违规行为的打击力度。在开展专项行动方面，各地坚持问题导向，积极开展河湖专项整治行动，有的省份实施"生态河湖行动""清河行动"，河湖水质明显提升；有的省份开展消灭垃圾河专项治理，"黑、臭、脏"水体基本清除；有的省份实行退圩还湖，湖泊水面面积不断增加。在河湖面貌改善方面，通过实施河长制，很多河湖实现了从"没人管"到"有人管"、从"多头管"到"统一管"、从"管不住"到"管得好"的转变，推动解决了一大批河湖管理难题，全社会关爱河湖、珍惜河湖、保护河湖的局面基本形成，河畅、水清、岸绿、景美的美丽河湖景象逐步显现。2017 年 6 月 27 日修订发布的《中华人民共和国水污染防治法》第五条写道："省、市、县、乡建立河长制，分级分段组织领导本行政区域内江河、湖泊的水资源保护、水域岸线管理、水污染防治、水环境治理等工作"，河长制纳入到法制化轨道。2018 年 10 月，水利部印发《关于推动河长制从"有名"到"有实"的实施意见》，提出要聚焦管好"盆"和"水"，集中开展"清四乱"行动，落实治理河湖新老水问题，向河湖管理顽疾宣战，推动河长制尽快从"有名"向"有实"转变，从全面建立到全面见效，实现名实相副。

总体来看，全国各地河长制工作全面开展，部分地区已结合实际情况在体制机制、政策措施、考核评估及信息化建设等方面取得了创新经验，形成了"水陆共治，部门联治，全民群治"的氛围，各地形成了"政府主导，属地负责，行业监管，专业管护，社会共治"的格局。河长制工作取得了很大进展和成效，但在全面推行河长制工作过程中，也发现存在一些苗头性的问题。有的地方政府存在急躁情绪，想把河湖几十年来积淀下来的问题通过河长制一下子全部解决，不能科学对待河湖管理保护是项长期艰巨的任务，对河湖治理的科学性认识不足；有的地方河长才刚刚开始履职，一河一策方案还没有完全制定出来，有的地方河长刚刚明确，还没有去检查巡河，各地进展不是很平衡；有的地方对反映的河湖问题整改不及时，整改对策存在一定的局限性等。

两年来，水利部河长办、河海大学举办多次河长制培训班；各省、地或县均按各自的需求举办河长制培训班；各相关机构联合举办了多场以河长制为主题的研讨会。上下各级积极组织宣传工作。2017年4月28日，河海大学成立"河长制研究与培训中心"。

为了响应河长制、湖长制《意见》的全面落实和推进，为河（湖）长制工作提供有力支撑和保障，在水利部河长办、相关省河长办的大力支持下，河海大学河长制研究与培训中心会同中国水利水电出版社在先期成功举办多期全国河长制培训班的基础上，通过与各位学员、各级河长及河长办工作人员的沟通交流，广泛收集整理了河（湖）长制资料与信息，汲取已成功实施全面推行河（湖）长制部分省、市的先进做法、好的制度、可操作的案例等，组织参与河（湖）长制研究与培训教学的授课专家编写了《河（湖）长制系列培训教材》，培训教材共计10本，分别为：《河长制政策及组织实施》《水资源保护与管理》《河湖水域岸线管理保护》《水污染防治》《水环境治理》《水生态修复》《河（湖）长制执法监管》《河（湖）长制信息化管理理论与实务》《河（湖）长制考核》《湖长制政策及组织实施》。相信通过这套系列教材的出版，能进一步提高河（湖）长制工作人员的工作能力和业务水平，促进河（湖）长制管理的科学化与规范化，为我国河湖健康保障做出应有的贡献。

前言

随着经济社会的快速发展，中国河湖管理保护出现了一些新的问题，如河道干涸、湖泊萎缩、水环境状况恶化、河湖功能退化等，对保障水安全带来严峻挑战。解决水生态问题，亟须大力推行河长制，推进河湖系统保护和水生态环境整体改善，保障河湖功能永续利用，维护河湖健康生命。

河湖管理是一项复杂的系统工程，涉及上下游、左右岸、不同行政区域和行业，系统而复杂。在此背景下，迫切需要系统的理论和知识支持。针对我国水生态修复的战略需求，本教材在编者近年来对河湖水生态修复相关研究和实践的基础上，参阅了大量国内外经典文献，总结近年来对水生态学相关研究成果的基础上，阐述了水生态结构和概念，系统讨论了以河湖水库等主要水体中水文、物化、生化过程及其与水生生物、流域和气候的关系，并分析了微观过程对宏观功能的影响，以使读者能够理解水生态系统的内涵，了解水生态出现问题的原因，进而结合案例分析和管理需求，归纳了水生态修复规则、要点和程序，并对各项技术做了详细介绍，为水生态相关技术和管理人员提供方法和信息。

本书主要由北京师范大学郑蕾、张淑荣，河海大学鞠茂森，河南理工大学李艳利等编著完成，第一章、第二章由郑蕾、鞠茂森完成；第三章、第四章由张淑荣完成；第五章、第六章由郑蕾完成；第七章由郑蕾、李艳利完成；第八章由张淑荣完成；第九章由郑蕾、张淑荣完成。同时，刘婷婷、王慧鹏协助绘制了相关图稿，统稿由郑蕾完成。本书的每一章都是水生态系统的重要方面，而从整体看又成为一个系统，可为科研、管理和教学提供一种思路。可供高等院校、科研院所从事水生态研究、环境科学、湖泊科学等方面的研究人员，以及河湖管理部门、河湖水生态修复技术人员参考使用。

本书尝试将河湖进行统一分析，将水生态系统中水文、生化、物理、空间形态等复杂过程进行深入分析，并在编写过程中把相关内容进行不断完善，尽量使内容成为一个有机整体，以指导读者理解和应用。

本书在写作过程中，得到了北京师范大学水科学研究院的大力支持，以及中国科学院生态环境研究中心尹澄清先生和中国水利水电科学研究院赵进勇博士的殷切指导，谨此表示衷心感谢！

由于编者水平有限、时间仓促、内容涉及面广，书中难免存在不足之处，希望读者提出宝贵意见，以便使书稿得到进一步的改善和提高。

编者

2020 年 5 月

目录

第一章

水生态修复概述

第一节 引 言

水是支撑整个地球生命系统的基础，水生态系统是以水为核心、水质水量为基础的动力系统，充足的水量和良好的水质支持着水生态系统中水生及周边动植物的生长发育。不同类型的水生态系统，如河流、湖泊、沼泽、河口等，具有多种非常重要的生态系统功能，包括营养物循环、储存和净化水、增加并维持溪流、为许多不同野生生物提供栖息地，并为人类提供必不可少的物质资源和生存环境。生态系统之间的水文联系为维持系统营养物质循环、信息和能量传递等功能提供重要的支持，生态系统及生态过程中所产生的物质资源以及所形成的环境均是对人类和环境提供的生态系统服务，包括直接影响人类生活的供给服务，如食物、水、木材、燃料和纤维素等；调节服务，如调节气候、洪水、疾病、垃圾和水质；通过精神满足、发展认知、思考和体验美感而使人类获得精神上享受的文化服务，以及对其他生态系统服务的生产提供所必需的支持服务。长期以来，人类大规模改变水生态结构，不合理地利用对水生态系统带来污染、退化、物种减少等严重问题，直接影响到生态安全和可持续发展，其根本原因在于对水生态系统的认识偏差。运用生态学思想和观点管理和解决水生态问题是可行的重要途径。从生态学角度看，现有水生态问题是因为人类过度开发，导致生态系统结构发生变化，从而无法可持续发挥其自然和社会服务功能。

水生态修复是解决这些问题、实现人类社会可持续发展的重要途径，基于这一共识，我国水生态系统管理目标已从 20 世纪初的河道整治、防洪和航运，到 20 世纪中期污染控制再到转变为目前的水生态系统管理。

水生态系统包含了水、化学物质、物理空间、不同级别的生物，这些因素间相互作用，同时又通过物质交换、能量交换与水体之外的陆地流域相互作用。这种复杂构成和开放式特征增加了对水生态系统认知的难度。

水生态系统千变万化，水生态修复必须对水体的特征、格局和内在过程了解透彻。本书尝试从水生态系统定义和结构出发，阐述水生态要素及其相互作用、水生态系统与外界联系途径与响应规律，介绍水生态构成与其服务功能之间的关系，水生态问题产生的原因与修复方法，为管理者和技术人员提供依据。

第二节 水生态系统定义

"生态学"一词由希腊文"oikos"衍生而来，意为"住所"。生态系统的概念最初是由英国生态学家坦斯利（Tanslye A G）于1936年提出的，他认为生物和非生物环境是相互作用、彼此依赖的统一体，强调一定区域内各种生物相互之间及它们与环境之间功能上的统一性。美国著名生态学家奥德姆（Odum E P）于1956年提出的定义：生态学是研究生态系统结构和功能的科学；《生物多样性公约》第二条的规定，生态系统是指植物、动物和微生物群落和它们的无生命环境交互作用形成的、作为一个功能单位的动态复合体；我国著名生态学家马世骏先生认为，生态学是研究生命系统和环境系统相互作用、相互关系的科学。在自然界中，生物个体、群体、群落都可以看成生命系统，这些系统周边的能源、温度、土壤等都是环境系统，强调系统中各个成员间的相互作用，是几乎无所不包的生态网络，而且系统相互作用、相互依存，是典型的复合系统和开放系统。

生态学家根据栖息地将生态学划分为淡水生态学、海洋生态学、河口生态学、陆地生态学等分支。本书的水生态系统侧重于淡水生态学。作为生态系统的一部分，水生态系统概念可从生态系统概念延伸为：在一定时间和空间范围内，有水存在的情况下，生物与生物之间、生物与非生物之间，通过不断的物质循环和能量循环形成的相互作用、相互依存，共同构成的具有特定结构和功能的动态平衡系统。水生态系统包括河流、湖泊、水库与池塘等地表水生态系和地下水生态系统，本书重点关注河流与湖泊等地表水生态系统。

第三节 水生态系统结构

水生态系统由水生生物和非生物环境两大部分组成，如图1-1所示。其中，非生物环境由包括太阳能和水能在内的能源、气候（光照、温度等）、基质（土壤、河床底质等）以及物质代谢原料（无机物质、有机化合物等）等因素组成，它们是水生态系统中各种生物赖以生存的基础。

水生生物则由生产者、消费者与分解者组成。其中生产者是能用简单的无机物制造有机物质的自养生物，主要包括绿色植物、藻类和某些细菌；消费者是不能用无机物制造有机物质的生物，称为异养生物，主要包括各种水禽、鱼类、浮游动物、底栖动物等水生或两

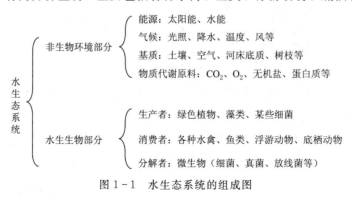

图1-1 水生态系统的组成图

栖动物；分解者皆为异养生物，又称还原者，主要指细菌、真菌、放线菌等微生物及原生动物等。它们把复杂的有机物逐步分解为简单的无机物，并最终以无机物的形式还原到环境中。

生产者中，绿色植物一为大型水生植物，分为浮游类和根生类，最常见的是水草，还有苔藓、地衣和地钱；二为微型植物，最常见的是藻类，生长机制比较简单，但是形态特征多种多样，是水体中一些动物的食物来源；消费者主要是水生动物，包括软体动物、蠕动动物、水螨、甲壳类动物、昆虫、鱼类等脊椎动物以及微型动物，主要是以原生动物、腐生细菌和腐生物质为食物；分解者主要包括细菌和真菌，它们生长在水体中的任何地方，包括水流、沉积物、底泥、石头和植物表面等，在水生态中扮演着分解者的角色，将死亡的生物体进行分解，维持自然生态循环。除了水体中的生物外，水岸周边生态也是水生态的主要组成部分，如河岸上的乔木、灌木、草被和森林等，这些植被能够大幅度减少水土流失，并为河中的鱼类提供隐蔽所和食饵。

第四节　水生态系统要素

一、水要素

水是水生态系统要素之一。水的生态学意义在于通过它的循环为系统中生物提供水源，同时水还是很好的溶剂，绝大多数物质都是先溶于水，才能迁移并被生物利用。因此其他物质的循环都是与水文循环结合在一起进行的。水生态系统中，水的流速、水位、时空变化深刻地影响着系统的物理、化学和生物过程。可以说，水文循环是地球上太阳能所推动的各种循环中的一个中心循环。没有水文循环，生命就不能维持，生态系统也无法启动。水的运动通过输移营养物质，影响水生态系统中的物质迁移转化过程，进而影响系统的生产力和生物结构；水的运动同时又影响系统的物理结构，进而影响栖息地的分布和特点；水分布特点又影响生物的栖息、产卵和食源，进而影响生物群落结构。水生态系统通过水文循环和所在区域的陆域取得联系。

水生态系统中流量大小、时空变化显著，深刻影响着其中物理化学和生物过程。水生态系统中的水的特征受所在区域降水、蒸散发、地下水交换等因素决定，同时受自身汇水区的地表坡度、植被覆盖、土壤质地等因素影响。

依赖于水的生境具有高度的多样性特征，从高山到低谷、从热带到寒带的广阔范围内，形成了包括河流、湖泊、池塘、湿地等不同层次的生境类型。水生态系统中水的数量、质量、运动与分布和其所在的地理环境、生物及周边人类社会之间相互影响、相互联系。水生态系统所提供的功能和效益依赖于系统中生物、化学和物理相互作用的过程，这些过程维持生态系统的存在并使之随着环境条件的变化而变化。

而生物赖以生存的空间结构，主要由水流的变化所驱动。水流变化可以改变潮湿区域和水陆交界面的位置，水的输入和输出会形成不同的水深、水流模式，进而影响系统的生化条件。高流动水流可引起生境大小、位置、深浅的改变，而这些因素又通过影响光照等因素影响系统中生物结构；水的运动，如降水、地表径流、下渗、地下水回补、潮汐、蒸散发等过程，会为水生态系统中输送或带走能量和营养物质，从而影响水生态系统中的物质组成变化，进而影响水生态系统的生产力和层级结构。

二、地貌形态要素

河湖水生态系统的地貌形态是地表物质在力的作用下被侵蚀、搬运和堆积等过程的作用下形成的特定形态。决定这一形态的实质是地表作用力和抵抗力的对比关系。地貌过程是形成水系类型、河道、河漫滩、阶地及河流廊道特征、滩地、湖盆等的主要因素。地貌过程对水体的物理因素，尤其是和水生态的多种类型塑造作用形成了不同的栖息地特点。

包括湖泊和河流在内的水生态系统，形态差别很大。既有近似圆形的火山口湖，又有大长宽比的冰川河谷湖；既有蜿蜒的溪流，又有平直的江河。这些形状、面积、水下形态、深度等空间结构均对其水流、水深、分层、沉积等行为有重要影响。不同的空间结构又会影响系统内生物的避难和栖息场所，进而影响系统的服务功能，众多研究成果表明，这种地貌形态的空间异质性，即地貌在空间分布上的不均匀性，决定了生物栖息地的多样性、有效性和总量。

三、水体物理化学要素

水生态系统中，水体的物理化学要素主要指系统内水体的物理状态和化学组分（包括水温、溶解氧浓度、pH值、氧化还原电位等）以及重要物质组成（如氮类物质、有机物、磷、金属等）。

水温对水生生物有重要影响。各种水生生物都有其独特的生存水温承受范围。大部分水生动物都是冷血动物，无法调节自身体温，其新陈代谢必须依靠外界热量。水温变化会对水生态系统带来两个方面的影响。食物链的代谢和繁殖率与在一定范围内和水温成正比，水温升高会使物质的溶解度上升，提高食物链的代谢和繁殖率，同时，代谢率提高会消耗大量氧气，导致水中溶解氧降低、有毒污染物含量上升，限制水生生物呼吸，致水生生物于不利生存环境。

溶解氧是鱼类等水生生物生存的必要条件。水中溶解氧水平是系统中生物生命活动耗氧、大气赋氧、植物光合作用释氧的平衡状态，同时受系统中有机物、营养物质等组分水平和温度影响，是水体生命力和代谢能力的一种体现。

除水温和溶解氧之外，水的pH值、酸碱度也影响着水生生物的繁殖和生命过程。许多生物的繁殖不能在酸性或碱性条件下进行。一般酸碱度可用pH值来表示。一般生物最适生存的pH值范围在6～8.5。当pH值在这个最适范围以外时，物种丰度逐渐下降。而水体的酸碱性主要与降水、随径流冲刷带来的输入物质和底质性质有关，同时又受物质在微生物作用下分解过程产物的酸碱性、植物光合作用产物等有关。

营养物、有机物等物质是水生态系统进行生命活动、获得生产力的基础物质，是生物链的基础"食物"。其中氮和磷是水生植物和微生物需要量最大的营养元素；碳类物质对水生态系统的光合作用、酸碱度的缓冲、微生物等能量的获取具有重要意义。

除了含量相对较高的碳、氮、磷等物质外，铁、锰、硫等微量元素对水生态系统也有重要影响。铁和锰是植物生长所必需的微量营养元素，铁元素甚至可以控制某些藻类的生长；而还原性无机硫的浓度甚至可以决定透明湖泊中光合硫细菌的生产率。铁、锰和硫类物质又和氮、磷、碳类物质之间又物理化学和生物相互作用，最终共同决定各元素的存在状态、生物有效性和水生态系统的生产力。

四、生物要素

生物是水生态系统的核心。上述水要素、地貌形态要素和物理化学要素均直接或间接地对水生生物产生影响，具体表现在水生态系统中的食物网和生物多样性。

水生态系统中，存在两条食物链，这两条食物链联合起来，形成完整的食物网。最基础的生产，即初级生产，是植物通过光合作用，利用水中的氮、磷、碳、氧等物质生产有机物，为水生态系统中的食物链提供基础。完成这个过程的主要是藻类和水生植物。另一种初级生产为外来生产，即由陆地环境进入水体的外来物质，如落叶残枝、有机物碎屑等，为水生态系统中的分解者所利用，为初级食肉动物提供食物，进而进入食物网。

水生态系统中的生物结构与系统的地貌形态、物理化学要素、水文情势及所在区域气候等相关。水体的地貌形态变化为生物提供着多样性的栖息条件，在适宜条件下，水生态系统中生存有各种鱼类、甲壳类、无脊椎动物等，与微生物、藻类和大型水生植物构成复杂的食物网。各层级生物的生命状态又会影响水生态系统中的其他要素。生物和地貌形态、物理化学要素、水文情势共同构成水生态系统，其相互作用最终形成水生态系统的功能。

第五节　水生态系统功能与面临问题

水生态系统具有重要的基础功能和服务功能，这两大类功能将自然与人类社会关联起来，使物质能够在地球上的生命系统中循环，使生命系统得以运转。

一、基础功能

水生态系统的自然服务功能包括物质循环、能量流动、信息传递和生物生产。物质循环是指维持水生生物生命所需的各种营养元素在各个营养级之间流动、传递和转化的过程；能量流动则以物质为载体，沿食物链的方向单向传递，为食物链各级生物生存提供必要的能量；信息传递首先要以物质为载体，其次要以能量为驱动力，在物质循环和能量流动的基础上，形成从输入到输出的信息传递和从输出向输入的信息反馈，从而保证水生态系统的自动调节机制，使水生态系统中各级生物之间能够良好"沟通"，能够相互协调，共同生存发展；物质循环、能量流动和信息传递相互作用和耦合，共同实现生物生产。因此，生物生产是根本目标，能量流动、物质循环、信息传递是手段，且生物生产、能量流动与信息传递统一于物质循环过程中，物质循环是生态系统功能最根本的实现方式。

（1）生物生产。生态系统中的生物生产包括初级生产和次级生产两个过程。初级生产是指地球上的各种绿色植物通过光合作用将太阳辐射能以有机物质的形式储存起来的过程，因此，绿色植物是初级生产者。初级生产是地球上一切能量流动之源泉。或者说，一切生态系统的能量流动是以初级生产为前提和基础，因而初级生产也常常称作第一性生产或植物性生产。对于水生态系统，光、营养物和温度条件等是影响生物生产能力的最重要因子。次级生产即消费者和分解者利用初级生产物质进行同化建造自身和繁衍后代的过程，通过次级生产，初级生产的产品进入系统生物链（图1-2）。

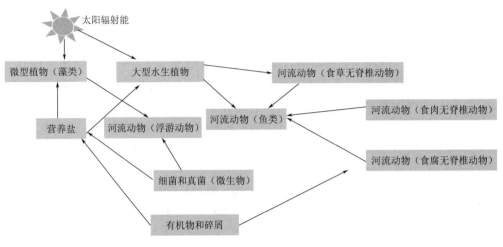

图 1-2　水生态系统结构示意图

（2）物质循环。生态系统的物质循环是指无机化合物和单质通过生态系统的循环运动，生态系统中的物质主要指维持生命活动正常进行所必需的各种营养元素。物质通过食物链各营养级传递和转化，最后经分解者分解成可被生产者利用的无机物质，这个周而复始的循环过程叫作物质循环。可以用库和流通两个概念来加以概括。库是由存在于生态系统某些生物或非生物成分中的一定数量的某种化合物所构成的。对于某一种元素而言，存在一个或多个主要的储存库。在库里，该元素的数量远远超过正常结合在生命系统中的数量，并且通常只能缓慢地将该元素从储存库中放出。物质在生态系统中的循环实际上是在库与库之间彼此流通的。在物质循环中，周转率越大，周转时间就越短。能量元素占生物总重量的 95% 左右，需要量最大、最为重要的是碳、氢和氧；大量元素包括氮、磷、钙、钾、镁、硫、铁、钠等；微量元素指生物需要量很小的硼、铜、锌、锰、钴、钼、碘、铝、氟、硅、硒。

这些物质在生态系统中，可以通过生物作用进行循环（图 1-3）。这些物质进入水生态系统后，最初是供给初级生产者——绿色植物，它们从环境中吸收营养物质，通过光合作用合成有机化合物。合成的有机物质，一部分被自身消耗，另一部分进入高阶生物链，通过水生动物和植物之间的捕食关系在系统内传递，被各级生物吸收利用，最终再经过微生物分解，将复杂的有机物转化成简单的有机物归还给环境，这个循环是开放式的，物质也可以通过生物作用、物理沉淀、化学转换等回归到沉积物或气体中，或经人类对生物从水生态系统中提取，离开水生态系统进入更为广阔的地球化学循环。

在自然水生态系统中，食物关系往往比较复杂，不同的食物链互相交叉，形成复杂的网状关系，称为食物网。一般情况下，食物网越复杂，生态系统就越稳定。因为食物网中某个环节（物种）缺失时，其他相应环节能起补偿作用。相反，食物网越简单，则生态系统越不稳定。

（3）能量流动。水生态系统的能量流动是指能量通过食物网络在系统内的传递和耗散过程。它始于生产者的初级生产，止于还原者功能的完成，整个过程包括能量形态的转

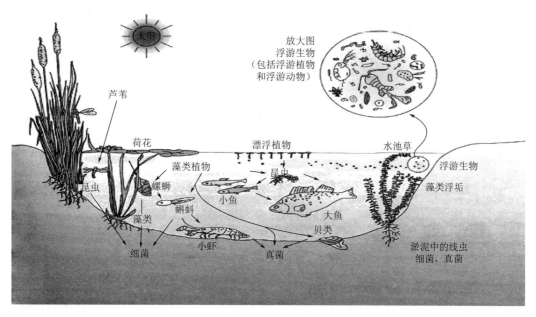

图 1-3　水生态系统食物网示意图

变，能量的转移、利用和耗散。以化学能（有机物质）为形式的初级生产产品是进入生态系统中可利用的基本能源。它们作为消费者和分解者的食物被利用，从而保证了生态系统功能的发生。能量流动是单向的，并逐级递减。能量在沿食物链流动的过程中是逐级减少的，能量在沿食物链传递的平均效率为10％～20％，即一个营养级中的能量只有10％～20％的能量被下一个营养级所利用。一般来说，食物的化学能在各个营养级流动时，生物从低营养级获得的物质能量不可能全部转移至高一级营养级中去，其效率仅为10％左右。能量从一个营养级传到另一个营养级时，一部分作为各级生物自身的代谢消耗，并以热能形式散失；另一部分则作为不能被利用的废物浪费掉。所以处于较高的各个营养级中的生物所能利用的能量是逐渐减少的。与陆域生态系统相比，水域生态系统初级生产者对光能的利用率比较低。一个营养级的大部分能量通过未被消耗能量的损失、排泄物中能量的损失，呼吸中能量的损失等，使营养级间的能量传递效率很低。因此，食物链短的鱼类（如白鲢、草鱼）能量损失较少，生产效率较高；反之，食物链长的肉食性鱼类（如鲈鱼、鳜鱼等）能量损失较多，生产效率较低。在水生态系统中，草食者原生动物的消费效率较高，在50％～90％。一个特定水生态系统中草食者的消费效率受其密度（单位面积的数目）的强烈影响，这就是说它们的数量并不是由它们的食物供应能力决定，而是由它们的捕食者决定的。肉食者的消费效率最低，因为它们找寻居所和不是猎物均较为困难。

（4）信息传递。水生态系统的功能除了体现在生物生产过程，能量流动和物质循环外，还表现在系统中各生命成分之间存在着信息传递。信息传递是双向的。水生态系统中包含多种多样的信息，大致可分为物理信息、化学信息、行为信息和营养信息。生物之间可以通过多种物理作用接收和传递信息，如通过光信息（即光的强弱、光照时间长短等）获取外界环境的信息。除此之外，还有声信息，鲸类有发达的声呐定位系统；电信息，大约有300多种鱼类能产生0.2～2V微弱电压，电鳗产生的电压能高达600V；磁信息，如鱼类遨游迁徙于大海靠自己的电磁场与地球磁场互相作用确定方向、方位。同时，水生植物能产生气味，不同水生动物对水生植物气味有不同反应。水生动物通过外分泌腺向体外分泌某些信息素，以沟通种内两性个体间的性信息素交流。植物之间的化学信息传递，有亲和性，也有相互拮抗性等多种模式。许多植物的异常表现和动物异常行动传递了某种信息，可统称行为信息。生态系统中，生物的食物链是一个生物的营养信息系统。水生态系统中通过信息传递感知体外环境、寻求良好的生存条件，也是水生态系统自组织能力的基础。

二、服务功能

生态系统服务功能是指生态系统与生态过程所形成及所维持的人类赖以生存的自然环境条件与效用。它不仅包括各类生态系统为人类所提供的食物、医药及其他工农业生产的原料，更重要的是支撑与维持了地球的生命支持系统，维持生命物质的生物地化循环与水文循环，维持生物物种与遗传多样性，净化环境，维持大气化学的平衡与稳定。

水生态系统服务功能是指水生态系统及其生态过程所形成及维持人类赖以生存的自然环境条件与效用。它不仅是人类社会经济的基础资源，还维持了人类赖以生存与发展的生态环境条件。根据水生态系统提供服务的机制、类型和效用，把水生态系统的服务功能划分为产品功能、调节功能、文化功能和生命支持功能四大类。

（一）产品功能

指水生态系统所产生的，通过提供直接产品或服务维持人的生活生产活动、为人类带来直接利益的因子，它包括食品、医用药品、加工原料、动力工具、欣赏景观等。水生态系统提供的产品主要包括人类生活及生产用水、水力发电、内陆航运、水产品生产、基因资源等。

（二）调节功能

调节功能是指人类从生态系统过程的调节作用中获取的服务功能和利益。水生态系统的调节作用主要包括：水文调节、河流输送、侵蚀控制、水质净化、空气净化、区域气候调节等。湖泊、沼泽等湿地对河川径流起到重要的调节作用，可以削减洪峰、滞后洪水过程，从而均化洪水，减少洪水造成的经济损失。河流具有输沙、输送营养物质、淤积造陆等一系列的生态服务功能。河水流动中，能冲刷河床上的泥沙，达到疏通河道的作用，河流水量减少将导致泥沙沉积、河床抬高、湖泊变浅，使调蓄洪水和行洪能力大大降低；河流携带并输送大量营养物质，如碳、氮、磷等，是全球生物地球化学循环的重要环节，也是海洋生态系统营养物质的主要来源，对维系近海生态系统高的生产力起着关键的作用；河流携带的泥沙在入海口处沉降淤积，不断形成新的陆地，一方面增加了土地面积，另一方面也可以保护海岸带免受风浪侵蚀。湖泊、沼泽蓄积大量的淡水资源，从而起到补充和调节河川径流及地下水水量的作用，对维持水生态系统的结构、功能和生态过程具有至关重要的意义。河川径流进入湖泊、沼泽后，水流分散、流速下降，河水中携带的泥沙会沉积下来，从而起到截留泥沙，避免土壤流失，淤积造陆的功能。此功能的负效应是湿地调蓄洪水能力的下降。水提供或维持了良好的污染物质物理化学代谢环境，提高了区域环境的净化能力。水体生物从周围环境吸收的化学物质，主要是它所需要的营养物质，但也包括它不需要的或有害的化学物质，从而形成了污染物的迁移、转化、分散、富集过程，污染物的形态、化学组成和性质随之发生一系列变化，最终达到净化作用。另外，进入水体生态系统的许多污染物质吸附在沉积物表面并随颗粒物沉积下来，从而实现污染物的固定和缓慢转化。水体通过水面蒸发和植物蒸腾作用可以增加区域空气湿度，有利于空气中污染物质的去除，使空气得到净化，例如，湿度增加能够大大缩短 SO_2 在空气中的存留时间，能够加速空气中颗粒物的沉降过程，促进空气中多种污染物的分解转化等。水体的绿色植物和藻类通过光合作用固定大气中的 CO_2，将生成的有机物质储存在自身组织中的过程；同时，泥炭沼泽累积并储存大量的碳作为土壤有机质，一定程度上起到了固定并持有碳的作用，因此水生态系统对全球 CO_2 浓度的升高具有巨大的缓冲作用。此外，水生态系统对稳定区域气候、调节局部气候有显著作用，能够提高湿度、诱发降雨，对温度、降水和气流产生影响，可以缓冲极端气候对人类的不利影响。

（三）文化功能

文化功能是指人类通过认知发展、主观印象、消遣娱乐和美学体验，从自然生态系统获得的非物质利益，水生态系统的文化功能主要包括：文化多样性、教育价值、灵感启发、美学价值、文化遗产价值、娱乐和生态旅游价值等。水作为一类"自然风景"的"灵魂"，其娱乐服务功能是巨大的，同时，作为一种独特的地理单元和生存环境，水生态系统对形成独特的传统、文化类型影响很大。

（四）生命支持功能

生命支持功能是指维持自然生态过程与区域生态环境条件的功能，是上述服务功能产生的基础，与其他服务功能类型不同的是，它们对人类的影响是间接的并且需要经过很长时间才能显现出来，如土壤形成与保持、光合产氧、氮循环、水循环、初级生产力和提供生境等。以提供生境为例，湿地以其高景观异质性为各种水生生物提供生境，是野生动物栖息、繁衍、迁徙和越冬的基地，一些水体是珍稀濒危水禽的中转停歇站，还有一些水体养育了许多珍稀的两栖类和鱼类特有种。

三、水生态系统面临的问题

健康的水生态系统应具有合理的结构，能够维持正常功能，并对自然干扰的长期效应具有抵抗力和恢复力，能够维持自身的组织结构长期稳定。但实际上，由于全球性和区域性的环境问题逐渐加剧，严重干扰和破坏了水生态系统的良好状态。水生态系统中，各种生物群落及其与水环境之间相互作用，维持着特定的物质循环与能量流动，构成了完整的生态单元。水生态系统内部各要素之间相互联系、相互制约，在一定条件下，保持着自然、相对的平衡关系。生态平衡维持着正常的生物循环，为人类社会提供着食物、水源、文化等服务功能。一旦水生态系统的水文节律大幅度改变、排入水体的废物超过其维系平衡的"自净容量"时，生态系统就会失衡，不仅会威胁各水生生物群落的生存，也威胁到人类的生存和发展。

随着人类社会的高速发展、人口急剧增加，人类对水资源、水生资源的需求越来越大，以往可持续的水资源和水生资源在如此巨大的需求下，资源量变得十分有限，在不同区域出现了各种水生态问题。大面积开垦荒地、农田灌溉，大规模的矿山开发、道路建设，城市规模的迅速扩大，耗水型工业的激增，以及众多水库、大规模长距离跨流域调水工程等水资源调控工程等，都不同程度地破坏了水生态系统的自然环境，改变了水的自然循环特征，打破了人与自然之间的和谐共存关系，加剧了自然生态系统与人类生态系统的矛盾与冲突。

随着人口数量，农业和工业生产活动的增加，人类取用水量越来越高，而返回水体的物质发生了量和质的变化，河流、溪流和湖库生态系统收纳了大量农业和城市污水，严重影响水体的新陈代谢；修建水库在很大程度上改变了水循环，一方面增加了水的滞留时间，并导致水分的额外蒸发损失，大量取用水改变了原有水文节律，下降的湖泊水位和干涸的入湖河流三角洲湿地，使大型水生植物、动物和水禽失去了赖以生存的栖息地，数量急剧减少；农灌取水则通常以污水的形式回归自然界。大量截留和取用水使得水生态系统面积大幅度缩小，盐度升高，鱼类等生物无法生存、产量下降，生物群落发生剧烈变化；而河流改直的溪流和河流河渠化加快了水流的排放，直接导致河流梯度变大、排水率增加、空间变化减少。排干湿地、修建堤坝，大大减少了水陆交错带的面积和正常水文过程带来的水陆之间的联系，降低随水而来的物质传输，限制鱼类和无脊椎动物的洄游与迁移，阻断流量动态变化。这些忽视生态系统的需水要求、水生态服务功能的开发活动将会导致江河源头区水源涵养能力降低，河流断流、绿洲和湿地萎缩、湖泊干涸与咸化、河口生态恶化，闸坝建设导致生境破碎化和生物多样性减少，地下水下降造成植被衰退、地面沉降、区域生态环境退化、生物多样性受到威胁。此外，不断累积的污染物排放已远远超过自然本身的净化能力，导致水质恶化，人类赖以生存的水生态系统遭到巨大的破坏。具体体现有江河断流、湖泊萎缩、湿地减少、地面沉降、水生物种损失，功能退化等问题。为避免自然资源和人类福祉遭到破坏，水生态的修复与保护必不可少。

第六节　水生态修复的定义与内涵

对不同的使用功能，水生态修复的目标不同。对农业生产来讲，河道内应有足够的水可用于灌溉；对娱乐功能来讲，水生态系统中物理化学组成不危害人的健康，可以从事游泳、划船等活动。这些观点只反映了健康河流所应具有的一些使用功能，但不是水生态修复的根本所在。

1990 年生态修复学会（Society of Ecological Restoration，SER）首次提出生态修复的概念：生态修复是指有预期地针对性构建本地历史状态生态系统的改变过程。这一过程的目的是构建类自然过程的既定生态系统的结构、功能、驱动力和多样性。另一个早期的定义为：针对通过可持续生态再生行为，补偿人类活动对生态系统的生物多样性和动力学损坏的过程，从而重建可持续、健康的自然和文化关系。

一、水生态修复的内涵

水生态修复是指在充分发挥生态系统自修复功能的基础上，采取各种工程和非工程措施，促使水生态系统恢复到较为自然的状态，改善其生态完整性和可持续性的一种生态保护行动。

完整性是进行水生态系统管理和修复工作的最基本认识，维护水生态完整性是水生态修复的基本目标，其目的在于修复水文、地貌、水体化学性质和生物等要素，使各要素相互和谐，能够良好地进行沉淀、传输、栖息、遮蔽等基本过程，能够实现其物质循环、信息传递、能量流动和生物生产功能，这样才能可持续保证水生态系统的良好状态，在此基础上，有序、节制地开发其服务功能。

为了加速退化水生态系统的修复，除了充分发挥系统自适应、自组织、自我调节能力外，往往依靠人工措施的辅助，如通过人工干预改善河道水力条件，塑造丰富的河流地貌及多样性的河流形态；通过生态护岸工程，提供生物栖息地和增加水体溶解氧，以此来保持周边生物的多样性和水陆缓冲带的连续性；构建人工湿地，构造一个独特的动植物生态环境，从而有效处理受污染水体。通过这些人工干预措施，尽可能保护水生态系统中尚未退化的组成部分等过程。

二、水生态修复的目标

生态修复自 20 世纪 80 年代发展起来后，逐渐成为世界各国科学家的一个研究热点。特别是近年来，水生态修复在国内开展得如火如荼并逐渐形成了一系列的研究成果。控制污染源、恢复生态和实施流域管理成为目前的主流思路。同时，恢复水生植物、净化水质成为水生态修复的核心内容。

由于不同生态系统的退化程度不同以及所在区域社会经济发展状况的差异，学术界对水生态修复存在不同的观点，使得水生态修复的目标、过程以及相关措施都有很大差异。

（一）水生态修复目标的设定

对应不同客观条件和功能，设定不同修复目标，包括完全复原、修复、增强、重建或创造、自然化等不同的观点。

（1）完全复原：使生态系统的结构和功能完全恢复到干扰前的状态。对于水生态系统，首先是地貌学意义上的恢复，这就意味着拆除大坝和大部分人工设施以及恢复原有的蜿蜒性形态，然后在物理系统恢复的基础上促进生物系统的恢复。

（2）修复：由于水生态系统的一些不可逆转的改变，使得系统的各种输入都不再具备修复到原始状态的条件。此时，采用修补重建或再造的方法，改善一些生态条件，使水生态系统的结构和功能部分地返回到受干扰前的状态。即通过生态修复的实施，建设具有重要功能的可持续生态系统和栖息地。

（3）增强：水生态系统环境质量有一定的改善。对于水生态系统的增强措施包括改变具体的水域、河道和河漫滩特征以补偿人类活动的影响。

（4）创造：开发一个原来不存在的新的水生态系统。如形成新的河流地貌和河流生物群落。

（5）自然化：对于河流生态系统，主要通过河流地貌及生态多样性的恢复，达到建设一个具有河流地貌多样性和生物群落多样性的动态稳定、可以自我调节的河流系统。这种观点认为由于人类对于水资源的长期开发利用，已经形成了一个与原始的自然生态系统不一致的新的河流生态系统，在承认人类对于水资源利用的必要性的同时，强调要保护自然生态环境质量。

（二）水生态修复措施

对应不同的修复目标，采取不同的措施。概括各种措施不外以下几种。

（1）人工直接干预。通过人工栽种植被，改变植被结构，引进某些生物以达到生态修复的目标。

（2）自然修复。主要依靠生态系统的自我设计、自我组织、自我修复和自我净化的功能，达到生态修复目标。

（3）增强修复。是介于以上两种方法的中间路线。在初期的物质和能量的投入基础上，靠生态系统自然演替过程和河流侵蚀与泥沙输移实现修复目标。

上述几种生态修复目标存在着共同点。首先，都是从水生态系统的整体性出发，确定修复的着眼点是水生态系统的结构和功能。研究表明，在一个水体生态系统中，各类生物相生相克，形成了复杂的食物链（网）结构，一个物种类型丰富而数量又均衡的食物网结构，其抵抗外界干扰的能力强，生态功能（如物质循环、能量流动等）也会趋于完善和健康。其次，各种修复目标都把生物群落多样性作为修复程度的主要衡量标准，而不是仅仅修复岸边植被或某单一物种。最后，从生物群落多样性与河流生境的统一性原理出发，都强调恢复工程要遵循河流地貌学原理。

至于几种修复目标的差别，一些学者对于"完全复原"这种目标提出质疑，到底修复到什么历史时期的状况？几十年前或几百年前？由于缺乏历史资料，所以弄清楚干扰前的状况是十分困难的。何况近代人们建设的大量水利工程，在经济社会发展中发挥着巨大效益，闸坝、堤防、航道等这些基础设施已经成了水生态修复的主要约束条件。如果全面拆除这些人工设施，恢复水生态系统的原始面貌，从经济及防洪安全角度来看是不现实的。其次，对于"创造"一个新的生态系统，不少学者也有不同观点。大多主张应该依靠自然演替过程实现生态修复的目标。何况建立一个新的生态系统成本很高，也具有很多的不确定性。欧洲和日本的河流恢复实践大多倾向于在承认河流开发现状的基础上，进行河流的生态恢复。在衡量社会经济需求与满足生态健康关系基础上，一般采取两者并重的立场。

尽管观点不同、表述不同，水生态修复要尽可能地还原原始水生态系统的功能，包括植被、结构、水文和水质等要素，使得原始生态系统中的生物有机体得以复原。植被、水文、水力和河流形态改善成功的标志，是依赖水生态系统生存的生物有机体得以恢复。因此，水生态修复的对象是有生命的，而传统的水利工程对象是无生命的。水生态修复应将生态学和水利工程有机结合，不仅使水生态系统具有人类需要的各种服务功能，还能继续保持自身的生态功能。否则，生态功能的丧失也将威胁到人类的其他服务功能。上述几种修复目标中，实现"创造"这种目标主要靠人工直接干预，其余几种目标依靠增强修复和自然修复，不过侧重点有所不同。

三、水生态修复的具体任务

水生态修复的目的是使水生态系统恢复到较为自然的状态，保证水生态系统具有可持续性，提高生态系统价值和生物多样性。

水生态修复是利用生态系统原理，修复受损水生态系统的生物群体及结构，重建健康的水生态系统，修复和强化水体生态系统的主要功能，并能使生态系统实现整体协调、自我维持、自我演替的良性循环。因此，具体的水生态修复的任务主要包括四大项：一是河流湖泊地貌特征的改善；二是水质条件、水文条件的改善；三是生物物种的恢复；四是生物栖息地的恢复。

（1）河流湖泊地貌特征的改善包括：恢复河湖横向连通性和纵向连续性，恢复河流纵向蜿蜒性和横向形态的多样性；避免裁弯取直；加强岸线管理，维护河漫滩栖息地；护坡工程采用透水多空材料，避免自然河道渠道化。

（2）水质条件、水文条件的改善包括：水量、水质条件的改善，水文情势的改善，水力学条件的改善。通过水资源的合理配置以维持河流河道最小生态需水量。通过污水处理、控制污水排放、生态技术治污提倡源头清洁生产、发展循环经济以改善河流水系的水质。提倡多目标水库生态调度，即在满足社会经济需求的基础上，模拟自然河流的丰枯变化的水文模式，以恢复下游的生境。

（3）生物物种的恢复包括：保护濒危、珍稀、特有生物、重视土著生物，防止生物入侵；河湖水库水陆交错带植被恢复；包括鱼类在内的水生生物资源的恢复等。

（4）生物栖息地的恢复包括：通过适度人工干预和保护措施，恢复河流廊道的栖息地多样性，进而改善河流生态系统的结构和功能。

总之，水生态系统的状态在一定程度上是水和以光照为主的能量驱动下，生物种间及其与系统内物质流动相互作用的平衡态，其中能量和营养来源于水体之外，与所在区域的光照、降水、绿植、土壤性质、土地利用等因素密切相关。水生态系统的各要素之间相互作用、相互影响，结构复杂、多功能交叉，且具有开放性特征，系统性极强，增加了认知的难度。

本书从水生态系统的基本概念和结构出发，尝试深入浅出地阐述其各要素之间作用规律、过程及其与水生态系统作为整体，来体现的基础功能和服务功能之间的联系，使读者从不同尺度深入理解水生态内涵，在此基础上，提炼水生态修复的思想和方法，并列举经典案例，加深理解和可操作性。

参 考 文 献

［1］ 芮孝芳．水文学原理［M］．北京：高等教育出版社，2013.

［2］ 王浩，唐克旺，杨爱民，等．水生态系统保护与修复理论和实践［M］．北京：中国水利水电出版社，2010.

［3］ 高永胜．关注河流健康［J］．中国三峡，2012（2）：22－33.

［4］ 陈震，等．水环境科学［M］．北京：科学出版社，2006.

［5］ 田桂桂．基于物质循环的生态用水价值能值评估方法研究［D］．郑州：郑州大学，2016.

［6］ 蔡守华．水生态工程［M］．北京：中国水利水电出版社，2010.

［7］ 刘加夫．论物质循环与能源充分利用——创建中国特色环境友好型社会之一［J］．合作经济与科技，2008（23）：6－8.

［8］ 朱永华，任立良，吕海深，等．水生态保护与修复［M］．北京：中国水利水电出版社，2012.

［9］ 张发兵，胡维平，胡雄星，等．太湖湖泊水体碳循环模型研究［J］．水科学进展，2008，19（2）：171－178.

［10］ 刘凤娟．生态系统能量流动与物质循环探究［J］．中国包装科技博览，2001（31）：80.

［11］ 秦伯强，高光，胡维平，等．浅水湖泊生态系统恢复的理论与实践思考［J］．湖泊科学，2005，

17 (1)：9 - 16.

[12] 欧阳志云，王如松，赵景柱．生态系统服务功能及其生态经济价值评价［J］．应用生态学报，1999，10 (5)：635 - 640.

[13] 欧阳志云，赵同谦，王效科，等．水生态服务功能分析及其间接价值评价［J］．生态学报，2004，24 (10)：2091 - 2099.

[14] 徐颖．生态系统健康的概念及其评价方法［J］．上海建设科技，2005 (1)：38 - 39.

[15] Rapport D J, Regier H A, Hutchinson T C. Ecosystem Behaviour Under Stress ［J］. The American Naturalist, 1985, 125 (5)：617 - 640.

[16] Meyer J L. Stream Health：Incorporating the Human Dimension to Advance Stream Ecology ［J］. Journal of the North American Benthological Society, 1997, 16 (2)：439 - 447.

[17] Fairweather P G. State of environment indicators of "river health"：exploring the metaphor ［J］. Freshwater Biolog, 2010, 41 (2)：211 - 220.

[18] Karr J R. Defining and measuring river health ［J］. Freshwater Biology, 1999, 41 (2)：221 - 234.

[19] Schofield N J, Davies P E. Measuring the health of our rivers ［J］. Water, 1996, 5 (6)：39 - 43.

[20] An K G, Park S S, Shin J Y. An evaluation of a river health using the index of biological integrity along with relations to chemical and habitat conditions ［J］. Environment International, 2002, 28 (5)：411 - 420.

[21] Richter B D, Norris R H, Thoms M C. What is river health ［J］. Freshwater Biology, 1994, 41 (2)：197 - 210.

[22] 吴婀娜，杨凯，车越，等．河流健康状况的表征及其评价［J］．水科学进展，2005，16 (4)：602 - 608.

[23] 孙雪岚，胡春宏．河流健康评价指标体系初探［J］．泥沙研究，2007 (4)：21 - 27.

[24] 刘恒，涂敏．对国外河流健康问题的初步认识［J］．中国水利，2005 (4)：19 - 22.

[25] 文伏波，韩其为，许炯心，等．河流健康的定义与内涵［J］．水科学进展，2007，18 (1)：140 - 150.

[26] 郭向楠，张晓冰，马涛．河流健康评估的研究与应用进展研究［J］．环境科学与管理，2013，38 (10)：170 - 174.

[27] 孙治仁，宋良西．对河流健康的认识和维护珠江健康的思考［J］．人民珠江，2005 (3)：4 - 5.

[28] 夏子强，郭文献．河流健康研究进展与前瞻［J］．长江流域资源与环境，2008，17 (2)：252 - 256.

[29] 胡华平，秦蒙荷，沈劲．水资源和水质管理在水生态修复中的作用［J］．广东化工，2017，44 (8)：141 - 142.

[30] 钟春欣，张玮．基于河道治理的河流生态修复［J］．水利水电科技进展，2004，24 (3)：12 - 14，30.

第二章

流 域 和 水 生 态 系 统

河湖形态差别很大,其形状、面积、水下形态、深度和岸带不规则程度对水的流动、分层、沉积和再悬浮乃至生物群落及相应功能产生重要影响。而这些形态与其所在流域的形态密切相关,流域的大小、陡峭程度、土壤性质、土地功能等决定了河湖的大小、陡峭程度和周边湿地发育程度,流域大小及地理气候又对陆地输入到水体的营养物质、有机物、水体形态等产生重要影响,而水体的形态决定了冲刷率、生境多样性和水体深度。

河湖水生态系统并不是孤立存在,而是与自己所处的流域相互联结,其特征反映了水域的气候、地形和土地利用情况。集水区或流域和水体特征(宽度、深度、斜度、流速、换水率、基质、岸带特征等)协同形成了河湖系统,决定了水生态系统的生产力和功能。

本章从流域的基本概念出发,结合流域与自然地理特征之间的关系,介绍流域人类活动对水生态系统的影响及流域生态系统结构和过程,在此基础上,阐述流域尺度的水生态系统管理方式。

第一节 流域有关的基本概念

一、流域

流域是指由地表水与地下水分水线所包围的集水区或汇水区。一般所称的流域为地表水的集水区域,用来指一个水系的干流和支流所流经的整个区域。流域是水文学最重要的地理单元,流域内进行着包括植被截留、积雪融化、地表产流、河道汇流、地表水与地下水交换、蒸散发等过程的水文循环完整的动态过程。

根据地面分水线与地下分水线之间的重合关系(图2-1)和河流河槽的切割深度(图2-2),可将流域分为闭合流域和非闭合流域。当一个流域的地面分水线与地下分水线相重合,且河床切割至不透水基岩的流域称为闭合流域。地面分水线与地下分水线不重合或河槽切割不能达到不透水基岩的流域称为非闭合流域。对于闭合流域,降落在流域的雨水,无论在地面还是渗透到地下都在流域内汇集,除流域出口断面外,流域内与流域外不进行任何水量交换。然而,对于非闭合流域,降落在流域的雨水,其地面部分虽在该流域内汇集,但有一部分渗透到地下的水量却会从流域周边流出,流域内与流域外存在除流域出口断面以外的水量交换。实际工作中,除有石灰岩溶洞等特殊的地质情况外,一般的大、中流域,由于地面与地下分水线不重合造成的地面与地下集水区的差异相对于全流域很小,且出口断面下切较深,因此常常被看作是闭合流域。

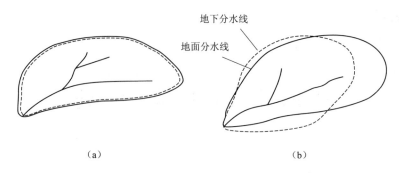

图 2-1 地面分水线与地下分水线之间的关系

（a）重合；（b）不重合

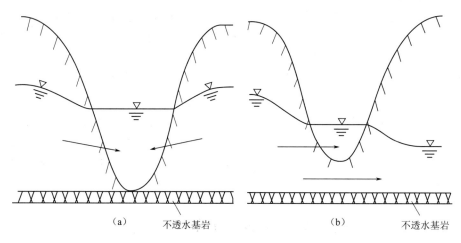

图 2-2 河流河槽的切割深度

（a）河槽切割至不透水基岩；（b）河槽未切割至不透水基岩

二、坡面

坡面是指流域中除河流网络系统（水系）以外的部分。流域可看成一个由水系嵌入坡面而成的结构，或者说流域就是"水系"加"坡面"。从面积比例上看，一个流域的坡面所占的比重远远大于水系。一般山区性流域，水系所占的面积比重不到10%，而90%以上的面积都是坡面。在平原地区，水系占流域面积的比例要高一些。

坡面的基本形状可以归纳为三种：矩形坡面、收敛型坡面和发散型坡面，如图2-3所示。矩形坡面，水流从分水线开始平行汇集到地势较低的集水线；收敛型坡面，水流沿坡面从地势高处向地势低处收敛，水流向着收敛点汇集，该收敛点通常为河流开始的地方；发散型坡面，水流沿坡面从山峰向下分散流到山脚处的集水线。

三、流域基本单元

一个流域如果按内部的分水线划分可以分成若干个不嵌套的子流域，每个子流域又可以按各自的内部分水线分成若干个子流域，如此划分下去，直到最后得到的不可再划分的部分就是流域基本单元，它是组成一个流域的最小单位。

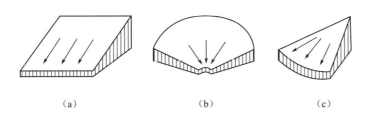

图 2-3　坡面的基本形状示意图
(a) 矩形坡面；(b) 收敛型坡面；(c) 发散型坡面

　　流域基本单元的形状可以分为四种："V"形、扇形、倒扇形和马蹄形，如图 2-4 所示。"V"形流域基本单元形状看上去像一本打开的书，中间低谷处为河流，两边为两个相对的矩形坡面；扇形流域基本单元由一个收敛型坡面组成；倒扇形流域基本单元由一个发散型坡面组成；马蹄形流域基本单元是由一个收敛型坡面和河道两边的两个矩形坡面组合而成，形状类似马蹄。一个流域可以看作是由不同形状的流域基本单元串联或并联而形成的结构。

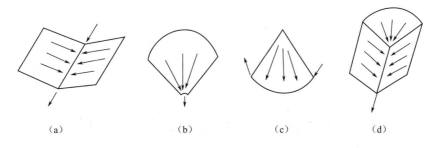

图 2-4　流域基本单元的形状示意图
(a) "V"形；(b) 扇形；(c) 倒扇形；(d) 马蹄形

四、流域面积

　　流域面积是指流域地面分水线和出口断面所包围区域的平面投影面积，如图 2-5 中的投影图形 A 所示，在水文上又称集水面积，单位是平方公里。位于同一自然地理条件下流域面积的大小直接影响河流水量大小及径流的形成过程。流域面积大，径流调节能力较强，径流变化趋于相对稳定，径流量也大，洪水历时长，且涨落缓慢。

五、流域的形状特征

　　流域的形状特征包括流域长度、流域宽度和表达流域形状的各种参数。流域长度是指从流域出口断面至分水线的最大直线距离，而流域宽度是指与流域长度正交方向的分水岭之间的最大直线距离，分别如图 2-5 中的线段 B 和线段 C 所示。

　　流域形状的表达有很多种方法，常用的包括形态因子

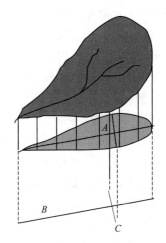

图 2-5　流域的形状特征示意图
A—流域面积；B—流域
长度；C—流域宽度

和伸长比。流域形态因子是指流域面积与流域长度平方的比值，能够反映流域形状是比较狭长还是接近圆形。流域形态因子与流域面积大小相关，流域面积越大，形态因子越小，流域的形状越往狭长方面发展；反之，流域面积越小，形态因子越大，流域越接近圆形。伸长比是指面积等于流域面积的圆的直径与流域长度的比值。伸长比可以反映一个流域的形状离圆形有多远。如果流域形状是圆形，伸长比就等于 1，如果流域形状不是圆形，则伸长比小于 1；伸长比越接近 1，流域形状就越接近于圆形。研究发现，伸长比也和流域面积相关，流域面积越大，伸长比越小于 1，流域就越趋向狭长；反之，面积越小，伸长比越接近 1，流域形状就越趋向圆形。表征流域形状的流域形态因子和伸长比都与流域面积具有相关性，也解释了自然界中大流域越趋于狭长形而小流域越接近圆形的普遍现象。

流域的形状对洪水时河流水力特征及径流情势有明显影响。流域形状为圆形的洪水较形状为狭长形的洪水集中，且洪峰流量大；流域形状为狭长形则汇流时间长，汇流过程平缓。

六、流域河网密度

流域河网密度是指单位流域面积上的河流长度，即流域中干支流总长度和流域面积之比，单位是 km/km^2。其大小说明水系发育的疏密程度，受到流域内气候、植被、地貌特征、岩石土壤等因素的控制，能够表达流域水系排水的有效性。

河网密度的倒数称为河道维持常数，表示维持单位河长需要多少集水面积。河道维持常数越大，说明这个地区越干旱；反之，说明这个地区越湿润。河道维持常数反映了气候条件对水系形成的影响。

第二节 影响水体的流域自然地理特征

一、气候特征

气候在大、中尺度上影响甚至主导着水文循环以及河流的水温机制，进而控制水文情势与潜在的热量循环。气候因素是制约水循环最主要的因素。气候对水循环的影响有直接和间接两种。直接影响主要来自大气环流变化引起的降水时空分布、强度和总量的变化，雨带的迁移以及气温、空气湿度、风速的变化等。间接的影响主要来自陆面过程。在太阳辐射和大气强迫的驱动下，发生在陆面上的热力过程、动量交换过程和水文过程不断变化。影响河流形成和发展的气候特征主要包括气温、降水、蒸发、干燥度等因素。

（一）气温

温度直接影响大气水文循环，温度变化会导致降水和蒸发等要素在强度和空间分布等方面的变化。温度越高，大气的持水能力越强，降水量可能增加，但同时蒸发量也增加。这使气候的变率增加，即有更强的降水和更多的干旱，并影响到河流径流和水生生物。温度升高也会改变降水的季节分配特征，从而导致季节流量对全年流量的比例变化。

（二）降水

降水与水循环和水资源的分布相关，是气候变化中影响水资源的直接因素，降水对河流径流大小起着决定性作用。降水特征又与其他气象因素如气温、湿度、蒸发等有密切联系。降水特征主要包括降水量、降水强度、降水地区分布及暴雨笼罩面积等。

（三）蒸发

蒸发量是指一定口径的水因蒸发而降低的深度，以 mm 为单位，蒸发量的大小能反映日照的长短，温度的高低，风速的大小等。蒸发是地表热量平衡和水量平衡的组成部分，也是水循环中最直接受土地利用和气候变化影响的一项，同时，蒸发也是热能交换的重要因子。

（四）干燥度

干燥度是表征某个地区的气候干燥程度的指标。又称干燥指数，通常用字母 r 表示。通常定义为年蒸发能力和年降水量的比值，反映了某地、某时段水分的收入和支出状况。显然，它比仅仅使用降水量或蒸发量反映一地水分的干湿状况更加确切，它强调了不可调控水资源的量。干燥度的倒数称为湿润度或湿润指数。多年平均干燥指数 r 与气候分布有密切关系，以 r 值为 1.0 的等值线来区分湿润地区和半湿润地区。当 $r<1.0$ 时，表示该区域蒸发能力小于降水量，该地区为湿润气候；当 $r=1\sim1.25$ 时，即蒸发能力超过降水量，说明该地区偏于干燥，为半湿润地区。这条等值线大致相当于秦岭—淮河线。但此线以北的大小兴安岭、长白山地、胶东半岛的 r 值也小于 1。当 $r>1.25\sim4$ 时为半干旱地区，$r>4$ 时为干旱地区。r 值越大，即蒸发能力超过降水量越多，干燥程度就越严重。

二、地形地貌特征

流域地形是决定河流水量、河流水情特征及其他理化和生物特征的主要因素之一，通过在大、中型尺度上影响气象条件（如降水量、降水特征及分布、气温等）和植被，进而影响着水文情势及侵蚀和沉积物传输过程，并最终体现在河流水质、水生生物种类和数量、水生态系统功能上。流域地形地貌指标主要包括高程、坡度、坡向、地貌类型等。

（一）高程

高程即海拔，指地面某一点距大地水准面的垂直距离，与温度、降水和水文过程密切相关，影响着径流的大小和季节变化特征。高程越高，年径流量中可接受的冰川补给越多。

（二）坡度

坡度是指水平面与局部地表之间夹角或其正切值，是局部地表高度变化的比率指标，可量化表达地面在该点的倾斜程度。坡度与水循环相关，影响着水文过程、生化过程和淡水生态系统的结构和功能。坡度是重要的地形因素之一，坡度的大小直接影响流域地表的物质流和能量再分配，影响该流域土壤发育、植被分布，制约着流域生态环境格局与土地资源开发利用可能的方式与类型。

（三）坡向

坡向指局部地表坡面在水平面上投影与正北方向的夹角。坡向也是地理景观的重要因素之一，它影响流域地面光热资源的分配，决定地表径流流向。

三、土壤特征

（一）土壤类型

土壤类型及地表地质决定着河槽内的粗颗粒物质类型、营养物质传输以及水化学的相关离子浓度。由于土壤形成因素和土壤形成过程的不同，自然界的土壤是多种多样的，它们具有不同的土体构型、内在性质和肥力水平。土壤及其养分的流失不仅影响农业生产，也是目前水环境污染的一个重要来源。降水携带土壤及成土母质的组成成分等经由地面和地下的途径汇入河网，使之成为河流水质的组成部分。同时，水与土壤接触的过程中发生一系列的物理化学反应，如离子交换、氧化降解等，土壤的性质决定了水的化学成分的变化。

（二）土壤质地

土壤是由固体、液体和气体组成的三相系统，其中固体颗粒是组成土壤的物质基础。土粒按直径大小分为粗砂（2.0～0.2mm）、细粒（0.2～0.02mm）、粉砂（0.02～0.002mm）和黏粒（0.002mm 以下）。土壤中这些大小不同的土粒所占的比例及其表现出的物理性质称为土壤质地，反映了土壤矿物质颗粒的粗细程度，也是生产上反映土壤肥力状况的一个重要指标。根据土壤质地可把土壤分为砂土、壤土和黏土三大类。砂土的砂粒含量在 50％以上，土壤疏松、颗粒粗大、保水保肥性差、通气透水性强，这就会导致了沙层的持水性能的低下，形成干旱层，植物存活困难，进而使得坡面易发生土壤侵蚀，使得当地的地质生态环境脆弱。壤土质地较均匀，粗粉粒含量高，通气透水、保水保肥性能都较好，抗旱能力强，适宜生物生长。黏土的组成颗粒以细黏土为主，质地黏重，保水保肥能力较强，通气透水性差。土壤的质地对河流的含沙量影响较大。同样一场暴雨，降落在地形起伏大、植被差和土壤疏松的地区，会造成严重的土壤侵蚀；相反，降落到地形平坦、植被良好的黏土地区，则不会造成大量的泥沙。黄河之所以含泥沙量大著称是与黄河流经易冲刷的黄土高原分不开的。

（三）土壤有机质

土壤有机质是指存在于土壤中的所有含碳的有机物质，它包括土壤中各种动、植物残体，微生物体及其分解和合成的各种有机物质。土壤的有机质含量通常作为土壤肥力水平高低的一个重要指标。它不仅是土壤各种养分特别是氮、磷的重要来源，而对土壤理化性质如结构性、保肥性和缓冲性等有着积极的影响。一方面它含有植物生长所必需的各种营养元素并影响养分循环，改善土壤结构稳定性，影响土壤保水能力、阳离子交换能力、pH 值等土壤理化和生物学特性，决定着农作物产量；它是土壤微生物生命活动的能源，对土壤理化及生物学特性有深远的影响。土壤有机质的流失会造成土壤肥力退化。有机质与土壤团粒结构及矿质离子吸附有关，土壤有机质减少会反过来加速土壤侵蚀。

（四）土壤团聚体

土壤团聚体是土壤结构的基本单位，是指土粒通过各种自然过程的作用而形成的直径＜10mm 的结构单位。通常将直径＞0.25mm 的结构单位称为大团聚体，直径＜0.25mm的结构单位称为微团聚体。土壤团聚体是土壤的重要组成部分，在土壤中具有三大作用，包括保证和协调土壤中的水肥气热、影响土壤酶的种类和活性、维持和稳定土壤疏松熟化层。土壤团聚体在土壤中的形状与排列（即稳定性）对土壤物理性质及植物的生长具有极大的影响，而其数量的多少在一定程度上反映土壤的供储养分、持水性、通透性等能力的高低。团聚体的数量和团聚直径分布决定着土壤结构的稳定性及抗侵蚀的能力，特别是直径＞0.25mm 水稳性团聚体的数量被认为是判定土壤质量好坏的重要指标之一。在不同土壤中，直径＞0.25mm 水稳性团聚体的数量越多土壤稳定性也就越高。

四、植被特征

植被是生态系统存在的基础，在水循环和生物地球化学循环中都扮演着重要的角色。植被对河流的影响主要通过植被对水文过程的调控实现，其作用机理包括冠层截留降水、枯枝落叶调节地表径流、植物根系固土吸水等过程，能够增加蒸散发、消减降雨能量、减小径流、改变径流传输方向、保水抗侵蚀、增加入渗、拦截泥沙以及净化吸收污染物，发挥水土保持和净化水质的作用。植被特征具体包括植被覆盖度和地表植被类型及空间分布特征等不同方面。

流域植被覆盖度是指植被的冠层、枝叶在生长区域地面的垂直投影面积占流域总面积的百分比值，用来衡量流域地表植被覆盖总体状况的一个综合量化指标，是描述植被群落及生态系统的重要参数。植被覆盖度的变化是地球内部作用（土壤母质、土壤类型等）和地球外部作用（气候、降水等）的综合结果，是区域生态系统环境变化的重要指示。植被覆盖度的提高对区域气候调节、水土流失防治和污染物净化截留都有重要作用。

不同的地表植被类型，发挥的生态系统服务也有差别，例如森林、灌木和草地在防治土壤侵蚀、截留养分等方面的作用大小不同。此外，植被类型的不同空间分布也对生态系统服务地发挥具有重要影响，从而进一步影响河流径流、泥沙和水质。例如傅伯杰等（1999）的研究发现黄土高原坡面上坡耕地-草地-林地土地利用结构具有较好的土壤养分保持能力和水土保持效果，是黄土丘陵区梁峁坡地上较好的土地利用结构类型。

五、地质特征

地质条件是自然环境的一个组成部分，是人类居住栖息和赖以生存的地壳浅部水圈、大气圈、土壤-岩石圈相交汇的地质空间、有固定的特征和功能。流域的地质特征主要包括岩石类型、地质构造等，属于大尺度作用指标，对河流地域空间分布起决定性作用。

不同岩石类型的化学性质是决定河流天然溶质的最基本因素，尤其是在小的区域范围内。流域岩石类型（如碳酸盐、硅酸盐、蒸发岩）的不同组合造成不同河流的阴阳离子组成差异。例如，钙离子和镁离子主要来源于碳酸盐、硅酸盐和蒸发岩的风化或溶解；钠离子和钾离子主要来源于蒸发岩和硅酸盐风化；碳酸氢根离子来源于碳酸盐和硅酸盐的风化，硫酸根离子和氯离子主要来自蒸发岩溶解，而溶解性 SiO_2 来自硅酸盐风化。

流域的地质构造影响河网发育及地下水补给。地质构造复杂的地区，地层破碎，利于河网发育，河网密度相对较大，这是中国山丘地区的河网密度大于平原地区的原因之一。较大的河槽往往沿着褶皱、断裂带或松软的岩层发育，我国西南纵谷河流就是如此。流域内地下水的蓄存条件主要取决于地质构造和岩石性质。

地质构造也决定着水系的平面形态特征，进而影响河流水情和水生态系统。岩性均一，地层平展的地区多发育树枝状水系，是比较普遍的水系类型。这种水系因支流交错汇入干流，水流先汇入的先泄，后汇入的后泄，因此洪水不易集中，对干流威胁较小；平行排列的褶皱构造带使河流沿构造带发育，使干、支流之间多呈直角相会，形成格子状水系；许多山前洪积扇及三角洲平原上多发育辐散型的倒扇形水系。

第三节　流域生态系统结构和过程

一、流域生态系统结构

流域生态系统是一个社会-经济-自然复合生态系统，分为流域生态、经济和社会子系统三大部分，包含着人口、环境、资源、物资、资金、科技、政策和决策等基本要素。各要素通过社会、经济和自然再生产相互制约、交织而组成流域生态系统的结构。仅考虑流域生态系统的自然部分，可以将其划分为水体、河岸带和高地，进一步可分为各种生态系统类型，例如河流生态系统、湖泊生态系统、城市生态系统、农田生态系统、森林生态系统、草地生态系统等，是水生态系统和陆地生态系统的总和。流域生态系统作为一个复合的生态系统，其结构则要复杂得多，涉及不同生态系统的空间格局和空间组织关系，包括相互位置、相互作用、聚集程度和聚集规模等。

流域生态系统是以流域的地理特征划分的，是宏观生态学研究的一个新领域，研究中主要借助于宏观生态学如景观生态学、区域生态学和全球生态学的研究方法。景观生态学中的景观格局分析方法为研究流域生态系统结构提供了重要研究手段。区域生态学将流域生态系统看作以水（生态介质）为纽带，将上中下游联系在一起而形成的一个完整的生态域。流域生态系统结构就是指流域内不同生态功能体（包括生态功能供体和生态功能受体）自身的结构以及不同生态功能体之间的空间配置关系。一个相对完整的流域内，生态功能体应包括水源涵养功能体、土壤保持功能体、生物多样性保育功能体、洪水调蓄功能体、污染物净化功能体、农产品提供功能体、城镇与产业发展功能体等。

二、流域生态系统过程

流域生态系统过程是指流域系统中非生物、生物及人类社会经济的功能过程，以及人类活动对这些过程的影响。流域的自然生态过程主要包括水循环过程、泥沙过程、化学物质迁移过程和生物过程等在内的生物、物理和地球化学过程。流域水循环在整个生态系统过程中占有主导作用，充分理解水循环过程是探讨流域中其他生态过程及其在受干扰条件下响应机制的基础。

（一）流域水循环过程

水循环是指流域汇集大气降水，形成地表、地下径流，径流汇入河道，最终流出流域，以及土壤水分通过土壤表层和植物叶片以气态方式回归大气的整个过程，是流域所有生态过程发生和发展的基础。水循环主要包括以下组成部分：降水（P）、径流（R，包括地表径流和地下径流）、蒸散发（ET，包括植物蒸腾、土壤或水面蒸发）和流域储水量的变化（ΔS，如土壤含水量变化、地下水位变化、人工水库蓄水量变化）。根据物质守恒定律，表征流域水文要素组成关系的水量平衡方程为

$$\Delta S = P - R - ET \tag{2-1}$$

上述水量平衡方程中的变量都处于动态变化中，受到不同影响因素调控。气候因素（降雨、温度和辐射）、植被生长、土壤发育等都是影响径流、蒸发变化的重要因素，因此也是导致流域地表及地下蓄水变化的重要因素。人类活动越来越多地对流域水循环及其相关的流域生物地球化学循环产生着重要的影响，包括土地利用变化、水利工程、跨流域调

水工程等。

（二）流域泥沙过程

流域泥沙过程需要将流域分为坡面和沟道两大系统，具体包括坡面侵蚀产沙、沟坡重力侵蚀和沟道水沙运动过程，共同构成流域内泥沙的产生、输移和沉积的完整过程系统。

坡面侵蚀产沙过程包括雨滴溅蚀、片蚀和细沟侵蚀，三种都为水力侵蚀，主要决定于地表径流量和径流过程，坡面总侵蚀量沿坡面增加。坡面与沟道之间为沟坡区，坡度陡且坡面破碎易于发生沟坡重力侵蚀，以及降雨大小、沟坡的构成与形态、土壤的力学特性、沟道水流强度等因素有关，是一种具有力学意义的随机物理过程。沟道是水流和泥沙的输移通道，根据Lane的河道冲淤平衡公式，河道径流和河道比降反映了泥沙输移的能量大小，输沙率和泥沙粒径组成特征反映了输沙量的大小，两者的相对大小决定了河道冲刷或淤积状态。因此，泥沙供应、径流量、河道特征和泥沙的物理特征是影响泥沙在河流中运输的主要因素。

（三）流域化学物质迁移过程

流域化学物质迁移过程受水循环过程和泥沙侵蚀迁移过程的控制，与水循环过程具有相似的途径。大气降水通过与地表植被、土壤、岩石相互作用形成整个流域生态系统地球化学循环过程，包括无机物质和有机物质在生物圈、水圈、岩石圈和大气圈内的整个运动过程。具体来讲，流域化学物质迁移过程是指流域生态系统中各种化学物质（如碳、氮、硫、磷、铁、汞、各种有机物等）从大气沉降、矿物风化、生物吸收、积累、转化、分解及排放回大气或随河流流出流域出口的整个过程。

与流域水量平衡相似，根据物质守恒定律，流域养分平衡表达式为

$$\Delta S\rho_s = P\rho_p + A\rho_a + B + I - V - R\rho_r - L\rho_l \qquad (2-2)$$

式中：ΔS 为流域蓄水量的变化；ρ_s 为流域蓄水库（如土壤、地下水等）的养分浓度；$\Delta S\rho_s$ 为流域养分储量的变化；P 为降水量；ρ_p 为大气降水中养分的浓度；$P\rho_p$ 为养分的湿沉降量；A 为空气中养分的浓度；ρ_a 为空气的沉降速率；$A\rho_a$ 为养分的干沉降量；B 为生物作用的净养分量（如生物固氮）；I 为人为活动输入/输出的净养分量（如化肥施用或农作物收割）；V 为以气态形式返回大气的养分量；R 为径流量；ρ_r 为径流中的养分浓度；$R\rho_r$ 为通过径流输出的总养分量；L 为泥沙输送量；ρ_l 为泥沙中的养分浓度；$L\rho_l$ 为通过泥沙输出的总养分量。

以氮为例，流域中氮的输入途径主要为生物固氮、大气干湿沉降，输出途径主要包括通过以气态形式挥发（通过氨挥发、硝化和反硝化作用等）和以水土流失形式从流域中输出。

自工业革命后，人类活动，如农业农田施肥、工业污染等，剧烈改变了自然的化学物质迁移过程以及养分平衡，引起了许多生态环境问题，如水体富营养化、有机污染、水体酸化和碱化等。因此，了解流域化学物质迁移过程对认识流域生态系统功能具有重要意义，是流域水质管理的基础。

（四）流域生物过程

流域生物过程是指流域中生物的生长、发育、生殖、行为和迁移分布等，包括流域陆地生态系统生物过程和流域水生态系统生物过程。流域的水循环过程、泥沙输移过程和化

学物质循环迁移过程以及人类活动共同对流域内的生物尤其是以水为生存介质的生物过程产生重要的影响。堤坝修建、工农业取水和污染物排放等人类活动直接作用于水体引起径流减少、泥沙淤积、水质恶化等生态环境问题，从而对水生态系统产生不利的影响，大大减少了水生态系统的生物多样性，威胁到整个水生态系统的健康。例如水利工程的修建改变了河流的自然水文情势，改变了水生生物的栖息环境，影响到水生生物的产卵、生长、迁移等过程。还有一些人类活动通过水循环过程或泥沙输移而影响水生态系统，例如工业和汽车废气排放、森林砍伐和农田施肥等引起水体酸化、富营养化等水质问题并进一步影响到水生态系统生物多样性。

三、流域生态系统的特征

（一）整体性

流域是一个以水流为基础、以河流为主线、以分水岭为边界的特殊区域，是一个具有整体性和系统性的完整水文单元。一方面，流域中水的流动形成了流域内地理上的关联性及流域环境资源的联动性，使得流域的上中下游、左右岸、支流和干流、水质与水量、地表水与地下水等相互影响，相互制约，构成一个统一完整的流域生态系统。另一方面，以水为纽带，流域中的土壤、森林、矿藏、生物以及人类社会经济活动等也组成了一个紧密相关的整体，该整体中的任一要素发生变化都会对整个流域产生重大的影响。

（二）差异性

流域的上中下游和干支流在自然条件、自然资源、地理位置、经济技术基础和历史背景等方面往往具有很大区域性和差异性。例如我国的长江和黄河两大流域均横贯东西，跨越东、中、西三大地带，在自然资源占有量（包括矿藏、水能、森林、土地资源等）和社会经济发展水平（包括人口密度、土地利用方式、资金、技术、劳动力素质、产业结构层次等）存在着两个互为逆向的梯度差，形成了资源中心偏西，生产能力、经济要素分布偏东的"双重错位"现象。

（三）等级性

流域是一个具有多重等级层次的复杂嵌套系统，每一个大流域都是由小流域和更小的集水区组成的。低一级的小流域是高一级流域的组成部分，同时又受到高一级流域的制约。由于流域是一个多重等级系统，每一个等级的局部变化都会影响到整体。例如小流域尺度上的植被破坏或生态治理，会引起或改善大流域尺度上的泥沙淤积和水质恶化等问题。正确认识流域的等级性有利于从根源上而不是表面上解决流域环境问题。

（四）开放性

流域是一种开放型的耗散结构系统，作为一个自然水文单元，尽管在降水—径流过程是封闭的，但与周围区域不断进行着大量的物质流、能量流和信息流的传递交换。在流域的开发和治理上要注重协调流域内部、流域与流域、流域与区域、流域与国家的关系。

（五）动态性

流域生态系统并不是一个处于某一特定状态的静态系统，而是处于不断变化的动态系统。动态发展是流域生态系统的本质特征，既包括流域自然要素的时间变化，例如降雨、水文条件、河道形态、土壤、植被等变化特征，也包括流域内社会经济和人类开发活动的时间变化，如人口密度、土地利用、环境管理行为等变化特征。开展流域生态系统的动态变化监测是辨识和解决流域生态环境问题的重要基础，是维持流域可持续发展的重要保障。

第四节 流域内人类活动对河流的胁迫

流域内人类对水土资源的不合理开发利用，以及其他社会经济活动引起的对河流生态系统的胁迫问题主要包括以下几个方面：污水排放、过度取用水、土地利用变化和水利水电工程的修建。

一、污水排放

流域内工业废水以及城镇与农村生活污水排放造成的点源污染和农田化肥农药施用引起的非点源污染是河流水污染的两种主要来源。水污染对河流生态系统的危害表现为：有机污染物的生物降解降低水体溶解氧浓度，造成缺氧环境，致使水体黑臭；水中过量 N、P 营养元素导致水体富营养化，形成水华，危害其他水生生物，破坏水生态系统平衡；重金属和其他有毒有害污染物质对水生生物及人体健康产生危害。

二、过度取用水

随着流域人口增长和经济快速发展，工农业生产用水和居民生活取用水增加，水资源开发利用率不断提高，对水资源形成大规模过度开采，致使地表地下水资源短缺，地下水超采严重形成地下水漏斗，河流径流量减少，不能满足水生态系统维持其基本生态功能，出现了严重的生态危机。过度取用水对河流生态系统的危害表现为：河流径流减少甚至干涸，流速降低，水深减小，水面面积减少，大大改变了水生生物的生境条件，危害到水生生物的正常生存和繁殖；河流径流减少，降低了河流对污染物的自净能力，进一步加剧水污染；河流径流减少，导致河流侧向水流减少，影响到与河道相连的湿地生态系统健康和河岸带生态系统健康。

三、土地利用变化

土地利用变化是指人类改变土地利用和管理方式，导致土地覆被变化的现象，具体表现包括一种利用方式向另一种利用方式的转变以及利用范围、强度的改变。土地利用变化直接体现和反映了人类活动对自然的影响水平，是人类影响和改造自然界的最显著标志，亦是区域乃至全球变化的主要驱动因素之一，其原因在于土地利用变化对于自然环境系统，包括水文过程、生态过程等都有深刻且显著的影响。影响河流生态系统的流域土地利用/覆盖变化类型在区域尺度上主要体现为植被变化（如毁林和造林、草地开垦等）、农业开发活动（如农田开垦、作物耕种和管理方式等）、城镇化等。在全球尺度上，毁林和造林是最主要的土地利用变化类型。

土地利用变化对河流生态系统的影响主要表现为对水分循环过程及河流水量水质的改变作用方面，最终结果直接导致水资源供需关系发生变化，从而对流域生态和社会经济发展等方面具有显著影响。具体体现在：流域的土地利用类型通过控制降雨的地表阻留以及潜在的蒸发作用而影响区域水循环，进而影响河流的水文情势，包括径流量、枯水期径流量和洪水的发生频率和强度以及极端事件（洪涝、旱灾等）发生的概率；流域的土地利用类型从源头上控制河流水化学过程，特别是农业化肥和农药的使用以及城镇化带来的全球性的水污染问题；流域的土地利用类型控制着泥沙来源和形成河槽底质的物质类型，影响着当地侵蚀率的变化以及河流输送泥沙的理化性质。

四、水利水电工程的修建

人类出于防洪安全和社会经济发展的考虑，对河流进行了大量的人工改造，修建了各种规模的水利水电工程设施，包括水库大坝修建和河流防洪堤修建。堤坝的建设发挥了巨大的社会经济效益，包括防洪、发电、供水、灌溉、航运、旅游等。然而，水利水电工程的修建对河流生态系统产生了一系列的生态水文效应，主要表现在：水库大坝的修建影响了河流自然的水文情势，使河流流速、水深、水温及其季节变化特征等水文状况发生显著变化；水库大坝的修建使水流变缓，泥沙淤积，改变了自然河流物质输送的规律，使径流和泥沙携带的污染物和营养物质滞留在水库中，导致库区水污染和水体富营养化，同时也影响到下游河道营养物质的输移扩散特征；大坝修建引起的库区泥沙淤积会减少下游河道的输沙量，从而破坏下游河道的水沙冲淤平衡，导致下游河床和河岸发生冲刷，引起下游河道地貌特征改变；堤坝的修建导致河流形态直线化、断面规则化、护坡硬质化和非连续化，破坏了自然河流的纵向和横向的连续性，使水生生物失去了原有的栖息地环境；水利水电工程的修建引起水文状况、水质条件和物理栖息地环境的改变进而影响了水生生物，包括藻类、底栖生物、鱼类，以及河岸带植物物种和群落组成，降低了生物多样性，使河流生态系统发生不同程度的退化。

第五节　基于流域尺度的水生态系统管理

水是流域中最主要的要素，没有水，也就无所谓流域，但作为典型的自然区域的流域还应包括水流经的土地以及土地上的植被、森林和土地中的矿藏、水中以及水所流经的土地上的生物等。因此，流域中的水体、地貌、土壤和植被等各因素都是一个紧密相关的整体。同时，流域也是人类经济、文化等一切活动的重要社会场所。流域的整体性特点要求水生态系统的管理应该根据流域上、中、下游地区的社会经济情况、自然资源和环境条件，以及流域的物理和生态方面的作用与变化，基于流域生态系统尺度整体出发来考虑其开发、利用和保护方面的问题，这是最科学、最适合流域可持续发展客观需要的一种水生态系统管理思路即流域管理。

通常认为，从流域环境的角度出发，围绕着流域管理所涉及的流域人口状况，社会经济发展，水资源的开发利用与保护，洪涝干旱灾害防治，水土流失治理，水污染防治及生态环境恢复等，均应属于基于流域尺度的水生态系统管理内容。因此，基于流域尺度的水生态系统管理的具体内容可概括为流域水资源管理、流域水污染防治、流域水生态保护与修复和流域综合规划与管理四个方面，如图2-6所示。

一、流域水资源管理

水资源是指人类可以利用的，逐年可以得到恢复和更新的一定质量的淡水资源。广义上还包括经过工程控制、加工以及凝结人工劳动和物化劳动的水商品。联合国教科文组织的定义为：水资源为可利用或有可能利用的水源，具有足够的数量和可用的质量，并能在

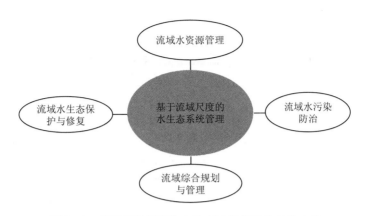

图 2-6　基于流域尺度的水生态系统管理的具体内容

某一地点为满足某种用途而可被利用。从水资源的特性出发，对水资源的管理可归纳为：对水资源的开发利用和保护并重，对水量和水质进行统一管理，对地表水和地下水进行综合管理与统一调度，以及尽可能谋求最大的社会、经济和环境效益，制定相应的水资源工作的方针和政策，兴利和减灾并重，重视并加强水情报工作等。流域是一个从源头到河口的天然集水单元，流域水资源管理就是将流域的上、中、下游，左、右岸，干流与支流，水质与水量，地下水与地表水，治理、开发与保护等作为一个完整的系统，将除害与兴利结合起来，按流域进行协调和统一调度的管理。

流域水资源管理的基本目标应包括以下几个方面：

（1）合理开发利用本流域的水资源（包括：发电、灌溉、航运、水产、供水、旅游等）和防治洪涝灾害（包括：防洪、除涝、抗旱、治碱、减淤等）。

（2）协调流域社会经济发展与水资源开发利用的关系，处理各地区、各部门之间的用水矛盾，合理分配流域内有限的水资源，以满足流域内各地区、各部门用水量不断增长的需求。

（3）监督、限制水资源的不合理开发利用活动和污染、危害水源的行为，控制水污染发展的趋势，加强水资源保护，实行水量与水质并重、资源与环境一体化管理。

（4）建立完善的水资源产权制度和市场体系，使水资源的保护利用步入良性循环，实现水资源的永续利用和流域经济社会的可持续发展。

二、流域水污染防治

流域水污染防治的任务主要包括工业污染防治、城镇生活污染防治和农业农村生活污染防治。

工业污染防治工作包括：实施差别化环境准入政策，优化以工业园区为主的空间布局，取缔小型严重污染水环境的生产项目，促进产业转型；实施强制性清洁生产，提高工业清洁生产水平；加强工业污染源排放情况监管，加大超标排放整治力度和加强企业污染防治指导，实施工业污染源全面达标排放。

城镇生活污染防治工作包括：优化城镇建设空间布局，推进海绵城市建设，推进城镇化绿色发展；完善污水处理配套管网建设；推进污水处理设施建设；强化污泥安全处理处置；综合整治城市黑臭水体。

农业农村污染防治工作包括：优化畜禽养殖空间布局，推进畜禽养殖粪便资源化利用和污染治理，控制水产养殖污染，加强养殖污染防治；大力发展现代生态循环农业，合理施用化肥、农药，推进重点区域农田退水治理，推进农业面源污染治理；推进农村污水垃圾处理设施建设，开展农村环境综合整治。

三、流域水生态保护与修复

流域水生态保护与修复包括保护和修复两个方面，将保护和修复统一起来，使保护和修复相互促进。一方面，良好水生态系统的保护可以为受损水生态系统的修复提供参照系统，因此，对于尚未被人类破坏的水生态系统，需要开展优先保护；另一方面，对于受人类活动干扰严重的已经受损退化水生态系统，需要开展生态修复，使其恢复到良好状况。按照国际生态恢复学会的定义，生态修复是帮助研究和管理原生生态系统的完整性的过程，这种完整性包括生物多样性的临界变化范围、生态系统结构和过程、区域和历史状况以及可持续的社会实践等。水生态修复是指在充分发挥水生态系统自我修复功能的基础上，采取工程和非工程措施，使水生态系统恢复自我修复功能，强化水体的自净能力，修复被破坏的水生态系统。

流域水生态系统保护和修复的任务主要有三大类：

（1）水文条件、水质条件的保护与修复，包括：水量、水质、水文情势、水力学条件的改善。通过水资源的合理配置维持河道最小生态需水量；通过控源截污、污水处理、污染治理等改善河湖水质；通过水库生态调度模拟自然河流水文情势变化模式，改善水力学条件。

（2）河流湖泊地貌特征的保护与修复，包括河流纵向连续性和横向连通性的保护与修复；河流纵向蜿蜒性和横向形态多样性的保护与修复；退耕还湖和退渔还湖；生态护岸等。

（3）生物物种的保护与恢复，包括：濒危、珍稀、特有生物物种的保护与恢复；河湖水库水陆交错带植被恢复；包括鱼类在内的水生生物资源的恢复；生物多样性的提高等。

四、流域综合规划与管理

流域综合规划与管理目的是指导流域开发、利用、节约、保护水资源和防治水害，对科学制定流域治理开发与保护的总体部署及开展流域管理具有重要意义。以流域为单元科学编制综合规划，以规划为基础有序推进和加快流域水利建设、加强流域综合管理，是国内外流域环境管理的重要经验。流域综合规划的编制、实施和发展过程，其实质是探寻经济社会发展与生态环境保护相统筹、人与自然相和谐的过程。流域综合规划与管理的主要方面为：流域防洪减灾、流域水资源综合利用、流域水污染防治和水生态环境保护与修复、流域综合管理。

参 考 文 献

［1］ 芮孝芳. 水文学原理［M］. 北京：高等教育出版社，2013.

［2］ 董哲仁，孙东亚，等. 生态水利工程原理与技术［M］. 北京：中国水利水电出版社，2007.

［3］ 董哲仁，等．河流生态修复［M］．北京：中国水利水电出版社，2013.

［4］ 傅伯杰，陈利顶，马克明．黄土丘陵区小流域土地利用变化对生态环境的影响：以延安市羊圈沟流域为例［J］．地理学报，1999（3）：241－246.

［5］ 刘世梁，赵清贺，董世魁，等．水利水电工程建设的生态效应评价研究［M］．北京：中国环境出版社，2016.

［6］ 魏晓华，孙阁．流域生态系统过程与管理［M］．北京：高等教育出版社，2009.

［7］ 徐宗学，刘星才，李艳利，等．辽河流域环境要素与生态格局演变及其水生态效应［M］．北京：中国环境出版社，2016.

［8］ 徐宗学，彭定志，庞博，等．现代水文学［M］．北京：北京师范大学出版社，2013.

［9］ 杨桂山，李恒鹏，于秀波，高俊峰，等．流域综合管理导论［M］．北京：科学出版社，2004.

第三章

水生态修复理论基础

水生态修复工作的开展是建立在对河流、湖泊及其流域结构、功能和过程充分理解的基础上。河流生态学、湖泊生态学和景观生态学的相关概念和理论对水生态修复有着重要的理论指导和科学借鉴意义。本章主要介绍了河流生态学范畴内的河流连续体理论、序列不连续体理论、洪水脉冲理论和四维理论，湖泊生态学重要的湖泊多稳态理论，以及景观生态学的等级理论和尺度理论。

第一节 河流连续体理论

Vannote R L 等在 1980 年提出了河流连续体概念（River Continuum Concept，RCC），预测沿河流流向方向（纵向）物理、化学和生物特征的变化，是河流生态系统结构和机能的理想化转变过程。河流连续体概念认为，由源头的诸多小溪直至下游河口组成的河流系统的连续性，不仅指地理空间上的连续，更重要的是指生态系统中生物学过程及其物理环境的连续。

从河流源头到下游，形成一个连续的、流动的、独特而完整的系统，称为河流连续体。河流连续体概念把河流网络看作是一个连续的整体系统，强调河流生态系统的结构与功能和河流生境的适应性、整体性。一方面，从河流源头到下游，河流系统内的宽度、深度、流速、流量、水温等物理变量具有连续变化特征。另一方面，有机物的来源和性质，河流代谢特征以及生物群落的结构状况也沿河流纵向变化，使得有可能对河流生态系统的特征及变化进行预测。

河流连续体概念的核心是连续梯度，可通过河流代谢［生产力与水生群落的呼吸作用之比值（P/R）］、有机质尺寸［粗颗粒有机质与细颗粒有机质之比值（CPOM/FPOM）］和大型无脊椎动物的功能摄食群沿河流纵向的连续梯度变化来表现，其核心内容可概括如下：

河流代谢与有机质尺寸随有机物来源与物理环境的变化而呈现沿河流纵向的连续梯度变化。河流的源头受河岸带植被的强烈影响，生产力与水生群落的呼吸作用的比值较小（$P/R<1$）。有机质的颗粒相当大，主要由河岸带入河流的枯叶和木质的残余物组成（即粗颗粒有机质 CPOM 远远大于细颗粒有机质）。沿上游到下游的方向河岸带的影响逐渐减小，初级生产力和有机质的量却在增加。P/R 的比率逐渐增加（从 $P/R<1$ 到 $P/R>1$）。有机质尺寸逐渐减小，大多为细颗粒的有机质（FPOM）。对大河流来讲，河流下游主要是从上游接受有机质，由于长距离的加工使得这些有机质到了河流下游已经变得非常小了。但由于常常受深度和浊度的限制，大河流下游初级生产力 P/R 比率再一次减少（$P/R<1$）。

大型无脊椎功能摄食群的分布沿河流纵向也发生相应的连续梯度变化，如图 3-1 所示。在河流的源头，粉碎者同收集者一样重要。粉碎者利用枯叶及相关的生物质来制造粗颗粒有机物质（CPOM）。收集者则通过从水中过滤或者从沉积的细颗粒有机质（FPOM）中收集来获得它们的食物。这些食物都已经被粉碎者进行了加工。在河流的中游，收集者和刮食者占主导。在更低的下游河段，无脊椎动物则主要由收集者组成。

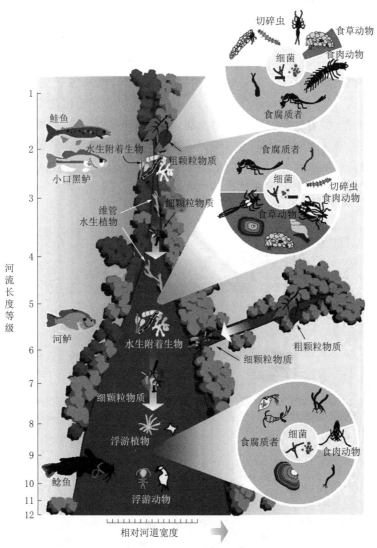

图 3-1　大型无脊椎功能摄食群沿河流纵向的分布特征

河流连续体概念是以北美自然未受扰动的河流生态系统的研究结果为依据发展而来，对于受人类活动干扰的河流并不完全适用。尽管如此，它仍是河流生态学中最重要的概念，为理解河流生态学提供了一个非常有用的框架，代表着河流生态学取得的重大进步。其重要性表现在：第一，首次尝试沿着河流的整个长度即纵向方向来描述整条河流生物群落的结构和功能特征；第二，明确地提出河流生态系统纵向的梯度规律，包括非生物环境的连续梯度和与之适应的生物群落梯度；第三，在一定程度上影响了其后一批河流概念模型和理论，包括考虑人为干扰因素，如堤坝修建、河道引水等对河流纵向连续变化特征影响的序列不连续体理论，考虑河流与洪泛区系统的横向水力联系的洪水脉冲理论，以及综合考虑河流纵向、横向和垂向特征并强调河流生态系统的动态特征的四维理论。

第二节　序列不连续体理论

大坝修建极大地改变了河流的物理、化学和生物结构、过程与功能，使河流呈现非连续化，如图 3-2 所示。随着人们对大坝导致的河流系统的各种非生物和生物反应的重视，序列不连续体理论（Serial Discontinuity Concept，SDC）越来越受关注，甚至被作为河流管理的一个模式。序列不连续体理论认为大坝修建将导致河流生物和非生物因子的格局和过程发生上游—下游方向上的可预测的变化，变化的方向和大小程度依赖于研究参数本身性质特点和大坝在河流连续体纵向方向上的位置。序列不连续体理论的最初形式只考虑了大坝对河流纵向一维方向上的影响，扩展后的形式也包括了对河流横向方向上的影响，将河道与洪泛平原之间横向上的相互作用也考虑在内。

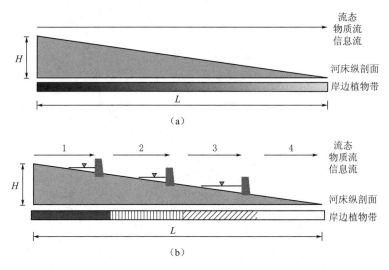

图 3-2　建设大坝后河流非连续化示意图

（a）自然状态河流；（b）建设梯级大坝后的河流

序列不连续体理论通过定义两个变量来描述大坝修建对河流的影响。第一个变量是不连续体距离（Discontinuity Distance，DD），是指物理或生物变量的期望值受大坝影响而沿上游或下游方向发生位移的距离，通常以河流等级单位或距离长度单位如公里来表示。DD 为正值时表明发生向下游方向的位移，DD 为负值时表明发生向上游方向的位移，DD 为零时表明没有发生显著的纵向上的位移。第二个变量是参数强度（Parameter Intensity，PI），是指与自然状况下的河流相比较，受干扰河流特定参数发生的绝对数量的变化。PI 为正值时表明特定参数受大坝影响而增加，PI 为负值时表明特定参数减小，

PI 为零时表明没有发生显著的大小变化。通过上述两个变量构建的序列不连续体概念框架为设计和解释大坝调控河流生态系统的研究提供了非常有用的工具，广泛适用于不同尺度上各种物理和生物参数的研究。

　　河流不连续体理论是对河流连续体理论的进一步继承和发展，主要表现在：①它强调了人为干扰（如大坝等）对河流系统的影响，比较真实地反映了目前河流的实际状况。②它继承了河流连续体理论的某些思想，同时又有所发展。例如它也认为河流拥有从源头到海洋的纵向源梯度，河流的生物物理属性沿着连续体发生可预测的变化，但这种变化受到生物群落、大坝在纵向方向上的位置以及大坝运行的模式的影响。③揭示了水坝存在的前提下河流生态系统的一些变化规律，两个不连续体之间的变量的均一性得到增加了。④大坝的修筑削弱了主河流和河岸带之间的生态连续性，从大的方面来看表现在两点：首先，反映在大坝修筑后粗颗粒有机质的运输将被阻塞，而细颗粒有机质则可以很容易地通过大坝，这种对来源于河岸带植被的粗颗粒有机质的阻塞，割裂了上游外源有机质输入和下游有机质加工之间的联系。其次，大坝等水工建筑物的存在经常使河道同它们的洪泛平原以及河岸带森林相隔离。

第三节　洪水脉冲理论

　　洪水脉冲理论（Flood Pulse Concept，FPC）是 Junk W J 等（1989）基于在热带、亚热带和温带大河（亚马孙河和密西西比河等）的长期观测和数据积累提出的河流生态理论。在洪水脉冲理论中，洪水脉冲是一个广义的概念，指水文情势的年周期变化，而狭义的洪水脉冲概念指河流在洪水期间水量的骤然涨落。洪水脉冲理论强调洪水脉冲对河流-洪泛滩区生态系统的重要性，认为洪水脉冲是河流-洪泛滩区系统生物生产、物种繁衍和相互作用的主要驱动力。洪水脉冲理论关注洪水侧向漫溢产生的营养物质循环和能量传递的生态过程，同时还关注水文情势，特别是水位涨落过程对生物过程的影响。

　　在洪水脉冲理论中，洪泛滩区又被称作水陆过渡带（Aquatic/Terrestrial Transition Zone，A/TTZ），是指定期地被河流或湖泊侧向溢流、降雨或地下水所淹没的区域，该区域的物理化学环境能引起生物产生形态学、解剖学、生理学、生物气候学或生态学适应性等方面的反应并产生特定的群落结构。河流和洪泛滩区构成了一个不可分割的完整体，称为河流-洪泛滩区系统。洪水脉冲是河流-洪泛滩区系统的主要驱动力，起着维持系统动态平衡的作用，反映洪水特征的洪峰水位、水位-时间过程线、洪水频率、洪水历时、洪水发生时机、洪水规律性等是影响河流-洪泛滩区系统物质循环和能量传递的主要因素。其中：洪峰水位决定洪水漫溢的范围；水位-时间过程线决定河流-洪泛滩区系统动水区与静水区互相转换的动态特征；洪水频率决定洪水的规模和对生态系统的干扰程度；洪水历时决定河流与洪泛滩区系统营养物质交换的充分程度；洪水发生时机决定了水文-水温的耦合关系，即洪水脉冲与温度脉冲的耦合问题，这一点在温带地区尤为重要。通常，有规律的洪水脉冲有利于生物体建立高效利用洪泛滩区栖息环境和资源的适应性和生存策略，而不是单纯依赖于永久的水体或陆地栖息环境。

　　一次洪水脉冲的水文生态过程如下：当水位上涨时，水体侧向漫溢到洪泛滩区，河流水体中的有机物、无机物等营养物质随水体涌入滩区。受淹土壤中的营养物质得到释放，洪泛滩区初级生产力大大增加。陆生生物或腐烂分解，或迁徙到未淹没地区，或对洪水产生适应性；水生生物或适应淹没环境，或迁徙到滩地；部分鱼类开始产卵。当水位回落时，水体回归主槽，滩区水体携带陆生生物腐殖质进入河流。洪泛滩区被陆生生物重新占领，大量的水鸟产生的营养物质搁浅，并且汇集成为陆生生物的食物网的组成部分。水生生物或者向相对持久的水塘、湿地迁徙，或者适应周期性的干旱条件。水塘、湿地等相对持久性水体与河流主流逐渐隔离。在洪水涨落过程中，河流与洪泛滩区完成了一次脉冲连通，主体河道跟沿岸生态系统间的物质交换和物种交流得以完成。

洪水水位涨落引起的生态过程，直接或间接影响河流-洪泛滩区系统的水生或陆生生物群落的组成和种群密度，也会引发不同的行为特点，如鸟类迁徙、鱼类洄游、种子传播、涉禽的繁殖以及陆生无脊椎动物的繁殖和迁徙，如图3-3所示。同时，水文情势的变化大大提高了洪泛滩区的栖息地结构多样性，为生物群落多样性创造了良好的条件。柬埔寨的洞里萨湖（Tonle Sap Lake）由于受湄公河径流涨落的影响，具有周期性的洪水脉冲现象，拥有200种水生植物和高生物多样性的鱼类、爬行动物类、鸟类等，其提供的鱼类产量超过柬埔寨全国总产量的一半。

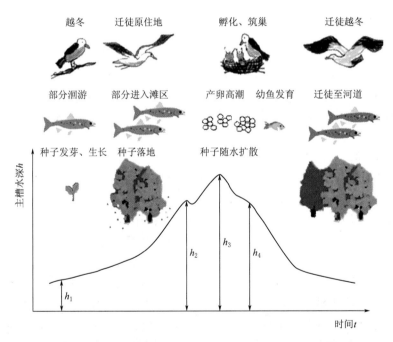

图 3-3 河流-洪泛滩区系统生物习性与洪水水文过程的响应关系

近百年以来，大规模的经济活动改变了河流-洪泛滩区系统的生态格局，河流-洪泛滩区系统成了最受威胁的生态系统。在北美和欧洲统计的139条大河中，有77%由于筑坝和人工径流调节使得生境破碎化，自然河流的洪水脉冲已经在不同程度上受到削弱。在我国，近几十年来经济活动对于河流-洪泛滩区系统的干扰和破坏也十分剧烈。主要表现在：对洪泛滩区和湖泊围垦开发利用造成洪泛滩区面积大幅度缩小；水库径流调节使洪水脉冲效应减弱；闸坝对于河流-滩区-湖泊系统连通性的破坏影响了物质流和信息流的畅通；堤防工程带来了滩区湿地面积减少和洪水脉冲影响范围缩小等生态负面影响。洪水脉冲理论作为一种应用性的理念和技术工具对河流和湖泊生态系统修复具有重要的指导作用和广泛地应用，具体包括以下方面。

（1）兼顾生态的水库多目标调度。传统的水库调度是遵循防洪和兴利调度原则，调度的结果使得流量或水位过程线趋于平缓，脉冲作用削弱。兼顾生态的水库多目标调度，是指在满足防洪、发电、供水、灌溉等经济社会功能的同时，兼顾下游水生态系统需求的调度原则和方法。新的调度方法遵循的基本原则：人工径流调节水文过程线尽可能模拟河流自然水文过程线，以产生河流脉冲效应。

（2）自然水文情势的恢复。在改善河流自然栖息地的同时，需要考虑提高水文情势多样性，恢复自然水文情势，以全面提高栖息地的空间异质性。另外，需要加强对水域生物的调查和监测工作，特别需要加强有关生物对水文情势的生理学需求研究，在此基础上改善河流的水文条件。

（3）河流-洪泛滩区系统连通性的恢复。河流与滩区、湖泊、水塘、湿地的连通性是洪水脉冲效应的地貌学基础，因此恢复河流-滩区系统的连通性是河流生态修复的一个重要任务。在河流生态修复规划中应在流域的整体尺度上全盘考虑恢复连通性问题。具体工程和管理措施包括：拆除效能低下阻隔水体流通的闸坝；恢复通江湖泊的口门；合理调度闸坝等工程设施；疏浚阻碍水系连通的河道等。

（4）洪泛滩区的恢复。近几十年来，各类经济活动对于洪泛滩区的围垦侵占，不但降低了滩区的生态功能，而且降低了防洪功能，增大了洪水风险。因此，洪泛滩区的恢复应结合防洪工程整体进行规划。在有条件的河段扩大堤防间距以扩大滩区，提高蓄滞洪水能力。对于滩区的各类经济活动应进行评估分析，对于不当的经济活动需要采取行政措施予以限制。

第四节　河流四维理论

在河流连续体、洪水脉冲等理论的基础上，Ward J V 提出河流四维理论，认为河流生态系统是具有纵向、横向和垂向连通性特征，并且在时间维度上动态变化的四维生态系统，河流四维理论示意图如图3-4所示。纵向上，河流是一个连续的线性系统，从河源到河口均发生物理、化学和生物特征的变化。这与河流连续体理论一致，不仅仅强调上中下游地理空间上物理环境（河流宽度、深度、流量、流速和温度等）的连续变换，而且强调生物对物理条件的调整和适应及生态系统中生物学过程的纵向连续。横向上，强调河流与相邻的洪泛滩区之间的横向连通性，包括生物体在河道和相邻河岸带-洪泛滩区的主动与被动迁移、营养元素与有机物的

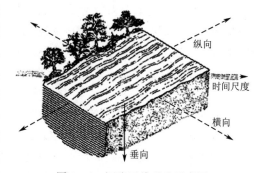

图3-4　河流四维理论示意图

交换和其他一些间接的作用，例如洪水水文情势对河岸带植被的组成、生产力和演替状态的影响以及由此产生的对河道形态、水体温度、外来物质输入等的影响。这种横向连通性在具有大面积洪泛滩区和年内周期性洪水的河流或河段上比较重要。垂向上，强调地下水与地表水之间水文要素和化学成分的连通以及河流底质中的有机体与河流的相互作用。地表水与地下水交界处的潜流带对河流生态系统的生产力、物质分解和生物多样性起着重要的作用；时间尺度是叠加在三个空间维上的维度，适宜的时间尺度依赖于关注的生物有机体和研究的事件，既强调随降水、水文条件变化引起的河流物理化学生物特征的季节性动态变化，也强调河流演变历史和相关的生物生命周期特征的重要性。河流的时间维度的提出对于理解干扰后生态系统反应时间的等级性也非常重要。

河流生态系统的等级分类特征和时空尺度特征决定了研究河流的空间尺度和时间尺度具有密切关联性。通常，高空间等级上的动态变化具有大的时间尺度，表现为慢变化速率和低频率，而低空间等级上的动态变化具有小的时间尺度，表现为快变化速率和高频率。干扰发生后河流生态系统的恢复既表现为时间上的恢复演替，也表现为空间上的恢复演替（如沿河流纵向的演替）。因此，采用综合的时间-空间思维方式才能够全面理解河流生态系统的动态特征和人类干扰带来的后果。

第五节　湖泊多稳态理论

多稳态理论是生态学的重要基础理论之一，与生态系统的演变以及生态系统的恢复密切相关，因此受到各国科学家的广泛关注。20世纪60年代Lewontin R C（1969）在研究"在一个给定的生境中是否会有两个或两个以上的稳定生态群落结构存在？"的问题时，最早提出了"Alternative Stable States"的概念。20世纪70年代May R M（1977）和Holling C S（1973）在研究生态系统的稳定性时，采用了"Multiple Stable Ttates"的提法来表征生态系统在相同的参数条件下存在不同稳态解的现象。20世纪90年代Scheffer M（1990）也采用"Multiple Stable States"来表示湖泊生态系统的清澈状态与浑浊状态。随着相关研究的开展和深入，目前国际上多采用Alternative Stable States来表示多稳态。

多稳态的定义为在相同条件下，系统可以存在结构和功能截然不同的稳定状态。这里，相同条件指的是外界条件不变，比如湖泊的氮磷元素含量不变；结构不同指的是系统的结构发生较大变化，比如从浮游动物主导的结构转变为藻类主导的结构；而功能不同则指的是随着结构的改变，系统相应的物质流、能量流以及信息流功能发生变化，结果也会造成生态系统服务价值的变化；稳定状态在动力学理论上指的是系统的解在一定条件下稳定，在生态学意义上指的是在一定的时间和空间尺度上，生态系统保持现有的结构和功能不变。

一个处于稳定状态的生态系统意味着：生态系统状态可以保持长期不变；在一定的随机干扰强度内，系统不会从一种稳定态跃迁到其他稳定态；当干扰强度大于生态系统稳态阈值（Threshold）时，系统会从一种稳定态跃迁到另一种稳定态。Scheffer M（1990）提出揭示稳态转换的模型，用小球表示系统的状态，当系统存在不同的稳态域时，小球可能会在不同的稳态域之间转换。Beisner B E 等（2003）总结了生态系统多稳态机制的研究现状，认为系统的稳态转换有两种途径：第一种是当外界条件固定时，在外界随机干扰下，小球会发生稳态转换。随机因素包括两大类：一类为内在乘性因素，主要表现在生物内在的随机因素，如出生率、死亡率、繁殖率和摄食率等；另一类为外在随机因素如光照、水温、水流、海潮、台风、海啸等海洋气象因素和水文因素。另一种情况是当外界条件（系统参数）发生变化时，小球会发生稳态转换。

弹性/恢复力是系统保持某一稳态的能力，了解恢复力的影响因素尤其是关键性要素对于生态系统管理有重要的指导作用。生态系统的弹性大小随着系统的参数变化而发生变化。当干扰小于弹性阈值时，消除干扰因素后，生态系统能够回到原来的稳定状态。当干扰大于弹性阈值时，生态系统就会从一种稳定状态跃迁到另一种稳定状态，即发生稳态转化，如图 3-5 所示。如果要使生态系统恢复到原来的稳定状态，则必须通过外来投入或其他生态系统管理措施来实现。退化生态系统恢复到原来状态对应的弹性阈值往往大于生态系统发生退化所对应的弹性阈值，称为生态恢复的迟滞效应。

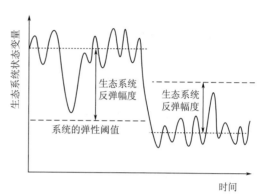

图 3-5　生态系统弹性示意图

多稳态理论被广泛应用于全球各种生态系统类型管理中，例如海洋生态系统、湿地生态系统和干旱生态系统。湖泊多稳态是指湖泊生态系统在一定条件下存在着两种稳定状态——草型清水稳态（水质清澈，沉水植物覆盖度高的草型生态系统）和藻型浊水稳态（水质浑浊，浮游植物占优势的藻型生态系统）。在湖泊生态系统研究方面，Scheffer M 和 Carpenter S R（2003）最早从湖泊的富营养化入手，研究了湖泊的多稳态现象，揭示了湖泊存在水体清澈的草型清水稳态和易暴发蓝藻的藻型浊水稳态。具体来讲，草型清水稳态是指湖泊沉水植物覆盖度高，水质清澈的状态。而藻型浊水稳态是指沉水植物覆盖度低甚至消失，浮游植物占优势，水质混浊甚至有蓝藻水华暴发的状态。两种类型相对稳定，符合生态系统抵抗变化和保持平衡状态的"稳态"特性，图 3-6 描述了两种稳态发生转化的过程。当草型清水稳态向藻型浊水稳态转换时，营养盐浓度由低增高，到临界浓度点时，水中浊度增加，沉水植物迅速减少，该临界点称为"灾变点"。当藻型浊水稳态向草型清水稳态转换时，营养盐浓度由高降低，到临界浓度点时，浮游植物浓度降低，沉水植物开始增加，该临界点称为"恢复点"。灾变点与恢复点是两个分离的点，在灾变点浓度与恢复点浓度之间存在

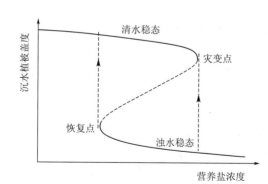

图 3-6　湖泊清水稳态（草型生态系统）与
浊水稳态（藻型生态系统）转化过程

着草型清水稳态与藻型浊水稳态两种可选择的状态。图中显示的恢复点对应的营养盐的浓度值远远低于灾变点对应的营养盐的浓度值的现象，即迟滞效应，表明湖泊生态系统从藻型浊水稳态恢复到原来的草型清水稳态要比从原来的草型清水稳态转变到藻型浊水稳态困难得多。这一规律也提醒人们在生态系统的管理中要把对生态系统的保护放在优先的地位。

生态系统弹性管理需要从以下方面进行：判断引起系统变化的慢变量及其驱动要素；了解稳态阈值可能存在的位置；增强能有助于保持系统弹性的因素。图 3-7 显示了草型清水稳态和藻型浊水稳态恢复力的影响因素。提高草型清水稳态恢复力的因素主要有：减弱风浪引起的再悬浮、增加浮游动物、降低水中营养盐浓度以及沉水植物产生的克藻化感物质。这些因素都是在沉水植被形成以后的结果，所以，当沉水植被形成以后，正反馈会强化这种沉水植被优势，使恢复力增强，其结果是水草覆盖度更高，透明度更好。提高藻型浊水稳态恢复力的因素主要有：风浪引起的底再悬浮，鱼类觅食引起的底质再悬浮，透明度降低使沉水植物更难成活，水中营养盐浓度升高引起的浮游植物大量生长，这些

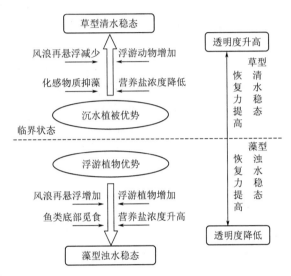

图 3-7　草型清水稳态和藻型浊水稳态恢复力的影响因素

因素导致透明度降低，沉水植物不能进行有效的光合作用，在沉水植物消失以后的正反馈强化了藻型浊水稳态恢复力，提高了藻型浊水稳态的稳定性。

湖泊生态恢复的过程是稳态转换的过程，因此治理湖泊富营养化，特别是浅水湖泊富营养化，其中一个重要内容就是提高本土沉水植物覆盖度。根据藻型浊水稳态向草型清水稳态转换的驱动力分析，从影响沉水植物覆盖度的生境条件入手，实现富营养化浅水湖泊由藻型浊水稳态向草型清水稳态的转换。

等级（系统）理论是 20 世纪 60 年代以来逐渐发展形成的关于复杂系统结构、功能和动态的理论，在地理学、生态学等多个领域广为应用。等级（系统）是一个由若干单元组成的有序系统。等级（系统）理论认为，任何系统都属于一定的等级，并具有一定的时间和空间尺度。通常，低层次的行为和过程常表现为小尺度、高频率、快速度的特征，而中高层次的行为或过程常表现出大尺度、低频率、慢速度的特征。等级系统中不同等级的层次系统之间具有相互作用的关系，每一层次都是由不同的亚系统所组成。每一等级（系统）组成单元具有两面性或双向性，即相对于低层次表现出整体特性，而对高层次则表现出从属性或受制约性。根据等级（系统）理论，可以将任何复杂系统分解为多层次和多组分的等级系统。垂直结构上，体现为等级系统中层次数目、特征及其相互作用关系；水平结构上，体现为同一层次上整体元的数目、特征和相互关系。复杂系统至少

可以分解为 3 个相邻层次。即核心层次（0 层次）、高层次（＋1 层次）和低层次（－1 层次），如图 3-8 所示。核心层次（0 层次）是根据研究对象而确定的中心层次，它受上一层次［（＋1 层次）］的制约，同时下一层次［（－1 层次）］又为核心层次提供机制和功能。因此，等级（系统）理论有助于简化复杂系统，对复杂系统的结构和功能等进行深入系统的研究。

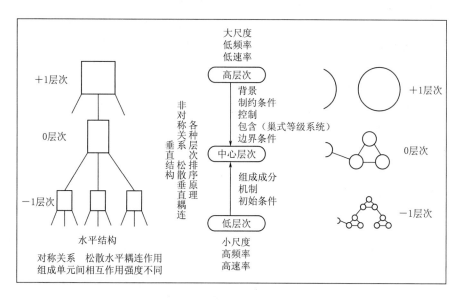

图 3-8　等级理论及其主要概念

　　等级系统可分为巢式和非巢式两类。在巢式等级系统中，高层次由低层次组成，即相邻的两个层次之间具有完全包含与完全被包含的关系，而非巢式等级系统中，高层次与低层次不具有完全包含与完全被包含的关系。多数生态系统为巢式等级系统，而流域是巢式等级系统的一个典型例子。一个大流域由次级流域构成，每一个次级流域又由更小的汇水区构成，这种包含与被包含的等级关系可用于简化流域的复杂性，有利于增强对其结构、功能及动态的理解，从而为水生态修复活动的开展提供明确的，可操作性的指导。流域的物理形态和行为过程都随流域的等级不同而呈现有规律的变化。例如，流域面积大小、河道宽度、河道深度、河道坡降、流速、流量、水温、泥沙粒径等形态特征和行为过程，基本遵循低层次级别流域具有小尺度、高频率、快速度特征，而高层次级别流域具有大尺度、低频率、慢速度特征的规律。流域的等级性还表现在高层次等级流域对低层次等级流域的整体性上，任何对次一级流域的干扰都会引起上一级流域系统的变化，有些还具有空间累积性。

第六节　尺　度　理　论

　　尺度是景观生态学研究的重要概念和核心问题，任何生态过程都具有时间和空间尺度。尺度通常用来指观察或研究物体、过程的空间分辨率和时间单位，一般用所研究生态系统的面积大小或其动态变化的时间间隔来表示。在景观生态学中，小尺度表示较小的研究面积和较短的时间间隔，而大尺度表示较大的研究面积和较长的时间间隔。在具体应用中有观测尺度、生态现象的本征尺度和定量分析尺度之分。尺度选择的不同会导致对生态学格局、过程及其相互作用把握的不同，影响研究成果的科学性和适用性。

河流生态系统结构和功能自身具有特定的时间和空间尺度，例如微生物的呼吸作用发生在较小的栖息地尺度和较短的时间单位内，而河道地貌则受整个流域尺度上长时间的物质输入甚至地质构造变迁的影响。同时，对河流生态系统的任何人为干扰或自然干扰都是在一定的时空尺度下进行的，包括从流域尺度到具体的河段或微生态区尺度，从较长的历史变迁尺度到较短的天或小时间隔，人类活动对河流生态系统均存在不同程度的影响。因此，河流生态系统修复的研究中也存在着尺度问题，依据不同时空尺度上的生态系统过程选择合适的尺度是河流生态修复活动能否成功的先决条件。赵彦伟和杨志峰（2005）提出了不同时间与空间尺度上需要开展的河流生态系统修复活动的研究内容，见表 3-1 和表 3-2。

表 3-1　　　　　　　　　　　河流生态系统修复的时间尺度

类别	时间跨度	研　究　内　容
极长时间尺度	几百年以上	地理因子、土壤、气候、生物地球化学循环
长时间尺度	几十年至数百年	流域土地利用、流域景观过程与格局、河床地貌、水力干扰机制、生物多样性、完整的水生食物链、水生生物群落结构与动力学、生态作用关系
中时间尺度	几年至数十年	水面面积、水质、河岸带、底质状况、栖息地、部分水生生物种群分布、结构与组成、连通的河流廊道
短时间尺度	几个月至几年	河床生态覆盖、生态护岸与护坡、鱼道设置、水景观建设、河床与河道断面、裁弯取直段恢复

表 3-2　　　　　　　　　　　河流生态系统修复的空间尺度

尺度	关注对象	意　义	研　究　内　容
区域	社会经济发展问题	源头上的防止策略	水生态环境友好的政策与法规颁布、生态产业建设规划、城市建设活动规划、循环经济模式构建、跨区域的发展及产业结构调整；区域内（流域间）的水资源统一输送配置
流域	流域生态格局与过程	生态景观格局、生态过程与联系的重构	流域内景观类型或生态系统之间的联系、流域生态过程、流域累积影响、地貌形成机制、土地利用类型与结构、植被覆盖、水土保持、洪水管理、营养与有机质迁移、非点源及各类污染控制、污水处理分区
河流廊道	河流本体特征	提高河流廊道连通性与生态上的连续性	库坝拆除与流量分配、水力干扰机制（水深、流量、流速、洪水漫堤频率与强度等）恢复、河岸湿地与河漫滩建设、河岸带植被连通性建设
河段	具体工程	保证修复的可操作性与有效性	排污口设置与排放方式、景观小品、边坡与护坡、河道断面、鱼类洄游通道、底泥疏浚与控制、水生植被建设、曝气修复、裁弯取直复原等

河流生态修复的不同阶段或不同的生态修复任务对应的空间尺度和时间尺度也不同。例如，河流生态修复目标的制定，监测和评估等工作应在尽可能大的空间尺度，如流域甚至区域（跨流域）上开展；河流生态修复规划工作的尺度应该是流域；河流生态修复工程规划可以在河流廊道范围内进行；而具体的河流生态修复工程项目的实施则一般在关键的重点河段内进行。

参 考 文 献

［1］ Ian D Rutherfurd，Kathryn Jerie，Nicholas Marsh. A Rehabilitation Manual for Australian Streams ［M］. Canberra：Land and Water Resources Research and Development Corporation，2000.

［2］ 赵彦伟，杨志峰. 河流生态系统修复的时空尺度探讨［J］. 水土保持学报，2005，19（3）：196－200.

［3］ Bayley P B. The Flood Pulse Advantage and the Restoration of River Floodplain Systems ［J］. Regulated Rivers：Research and Management，1991，6（2）：75－86.

［4］ Bayley P B. Understanding Large River－Floodplain Ecosystems ［J］. Bioscience 1995，45（3）：153－158.

［5］ Junk W J，Bayley P B，Sparks R E. The Flood Pulse Concept in River－Floodplain Systems ［J］. Canadran Journal of Fisheries and Aquatic Sciences，1989，106：110－127.

［6］ Vannote R L，Minshall G W，Cummins K W，et al. The River Continuum Concept ［J］. Canadian Journal of Fisheries and Aquatic Sciences，1980，37（1）：130－137.

［7］ Ward J V，Stanford J A. The Serial Discontinuity Concept：Extending the Model to Floodplain Rivers ［J］. Regulated Rivers：Research & Management，1985，10（2－4）：159－168.

［8］ Ward J V. The Four－Dimensional Nature of Lotic Ecosystems ［J］. Journal of the North American Benthological Society，1989，8（1）：2－8.

［9］ 董哲仁，张晶. 洪水脉冲的生态效应［J］. 水利学报，2009，40（3）：281－288.

［10］ 张水龙，冯平. 河流不连续体概念及其在河流生态系统研究中的发展现状［J］. 水科学进展，2005，16（5）：758－762.

［11］ 董哲仁，孙东亚，彭静. 河流生态修复理论技术及其应用［J］. 水利水电技术，2009，40（1）：4－9，28.

［12］ 董哲仁. 孙东亚，等. 生态水利工程原理与技术［M］. 北京：中国水利水电出版社，2007.

［13］ 董哲仁. 生态水工学探索［M］. 北京：中国水利水电出版社，2007.

［14］ 邓建明，周萍. 河流的四维特征探讨［J］. 水科学与工程技术，2012（4）：16－19.

［15］ Lewontin R C. The Meaning of Stability：Diversity and Stability in Ecological Systems ［J］. Brookhaven Symposta in Biology，1969，22：13－24.

［16］ May R M. Thresholds and Breakpoints in Ecosystems with a Multiplicity of Stable States ［J］. Nature，1977，269：471－477.

［17］ Holling C S. Resilience and Stability of Ecological Systems ［J］. Annual Reviews of Ecology and Systematics，1973，4：1－23.

［18］ Scheffer M. Multiplicity of Stable States in Fresh－Water Systems ［J］. Hydrobiologia，1990，200：475－486.

［19］ Scheffer M，Carpenter S R，Foley J A，et al. Catastrophic Shifts in Ecosystems ［J］. Nature，2001，413（6856）：591－596.

[20] Scheffer M，Carpenter S R. Catastrophic Regime Shifts in Ecosystems：Linking Theory to Observation [J]. Trends in Ecology & Evolution，2003，18（12）：648 - 656.

[21] Beisner B E，Haydon D T，Cuddington K. Alternative Stable States in Ecology [J]. Frontiers in Ecology and the Environment，2003，1（7）：376 - 382.

[22] 年跃刚，宋英伟，李英杰，等. 富营养化浅水湖泊稳态转换理论与生态恢复探讨 [J]. 环境科学研究，2006，19（1）：67 - 70.

[23] O'Neill R V，DeAngelis D L，Waide J B，et al. A Hierarchical Concept of Ecosystems [M]. Princeton：Princeton University Press，1986.

[24] Wu J. Hierarchy and Scaling：Extrapolating Information along a Scaling Ladder [J]. Canadtan Journal of Remote Sensing，1999，25（4）：367 - 380.

[25] 邬建国. 景观生态学：格局、过程、尺度与等级：第二版 [M]. 北京：高等教育出版社，2007.

[26] Dungan J L，Perry J N，Dale M R T，et al. A Balanced View of Scale in Spatial Statistical Analysis [J]. Ecography，2002，25（5）：626 - 640.

第四章

水文过程与水生态修复

　　水文过程是水生态系统的重要过程，对水生态系统的物质循环、能量流动、物理栖息地状况和生物相互作用都有着重要的影响。本章从流域水文循环入手，介绍了流域水文循环中包括降水、下渗、蒸散发和径流的各个重要环节，论述了河湖水文要素和水文过程，进一步阐述了对河流生态过程有着重要驱动作用的河流径流情势及其表征指标，并在此基础上对河湖生态流量的概念和计算方法进行了论述。

第一节　流　域　水　文　循　环

一、水文循环

　　水文循环是地球上最重要、最活跃的物质循环之一。正是由于自然界的水文循环，才形成永无终止千变万化的水文现象。地球上以液态、固态和气态的形式分布于海洋、陆地、大气和生物机体中的水体构成了地球上的水圈。水圈中的各种水体在太阳辐射和地心引力等作用下，通过不断蒸发、水汽输送、凝结降落、下渗、地面和地下径流的往复循环过程，称为全球水文循环（图 4-1）。自然界的水文循环是连接大气圈、水圈、岩石圈和生物圈的纽带，是影响自然环境演变的最活跃因素，是地球上淡水资源的获取途径。在海

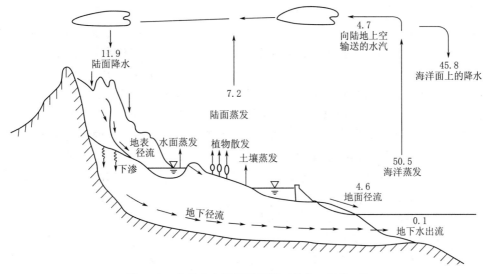

图 4-1　全球水文循环示意图（单位：$10^4 km^3$）

洋与陆地之间，陆地与陆地上空之间，海洋与海洋上空之间时刻都在进行着水文循环过程。

水文循环可以看作是水体储存和传递的一系列过程，其中河流既是储存库，又是陆地和海洋的水量传输通道。全球水文循环中由陆域通过河流和地下水汇入大海的年均径流总量约为 $4.7 \times 10^4 \mathrm{km}^3$。与其他地球水资源储存库相比，河流和湖泊储存水量非常少，其中河流水量仅占世界总水量的 0.0002%，湖泊水量占世界总水量的 0.013%（表 4-1）。但河流和湖泊淡水积极参加水文循环，每年的更新循环量较大，成为主要的可利用水资源来源。国际上大多数国家以区域内的多年平均河川径流量作为水资源量的代表，中国则除年河川径流量外，还考虑部分和河川径流联系很少又处于和降水积极交互带的浅层地下水，作为年水资源总量中的组成部分。河湖水资源为人类的各种需求提供了重要来源，包括饮用水水源、工业需水和农业灌溉需水等。同时，这部分水资源对于维持陆地淡水生态系统健康也具有重要的意义。

表 4-1 地球水圈水储量及其更新所需时间

水 体	水量/$10^3 \mathrm{km}^3$	占比/%	年循环量/km^3	更新所需时间
海洋水	1338000.0	96.54	505000	2650 年
冰川与永久积雪	24064.1	1.74		
地下水	23400.0	1.69	16700	1400 年
永冻层中冰	300.0	0.02	30	10000 年
湖泊水	176.4	0.013	10376	17 年
土壤水	16.5	0.001	16500	1 年
大气水	12.9	0.0009	577000	8 天
沼泽水	11.5	0.0008		5 年
河流水	2.12	0.0002	49400	16 天
生物水	1.12	0.0001		数小时
总 计	1385984.6	100	—	—

二、流域水文循环

流域水文循环是指流域内主要包括降水、入渗、蒸散发和径流形成的整个过程。

(一) 降水

降水是大气中水汽饱和后凝结，以雨、雪、冰雹、冻雨或雾滴等形态降落到地面过程的总称。地面湿热气团因各种原因而上升，体积膨胀做功，消耗内能而冷却。当温度降低到露点以下时，气团中的水汽开始凝结为水滴或冰晶，形成云。云中的水滴或冰晶，继续吸附水汽凝结于其表面，或由于互相碰撞而结合成大水滴或冰粒，当其重量达到不再能被上升气流所顶托的时候，即形成降水。因此，水汽、上升运动和冷却凝结是降水的三个因素，水汽是降水的必要条件。

根据气团抬升的特征，降水主要有以下 4 种类型：

(1) 对流降水。对流降水是由于局部地面受热集中，下层湿度较大的空气膨胀上升，与上层空气形成对流，动力冷却而致雨。对流降水强度大，历时短，多以夏天雷阵雨形式出现。

（2）地形降水。地形降水是指空气运动受山脉阻挡抬升，随海拔升高而气团温度降低，逐渐达到饱和状态，最终在山的迎风面形成大量降水，之后当气团翻过山顶，在山脉的背风面由于空气干燥，相对湿度较低而造成雨影。

（3）锋面降水。锋面降水是指冷暖气团相遇，迫使暖湿气团抬升，动力冷却而致雨。冷锋降水是指冷气团侵入暖气团而形成的高强度、短历时、小面积的降水。暖锋降水是指暖气团侵入并覆盖冷气团而形成的大面积、低强度的降水。

（4）气旋雨。气旋雨是指当存在低压区时，周围气流向中心辐合运动而使低压区气团抬升，动力冷却而致雨。

（二）入渗

入渗是指降落到地面的雨水从地表进入到土壤内的运动过程。在重力、分子吸引力和毛管力作用下，水分进入土壤的运动过程大致分为三个阶段：

（1）渗润阶段。渗润阶段主要是在分子吸引力作用下，被土壤表面吸附而成为薄膜水，当土壤干燥时，这个阶段十分明显。

（2）渗吸阶段（非饱和下渗）。主要是在毛管力和重力的作用下，在土壤孔隙中向下作不稳定运动，并逐渐填充土壤孔隙，直至全部饱和。

（3）渗透阶段（饱和下渗）。当土壤孔隙水分充满而饱和时，水分在重力作用下作稳定运动。

下渗到土壤的水分，首先补给包气带，当包气带的土壤含水量达到田间持水量时，下渗趋于稳定。继续下渗的水，一部分在土壤孔隙中运动，从坡侧土壤孔隙流出，称为壤中流；另一部分继续垂直下渗直至地下水面，以地下水的形式补给河流，称为地下径流。

（三）蒸散发

蒸散发是降水经地表拦截后蒸散发重新回到大气的过程，其中蒸发是水由液态或固态转化为气态的过程，散发或蒸腾是指被植物根系吸收的水分，经由植物的茎叶散逸到大气的过程。流域总蒸发或流域蒸散发包括水面蒸发、土壤蒸发、植物截留蒸发及植物散发。对大多数流域来讲，蒸散发是最大的水分"损失"或输出量。全球陆地降水量中接近2/3的水分通过蒸发和蒸腾回到大气中。蒸散发在生态系统能量平衡和水文循环中具有重要的作用。例如，正是通过蒸散发消耗大量的潜能，才使地球不至于太热，并使海洋的水汽输送到陆地；同时由于植被的蒸腾作用使水分由土壤进入植被，水分的运动带动可溶性的土壤养分运动并使它们被植物所吸收。由于蒸散发从大的时间尺度反映了流域水量平衡，它与生态系统生产力的关系密切，是影响生物多样性的重要因素之一。在大的时间尺度和空间尺度上，控制蒸散发的主要地理因素为影响气候的纬度、海拔等，影响流域蒸散发的生态因素主要包括降水量、光照、气温和植被类型。

（四）径流形成过程

流域内自降雨开始到水流汇集到流域出口断面的整个物理过程称为径流形成过程，径流的形成是一个相当复杂的物理过程，通常可以分为产流过程和汇流过程。

1. 流域产流过程

流域产流过程是指降雨开始后发生在坡地上的水文过程，是流域对降雨的空间再分配过程。降雨开始后，大部分流域面积上并不会马上产生径流，而是通过植物截留、填洼、蒸散发和入渗等过程消耗降水。无法形成径流的那部分降雨量称为损失量。降落在流域上的雨水扣除损失量后形成净雨。因降雨强度分布不均匀及下垫面情况的不同，可能是全面积产流，也可能是局部面积产流。在前期干旱的情况下，降雨产流过程中的损失量较大。

2. 流域汇流过程

流域汇流过程是指净雨沿坡面从地面和地下汇入河网，再沿河网汇集到流域出口断面的过程，即可分为坡面汇流过程和河网汇流过程。

坡面汇流过程，雨水经过产流阶段扣除损失后形成净雨，净雨在坡面汇流过程中一般有两种情况：一种是沿着坡面注入河网成为地表径流，另一种是通过下渗形成壤中流和地下径流后再注入河网。因此，坡面汇流一般有坡面漫流、地下径流汇流和壤中流汇流组成，它们具有不同的汇流特征。坡面漫流是指填洼完成后形成的坡面流汇流到附近河网的过程。坡面漫流通常没有固定的沟槽，而是由无数股微小水流组成，在高强度降水的情况下可能形成片流。坡面漫流具有流量较大，流速较快，流程历时较短，汇流时间较短的特点，大雨时是构成河流流量的主要来源；地下径流汇流是指净雨向下渗透到潜水面，之后沿水力坡度最大的方向流入河网所形成的径流。地下径流具有流量较小，流速较慢，流程历时较长，汇流时间较长，会补给河网构成河流的基流；壤中流汇流是指土壤表层内的水分沿坡面侧向流入河网所形成的径流。壤中流介于两者之间，汇流速度比坡面漫流慢但比地下径流要快得多，汇流时间比坡面漫流长但比地下径流要短得多，对历时较长的暴雨，也是构成河流流量的主要来源。这三种径流方式常常存在着相互转化的关系，如原为壤中流后变为饱和坡面漫流的径流成分，也称为回归流。在径流形成过程中，坡面汇流过程是对净雨在时程上进行的第一次再分配。

河网汇流过程，各种水源的径流进入河网后汇集在一起，从支流到干流，从上游到下游，最后汇集到流域出口断面。河网中水流的汇流速度比坡地中大得多，但因汇流路径长，所以汇流时间也较长。河槽具有径流调蓄的作用，在涨水期内，河槽通过储蓄一部分水量起到滞洪的作用，而在退水期内，河槽释放之前的蓄水，水位降低。河槽调蓄是对净雨在时程上进行的第二次再分配。

三、流域水量平衡

水量平衡是指在任一时段内研究区的输入与输出水量之差等于该区域内的储水量的变化值。水量平衡研究的对象可以是全球、某区（流）域或某单元的水体（如河段、湖泊、沼泽、海洋等）。研究的时段可以是分钟、小时、日、月、年，或更长的尺度。水量平衡原理是水文学的基本原理，在研究水文循环和水资源转化过程的一个至关重要的基本规律。

适用于任意区域、任意时段的通用水量平衡方程为

$$P + R_r + R_g = E + R'_r + R'_g + q + \Delta W \tag{4-1}$$

式中：P、R_r、R_g 分别为区域内在给定时段内的降水量，经河道流入和经地下流入区域的径流量，这三项之和代表在给定时段内输入该区域的总水量；E、R'_r、R'_g、q 分别为区域内在给定时段内的净蒸发量，经河道流出和经地下流出区域的径流量，人类活动的总用水量，这四项之和代表在给定时段内输出该区域的总水量；ΔW 为在给定时段内区域蓄水量的变化量，可正可负。

对于闭合流域，没有自流域外流入河道的径流量（$R_r = 0$），流域的地下分水线和地面分水线相重合，没有其他流域的地下径流进入（$R_g = 0$），出口断面河槽中流出径流量 R'_r 与经地下流出径流量 R'_g 合并为 R，再如流域人类活动用水量 q 较小可忽略不计，则闭合流域在某一给定时段内的水量平衡方程可表达为

$$P = E + R + \Delta W \tag{4-2}$$

式中：P 为流域降水量；E 为流域蒸发量；R 为流域径流量；ΔW 为流域蓄水量的变化量。

从多年平均来说，流域蓄水变量 ΔW 的值正负可抵消，即趋于零。因此，闭合流域多年平均水量平衡方程为

$$P_0 = E_0 + R_0 \tag{4-3}$$

式中：P_0、E_0、R_0 分别为多年平均降水量、蒸发量、径流量。

不闭合流域或河床下切深度浅的小流域的地下径流不完全通过流域出口断面，有一部分会从地下渗流到外流域，须按照具体汇流路径范围进行分析。

四、流域水循环的影响因素

（一）气候因素

气候因素主要包括温度、湿度、风速、风向等。气候因素是影响水循环的主要因素，气候状况影响着水循环中的蒸发、降水、径流等各个环节。一般情况下，温度越高，蒸发越旺盛，水分循环越快；风速越大，水汽输送越快，水分循环越活跃；湿度越高，降水量越大。另外，气候条件还能间接影响径流，径流量的大小和径流的形成过程都受控于气候条件。因此，气候是影响水循环最为主要的因素。

（二）流域下垫面因素

流域下垫面因素是指流域的地貌特征、地形特征、地质条件、植被特征等。下垫面一方面通过影响气候间接影响径流，另一方面通过直接影响流域的汇流条件来影响径流。地貌不同可以影响径流的速度、大小和方向。例如地形陡峭的山地，河流短小湍急，径流速度快，地面径流大，地下径流小；而地形平坦的平原，径流速度慢，地面径流小，地下径流大。地形海拔、坡度和坡向等因素会影响降雨和径流的大小。例如径流有着垂直差异分布特征，通常山脉中部降雨和径流量最大，海拔过高或过低都会使径流量减少。迎风坡的降雨和径流会明显大于背风坡。通常情况下，地质断层、节理和裂隙越发达，地下径流增大，而地表径流减小。植被通过林冠层和枯枝落叶层对降水进行截留，并可以阻滞地表径流，延长入渗时间，进行水量的再分配，因此良好的植被可以减少地表径流，增加壤中流和地下径流，起到防止水土流失、涵养水源，改善河流的水文状况和洪涝灾害的作用。

（三）人类活动因素

人类活动对水文循环的影响是通过改变流域下垫面而对水文循环发生作用的，主要表现在调节径流、加大蒸发、增加降水等水分循环的环节上。例如，修建水库、淤地坝可拦蓄洪水、扩大了水面积、抬高了库区地下水位，从而加大了蒸发，促进了水分的循环；人类修建水利工程、修建梯田、水平条、鱼鳞坑等都能减少径流、增加入渗、增加土壤含水量，从而加大了蒸发，影响了水文循环；封山育林、造林种草可以增加植被覆盖也能够增加入渗、调节径流、影响蒸发；城市化进程中不透水地表面积的增加，减小了土壤入渗从

而增大了地表径流和蒸发。因此，人类活动是通过改变下垫面的性质、形状来影响水文循环。

第二节 河湖水文要素和水文过程

一、河湖水文要素

河湖水文要素是构成河湖在某一时间的水文情势的主要因素，是描述河湖水文情势的主要物理量，是用来描述水流运动的计量手段。水文要素可以通过水文测验、观测和计算等取得数据。河湖水文要素主要包括水位、流速、流量、水温、含沙量等。

（一）水位

水位是指自由水面相对于某一基面的高程，而水面离河底的距离称为水深。基面又叫基准面，是高程的起算面，指高程起算的固定零点。计算水位所用基面可以是以某处特征海平面高程作为零点水准基面，称为绝对基面，如我国的珠江口基面、黄海基面、吴淞口基面等；也可以用特定点高程作为参证计算水位的零点，称测站基面或相对基面。相对基面可以减少记录和计算的工作量，但它与其他水文站的水文资料不具有可比性，因此在进行水文资料整编和水文预报时必须换算为绝对基面。

观测水位最简便的方法是在河岸设置水尺进行定时读数。水位的变化同流量有着直接的关系，水位高低是流量大小的主要标志，断面水量补给增加则水位上涨，反之水位下降。通常水文测站会建立基本水尺断面处的水位与通过该断面的流量之间的水位流量关系。一般河流水面宽随水位的增高逐渐加大，因此一个稳定的水位流量关系通常为一条凹向下方的单一增值曲线，即水位流量关系的斜率随着水位增大而减小（图 4-2）。流量由断面平均流速与面积相乘而得到，因此分析水位流量关系时通常也包括对水位面积、水位流速关系的分析。受洪水、回水、结冰等因素影响而形成的不稳定水位流量关系则为绳套线曲线。

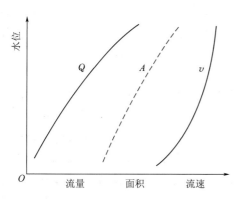

图 4-2 稳定的水位流量、水位面积和水位流速关系曲线

水位是水生态系统水文情势的主要水文要素，尤其对湖泊的水量、水质和生物的栖息地等有直接或间接的影响，被认为是湖泊生态系统健康的关键影响因素。如何确定合理的湖泊水位以保证生态系统健康，成为湖泊科学研究的重要科学问题。

（二）流速

流速是指水流质点单位时间内通过的距离，单位为 m/s。河流某一断面流速主要与水深、河流比降（沟道河床坡度）和过水断面粗糙程度有关，一般均匀水流的流速可用谢才公式计算得到

$$v=c\sqrt{Ri} \tag{4-4}$$

式中：v 为断面平均流速；R 为水力半径；i 为水面比降；c 为谢才系数。

谢才系数与糙率等因素有关，其数值可用经验公式曼宁方程来表示

$$c=\frac{1}{n}R^{\frac{1}{6}}$$ (4-5)

式中：n 为糙率系数。

流域尺度上流速主要取决于地形坡度的大小。一般坡度陡流速快，坡度缓流速慢。所以通常情况下一条河流上游河段的流速高于下游河段的流速。同一断面上各点的流速也有差别，通常流速由河底向水面、由河岸向河心最大水深处逐渐增大。在垂线上，绝对最大流速出现在水面以下 0.1～0.3m 水深处，平均流速出现在 0.6m 水深处。为了计算简便，通常用断面平均流速来表示该断面水流的速度。

流速对河道物理结构和微生境有着强烈影响，也直接影响食物及营养物质的迁移，能耗等，并且进一步影响水生生物。不同的水生生物有各自的适宜流速范围。通常河道低流速区的生物物种丰度和产量较高，但高流速是有些鱼种迁徙及产卵的信号。

（三）流量

流量是指单位时间内通过河流某一断面的水流体积，单位为 m³/s。流量可用过水断面面积和平均流速的乘积计算得到。各个时刻的流量是指该时刻的瞬时流量，此外还有日平均流量、月平均流量、年平均流量和多年平均流量等。流量是天然河流、人工河渠、水库、湖泊等径流过程的特征，是推算河段上下游、湖库水体入出水量以及水情变化趋势的依据。

流量过程是流域下垫面对降水调节或河段对上游径流过程调节后的综合响应结果。河川径流变化是影响生物/非生物过程的首要因素，决定了河流生态系统的结构和动力过程。低流量对维持生物生存所需的生境条件具有重要意义。高流量影响输沙及洪泛区连通，从而对生态系统中物质流、能量流和信息流产生重要影响。

（四）水温

水温指水体温度，是反映河湖等水生态系统热力学特征的重要物理变量。水温对河湖的水质特征、能量循环、水生生物都具有重要影响。河湖水温主要受气温的空间和时间变化、河湖物理形态特征、地表与地下水的比例和上游来水影响。对于容积大、水深大的温带湖库，水温常呈现季节性温度分层。温度分层的湖库由于中间温跃层的存在使上下层之间表现出温度、溶解氧、氧化还原状态、化学组成和生物组成等方面的显著差异。

流域内人类活动对水温也会产生重要的影响，例如土地利用变化、污水排放、水库的修建等。例如，电厂的温排水通常比环境水温高 8～12℃；小型水坝蓄水会延长水体滞留时间，增加日光辐射使水库水温升高，并通过表层泄水提高下游河道的水温，而对于存在温度分层现象的水库，其底层下泄水温会异于下游天然河道的水温，一般是春夏季节偏低，秋冬季节偏高。

水温是水生生物的重要生存因子，各种生物都有各自的适宜温度。作为河流生态系统的主要驱动力，水温与河流生态系统的健康息息相关，其变化会给河流水生生物的生存和繁殖造成威胁。河流水温是决定水生态系统稳定性的重要因素之一，水温波动影响着水生态系统的新陈代谢和生产能力。此外，水体的物化特征与水生生物的分布、生长和繁殖也受水温变化干扰。通常水温越高，水生生物体的新陈代谢及繁殖能力增强。有些水生物种

只能在特定温度下生长，改变水温的极端温度将影响水生物种构成。水温会影响非生命体的化学过程，如充氧、有机物吸附、分解等。水温对鱼类生长发育的影响尤其显著，包括通过影响新陈代谢的速率对鱼类的消化速率、摄食率和耗氧量等产生影响，影响摄食、呼吸、繁殖、生长等鱼类生命活动。例如，多年研究表明，长江四大家鱼只有在江水上涨并且水温超过18℃时才会产卵；水库低温水的下泄对下游河道鱼类的直接影响包括繁殖季节推迟、当年幼鱼的生长期缩短、生长速度减缓、个体变小等；由于电厂温排水产生的大幅度的升温对局部海域内浮游生物的生长产生显著影响，包括在低温季节促进生长，在高温季节严重抑制生长等。

（五）含沙量

水中含沙量是指单位体积水中所含干沙的质量，单位为 mg/L 或 kg/m³。河流中输送的泥沙按照泥沙颗粒的直径大小及在河道中的运动形式分为悬移质和推移质。悬移质的泥沙颗粒直径小，且悬浮在径流中，随径流流动而移动。推移质泥沙直径较大，不能悬浮在水中，只能分布在河床上，通常包括石块、粗砂等基质，并且在河床上的移动是由径流产生的牵引力、滚动力等综合作用所驱使，移动速度也较慢。一般情况下，河流中泥沙以悬移质为主。

河流中输送的泥沙来源于陆地上的土壤侵蚀。河流含沙量的大小主要取决于流域内降水强度、坡度大小、土质疏松状况和植被覆盖情况。降水强度大，坡度陡，土质疏松，植被覆盖差，河流含沙量大。反之，含沙量小。我国的黄土高原是世界上最大的黄土堆积区，土壤质地疏松，地形破碎，同时处于温带季风气候区，降水集中且多暴雨，再加上人类活动干扰强烈，植被覆盖度低，水土流失严重。因此流经黄土高原的黄河含沙量高，是世界上著名的多沙河流。

尽管大量的泥沙由于土壤侵蚀进入河流系统，但只有少于1/4的泥沙最终经河流网络进入海洋，而多于3/4的泥沙在河流网络、湖泊和湿地等水生态系统中沉积下来。影响泥沙在河流中输送的因素除了泥沙的陆源供应外还包括：河道的特征，如河道的坡度、粗糙指数、形态等；河流流量大小；泥沙的物理特征，如直径大小、组成和风化的状况。

河流中的泥沙含量及迁移规律对水生态系统的结构和功能具有重要的意义。首先，泥沙含沙量直接影响水质，从而进一步对水生生物产生不利影响；其次，泥沙在河流系统中的运动与沉积直接影响河流形态与水生生物栖息地的质量与数量。大量的泥沙沉积使河道基质组成变细，水生栖息地多样性降低而质量退化。此外，高泥沙含量还会直接使水生生物（例如鱼类）窒息而死亡。

二、河川径流量变化过程

水文过程是水文要素在时间上持续变化或周期变化的动态过程。河川流量水文过程是最基本的水文过程。通常用流量水文过程线定量描述河川径流量随时间的变化过程，反映河川径流过程及组成。

流量水文过程线提供了在干旱、洪涝及正常天气情况下，地表径流过程及其变化信息。为便于河川径流描述，可把流量过程线中的水流分为事件流和基流。事件流也称之为直接流、表面流、暴雨流或快速流，这部分水分在响应单次水分输入事件后，快速地进入河道之中。事件流主要通过地表流至河道，或以壤中流的形式流至河道。而基流是通过不同途径，缓慢而持续地进入溪流中，通常能够在降水事件之间维持河川流量。一般而言，大部分基流来自地下水，也有些来自湖泊和湿地或山坡上薄土层的缓慢排水。有些表面基流也可能来自壤中流。如果河流的水分补给主要来自地下水，其水量随时间的变化相对较慢。

一次降雨在出口断面形成的流量过程线称为洪水流量过程线。一般认为水文过程是降水驱动的，因此经常将降雨过程和流量过程放在一起形成降雨-流量水文过程线（图4-3）。典型洪水过程线可分为上升部分、波峰和下降部分。在降雨开始后的一段时间内，在前期水位基础上，水流速度不断增加。快速增加的流量对应着水文过程线的上升部分，上升斜率主要取决于暴雨强度，它影响降雨到地表径流的分配。如水流快速到达河道中，可引起曲线急剧上升。水文过程线的波峰对应着最大径流量。此时，引起径流的降雨基本已经停止。这一峰值主要来源于地表径流及壤中流。降雨峰值至径流洪峰出现的时间称为洪峰滞时。随后，流量从峰值开始下降，这一段为水文过程线的下降部分。一般而言，降水停止后，水分主要来自流域中的存储水量。在这一时期，地下水起到重要的作用。水位逐渐回落至前期水位的过程，可以用指数方程、回归方程和波动方程来描述，其中指数方程是最常用的形式。基流通常用一条直线来表示，左端是水文过程线的始端，右端是与下降段的交点。

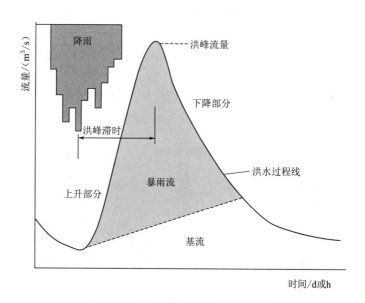

图4-3 降雨-流量水文过程线示意图

影响流量水文过程线形状的因素主要有降水（前期和本次）、流域地形地貌特征（面积、河网密度、形状、坡度）、地质条件、土壤特征、植被状况等。流量过程线的形状能够综合反映一个流域的产流、汇流特征。例如，暴雨型洪水过程线依流域面积大小不同其形状有差异。小河流的面积小、河槽汇流快、河网的调蓄能力低，因此洪水多为陡涨陡落型。而大河流的流域面积大，不同场次的暴雨在不同支流形成的多次洪峰先后汇集到大河时，各支流的洪水过程往往相互叠加，又由于河网、湖泊、水库的调蓄，洪峰的次数减少，而历时则加长，涨落较为平缓。流域内人类活动对自然水文过程线的影响也非常显著，例如城市化后由于路面硬化，透水面积减少，地表入渗减少，其流量水文过程线表现出暴雨径流较快到达峰值，且峰值较高的特点。

三、河流水沙关系与河床演变

河床演变是指自然条件及人类活动影响下河床所发生的变化过程。水沙条件对冲积河流河道演变起着至关重要的作用，早期学者多以流量或者含沙量单一影响因子对河道冲淤变化规律进行讨论研究，后续研究发现单一影响因子与河床形态没能形成稳定的对应关系，进而指出河床冲淤受水沙组合关系的影响。因此，河床演变是水流、泥沙、河床相互作用的结果，以泥沙运动作为纽带。输沙不平衡是河床演变的根本原因，当输沙平衡遭到破坏时河床会发生变形，同时河床又具有向平衡状态进行自我调整的能力，使得河床演变得以持续进行。这就是河床演变的基本原理。因此，河床演变的实质就是泥沙的冲刷、搬运和沉积。

冲积河流在河道均衡状态下，河道形态（水深、河宽、比降等）与来水来沙条件（流量、含沙量、泥沙粒径）之间存在着某种定量因果关系，称为河相关系或均衡关系。

Lane（1955）提出的河道平衡关系式［式（4-6）］包含了输沙率（Q_s）、泥沙中值粒径（D_{50}）、流量（Q_w）和河道坡降（S），反映了这四个基本要素在维持河道冲淤平衡的相互作用（图4-4）。Q_s 和 D_{50} 的乘积代表河流实际的来沙条件即输沙负荷，而 Q_w 和 S 的乘积代表水流的来水条件即输沙能力，当来水来沙平衡，即输沙负荷和输沙能力平衡时，河道能够维持平衡状况不变，否则就会出现河道的冲刷或淤积直到水沙输送达到平衡。

$$Q_s \cdot D_{50} \propto Q_w \cdot S$$

（实际输沙负荷）∝（水流输沙能力）   （4-6）

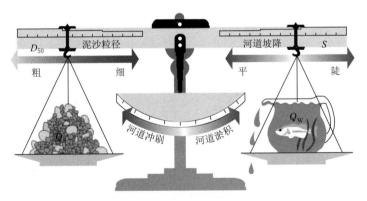

图4-4　Lane 的河道冲淤平衡关系示意图

河流水沙关系的变化受流域的生态环境特征、水土流失程度及人类活动变化等要素的影响，是反映流域变化的重要指标。例如，流域水土流失加剧增大了河流的输沙负荷，河道就会发生泥沙淤积和河床抬升；水库的清水泄流减少了输沙负荷，会引起下游河道的泥沙冲刷和河床下切。

第三节　河流径流情势及其生态功能

一、河流径流情势

河流径流情势是指河流径流随时间的变化特征，包括径流的年内变化、年际变化、洪水特征和枯水特征等。河流生态学家们认为流量过程是河流生态系统演变的主要驱动力，自然径流情势是维持和保护自然物种多样性和生态系统完整性的重要条件。Poff N L 等（1997）提出决定河流生态系统生态完整性的五个重要的径流情势特征：流量幅度、发生频率、历时、发生时间和水文条件变化率。河流自然径流情势表现出显著的区域格局，主要由气候、地质、地形和植被等流域自然条件的差异决定。径流情势不仅直接影响河流生态系统的生态完整性，而且也间接地通过影响构成河流生态完整性的其他主要生态系统特征，如水质、能量来源、物理栖息环境和生物相互作用，来影响河流生态系统的生态完整性（图 4-5）。

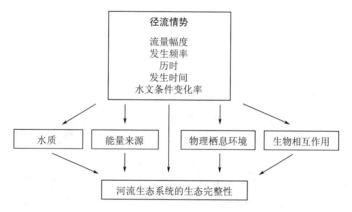

图 4-5　河流径流情势对河流生态系统的生态完整性的影响示意图

（一）流量幅度

流量是单位时间内通过某一固定断面的水量。根据流量的时间变化特征和其代表的生态和社会含义，我们常用不同的变量和参数来表达。最常见的流量变量为年径流量、月径流量、日径流量、洪峰流量及枯水流量。流量变量的表达都与时间连在一起，不同的流量变量对应的时间长短有差异，一个流域的水资源量通常用较长时间的流量变量如年（季或月）径流量来表达，而洪峰径流通常用较短时间的流量变量如瞬时洪峰、最大日径流量等来表达。

河流流量大小的生态重要性取决于对生态过程的影响。通常认为，河流的中等流量主要影响着河道的泥沙输移，而河道的高流量和低流量对河流是一种生存"瓶颈"，决定了不同物种的胁迫阈值和生存机会。高流量还影响着河流生物的生物量和多样性，因为高流量通过其与漫滩和高地的连通，大量地输送营养物质并塑造漫滩多样化形态，维系河道并育食河岸生物；低流量则影响着河流生物量的补充，以及一些典型物种的生存。

（二）发生频率

发生频率是指年内流量超过某一特定流量的发生概率。极端洪水的发生频率也常用重现期（以年为单位，如 N 年一遇）来表示，洪水重现期与发生频率互为倒数，如 100 年一遇的洪水是指发生该量级流量的频率为 0.01。发生频率常与流量大小呈负相关，小流量发生的频率大，大流量发生的频率小。

（三）历时

历时是指特定流量条件的持续时间。历时可以表达为相对某一特定流量事件的时间（如 10 年一遇洪水淹没洪泛区的天数）或者是对在限定的时间期间内某一特定流量事件发生的时间累计（如一年中超过某流量的总天数）。洪水历时长短对于水陆物质的交换程度、河岸带植被的演替、动物的迁移、繁殖和对生境的适应等都有着重要影响。

（四）发生时间

特定量级流量的发生时间代表了流量事件的可预测性。流量事件的发生时间对生物的繁衍发育也至关重要。例如有一些无脊椎动物的盐水敏感期是夏季的中后期，如果此时发生洪水事件则会增加死亡率并对其来年的生物更替产生潜在的影响。流量的发生时间常常决定了水文-水温的耦合关系，而水温是影响水生生物生长发育的重要生态因子。对于鱼类来讲，水温的变化对其各个生活周期，特别是繁殖期和早期发育阶段，会有很大的影响。例如，洪水水位上涨会诱发长江四大家鱼产卵，但水温要达到 18℃ 以上。

（五）水文条件变化率

河道流量有显著的时间变化特征，如时变化、日变化、月变化、季变化及年变化，通常分为径流的年内变化和年际变化。

河流径流在一年的时程变化过程及特征称为年内变化/分配。逐日平均流量过程线实际上表示了径流年内的变化，也用以月或季的径流量占年径流量的百分比表示径流年内分配特征。径流的年内分配规律主要取决于补给水源，可以根据各个不同地区代表站的典型流量过程线，综合分析得出各地区的年内分配规律。以雨水补给为主的河流，季节性变化剧烈，有明显的汛期和枯水期。流域内人类活动强烈影响了径流的年内分配规律，改变了自然的年流量情势。如传统的水库运行方式会减小洪峰而增大枯水流量，导致年内流量季节差异降低，并造成涨水和退水速率下降。径流的年际变化指年径流量的年际变化幅度和多年变化过程两个方面。

年际变幅通常用年径流变异系数以及实测最大年平均流量与最小年平均流量比值（年际极值比）来表示。年径流变异系数值的大小能够反映年径流在年际的相对变化程度，值大表明年径流的年际变化剧烈，值小表明年径流的年际变化平缓。多年变化过程包括丰、平、枯水年组的特征及其周期规律。径流的年际变化中存在着连续丰水年和连续干旱年的周期变化趋势。径流年际变化除主要受气候变化的影响外，对流域土地利用变化、水利工程运行等人类活动影响也有显著的响应。

二、河流径流情势表征指标

河流水文情势生态效应评价方法的核心是如何量化河流生态水文特征。评价方法的研究从开始的单一指标、综合指标，发展到生态水文指标体系。河流生态学家们相继提出刻画河流生态水文特征的指标及指标集，从整个生态系统的角度出发，通过分析与生态相关的流量过程的幅度、频率、历时、时间和变动率的变化，选用指标表征河流生态水文特征及其变化。Richter B D 等（1996）根据河流对生态的影响，提出了一种综合定量分析河道水文径流情势变化分析的方法，即水文变化指标（Indicators of Hydrologic Alteration，IHA）方法。IHA 包含了能够代表河流水文特征的 32 个指标，包括流量特征、时间分布、频率特征、延时情况以及变化率五个方面，能够比较全面地反映河流的水文情势，因此成为最常用的水文情势指标体系。在 IHA 指标体系的基础上，Richter B D 等（1997）提出评价河流水文情势变化的变动范围 RVA（Range of Variability Approach）法，依据不同时期河流 IHA 指标的变化情况，反映河流水文特征的变化，以此来评估河流生态功能的变化程度，为生态流量的确定提出依据。IHA 已经被河流科研人员和管理人员广泛地应用于定量评估人类活动对自然径流情势改变的影响，特别是水利工程运行对河流生态水文状况的影响。

三、自然径流情势的生态功能

河流径流情势变化及其生物响应关系，可以认为是河流生态学研究的核心。径流情势决定并影响了河流生态系统的其他主要方面：河流的物质循环、能量过程、物理栖息地状况和生物相互作用。水文径流情势作为河流生态过程的主要驱动力，其自然状态下的季节性涨落过程与光周期、水质、泥沙、地下水、地貌及水生生物生活史的更替过程之间存在天然匹配的契合关系。

不同的径流情势指标具有相应的重要生态意义（表 4-2）。关于自然水文径流情势的生态功能，研究人员特别关注极端流量事件的生态影响，如低流量、高流量和洪水，因为这些极端流量事件对水生生物产生极其重要的压力和机会。例如低流量适合于生物越冬，高流量有利于生物迁徙和繁殖，洪水则为生物生长提供了多样的栖息地等。

表 4-2　　　　　　　　　IHA 指标参数特征对河流生态系统的影响

水文指标分组	指标序号	特征指标	生 态 影 响
各月流量	1~12	各月流量平均值	满足水生生物的栖息地需求，植物对土壤含水率的需求、具有较高可靠度的陆地生物的水需求、食肉动物的迁徙需求以及水温、含氧量的影响
年极端流量	12~23	年最小（大）1d、3d、7d、30d、90d 径流量，基流系数	满足植被扩张、河流地貌和自然栖息地的构建、河流和滞洪区的养分交换，湖、池塘、滞洪区的动植物群落分布的需要
年极端流量发生时间	24~25	年最小（大）1d 流量发生时间	满足鱼类的洄游产卵、生命体的循环繁衍、生物繁殖期的栖息地条件、物种的进化需要
高、低流量的频率及历时	26~29	年发生低（高）流量的次数，低（高）流量平均历时	产生植被所需的土壤湿度的频率和大小，满足滞洪区对水生生物的支持、泥沙运输、河道结构、底层扰动等的需要
流量变化改变率及频率	30~32	流量平均减少率，流量平均增加率，每年流量逆转次数	导致植物的干旱、促成孤岛、滞洪区的有机物的截留、低速生物体的干燥胁迫等行为

径流情势生态效应具有时空尺度性。河道流量和河道生态系统的组成与结构都有显著的时间和空间的变化，研究的时间和空间尺度也密切相关。用于量化河道群落或生态进程影响的水文指标随时空尺度的不同而变化显著。在小空间尺度上，由于河流流动方向和流速变化而产生的动力可能是描述水动力学的一个很好的变量。如个体底栖生物在河床上能

够保持自身位置，获得有效资源来维持自身技能，主要依赖于使用或承受小尺度动力的能力。当空间尺度大于栖息地时，通常不可能选择恰当的点读取流速，最广泛采用的水流数据是流量数据。河流水量会以多重方式影响河道生物和群落，如通过改变河道形态、与水流扰动相关的生境特征、沉积物的侵蚀和分解以及食物资源的传输等。再现期超过 50 年的洪水和干旱事件，是区域和流域河道生物变化的主要原因。而更频繁的时间，如年最大洪水、平均水流和基流条件，则对支流和生境尺度内河道群落与生态过程显示出强有力的控制。

第四节　河湖生态流量

一、生态流量

人们对自然水资源的不断开发与利用导致河湖生态系统退化问题加剧，也推动了生态流量的研究。关于生态流量，国内外研究学者尚未形成明确统一的定义，也有着不同的称谓，如环境流量、河道内生态需水、生态环境需水、生态用水等。

生态流量的理论研究始于 20 世纪 40 年代，美国渔业和野生动物保护组织为避免河流生态系统退化，规定需保持满足大马哈鱼生长与发育的河流最小生态流量，这也是最早生态流量的概念，并于 20 世纪 70 年代初通过立法列入地方法案。英国、澳大利亚等国自 20 世纪 80 年代起接受河流生态流量的概念，并广泛开展研究，亚洲、南美洲的国家也逐步接受这一概念。随着人们对河流生态认识的不断深化和对环境保护的要求不断提高，河流生态流量概念的生态保护范围也不断扩大。从单纯考虑大马哈鱼的生长与发育要求，逐渐扩展到考虑满足多物种的需求和泥沙冲刷、水质维持等目的。生态流量概念范畴也从满足生物生长与发育的河道内最低流量，扩展到维持河流生态完整性的河流水文情势。因此，生态流量的研究目标正从过去的"单一物种，最低流量"向现在的"多物种、水文变化过程"转变。

基于已有的研究成果，并结合我国水资源条件和生态环境的保护现状及需求，从实际问题出发，李原园等（2019）将生态流量定义为：维系河流、湖泊、沼泽等水生态系统的完整性、系统性、稳定性及其功能，保障人类生产生活与可持续发展的合理需求，需要保留在河流、湖泊、沼泽内符合目标水质要求的流量（水量、水位、水深）及其过程。河湖生态功能主要包括维持河湖形态与生态廊道、生物栖息地、自净、输沙、河口防潮压咸等。

目前确定生态流量的方法很多，据 Tharme R E（2003）的综述，至 2003 年全世界范围内已有 207 种确定生态流量的方法。不同的研究者根据不同的河流和不同的保护与修复目的，采用不同的方法来确定生态流量。常用的河流生态流量估算方法基本可以分为水文学法、水力学法、栖息地评价法和整体分析法等类别。

（1）水文学法是根据河道的径流资料计算基本生态流量，属于统计学方法，常用方法有蒙大拿（Tennant）法、90％保证率连续 7 天最枯平均流量（7Q10）法、得克萨斯（Texas）法、变动范围（RVA）法等。应用最广泛的 Tennant 法是基于流量与水生生境的关系，认为在一定季节或月份保持一定流量（年平均流量的百分比）就可以维持与其相联系的生物与水生栖息地生境。如以年平均流量的 10% 作为最小的推荐流量。得克萨斯（Texas）法是在 Tennant 法的基础上进一步考虑了水文季节变化因素，采用某一保证率的月平均流量作为生态流量，月平均流量保证率的设定考虑了区域内典型动物群（鱼类总量和已知的水生物）的生存状态对水量的需求。得克萨斯（Texas）法首次考虑了不同的生物特性（如产卵期或孵化期）和区域水文特征（月流量变化大）条件下的月需水量，是一种典型的流量历时保证率法。变动范围法（RAV）侧重通过评估河流水文变化特征来确定生态流量。RVA 法通过对水文变化指标软件（Indicators of Hydrologic Alteration，IHA）提供的与生态显著相关的 32 个水文指标进行统计分析得出生态流量阈值。每个水文指标在河流作为"自然河流"时期的变动范围就认为是河流生态流量范围，通常以平均值 $\pm\delta$（标准差）或 25%～75% 区间范围表示。RVA 法侧重于考虑水文变化过程，包括流量幅度大小、时间、高低流量频率、历时以及流量变化速率五个方面，被广泛应用于水利工程等人类活动对河流水文情势的影响程度以及河流生态恢复研究。总体来讲，水文学法宜用在对计算结果精度要求不高，并且生物资料缺乏的情况。水文学法的优点是不需要现场测定数据，具有简单快速的特点；缺点是其缺乏生物学资料证明，未考虑河段形状的变化。因此也有很多学者进行进一步的方法校正以使其适合于当地河流生境和水文的特征。针对我国目前的河流生态研究现状，水文学法在我国生态流量研究中应用最为广泛。

（2）水力学法以保留河流的足够水量和保持河道的基本形态为集中目标，将流量变化与河道的断面形状、比降、水深等水力几何学参数联系起来确定基本生态需水量，代表方法有湿周法、R2CROSS 法、CASMIR 法等。湿周法是其中比较简单的一种方法，根据湿周与流量的曲线关系，并在该曲线上选择切点作为确定生态流量的方法。湿周法适用于在低流量季节确定低流量的需要，但特定的河道形态（如大洪泛区、V 形河道）会影响该方法的分析结果，因此应用受到一定的限制。

（3）栖息地评价法是在水力学法的基础上，考虑水质、水生物等因素，以提供一个适宜的物理生境作为目标，根据流量-栖息地生境或流量-栖息地指示物种的相关关系确定生态流量，代表方法有河道内流量增量（IFIM）法、RCHARC 法、Basque 法等。IFIM 法利用水动力变量如水深、流速和基质条件等模拟栖息地的数量和适用性，并能够预测径流模式改变后对栖息地的影响。IFIM 法比较复杂，应用时需要大量的各种实测栖息地数据。栖息地法使用起来比较灵活，但实际操作受到数据要求的影响，不容易被应用，适用于已确定物种及其栖息地为生态保护目标的河道。由水文学法到栖息地法，对资料条件的要求随之增高，针对性也随之增强。

（4）整体分析法考虑了专家意见和生态整体功能，通过综合研究河道内流量、泥沙运输、河床形状与河岸带群落之间的关系确定流量的推荐值，并要求这个推荐值能够同时满足生物保护、栖息地维持、泥沙冲淤、污染控制和景观维持等整体生态功能。整体分析法主要有南非的分区建块 BBM（Building Block Methodology）法和澳大利亚的整体生态系统分析 HEA（Holistic Ecosystem Approach）法，宜用于流域整体的生态流量评估。BBM 法根据专家（鱼类专家、无脊椎动物专家、滨岸植物学家和地貌学专家）的相关知识，在理解栖息地需求和河流水力特征的基础上，评价整个河流生态系统的流量需求。

BBM 法计算生态流量可分为：正常年份逐月低流量或基本流量、干旱年份逐月低流量或基本流量、正常年份逐月流量（流量和历时）、干旱年份逐月流量四种流量。BBM 法的生态流量公式可表示为：生态流量＝水文动态流量＋生态功能流量＋流量和栖息地关系流量＋噪声流量。噪声流量指还未被认识的方面。此外，专家组评价法、科学小组方法和历史基准流量法是澳大利亚科学家提出的，由生物学家与水利学家共同分析设定生态流量的方法。

　　尽管不同的生态流量确定方法有其特定的使用范围，但目前在确定生态流量方法方面有着一些普遍的趋势和特征：①确定生态流量的目的从过去的单纯满足某一生物的保护需求到满足河流生态整体性保护的需求；②生态流量从只考虑维持特定生物生存的最低流量到考虑能够维持生态完整性的包括流量的大小、频率、历时、时间和变化率等方面的水文情势。

二、湖泊生态水位

　　在湖泊水文研究中，水位是反映水文情势的重要水文要素。水位的高低、出现时间以及变化速度等构成了水位情势的主要内容，与湖泊生态系统的结构和功能密切相关。因此，湖泊水位情势是湖泊生态水文的重要研究对象。

　　关于湖泊生态水位的定义较多，不同学者从水量平衡、资源利用、生态保护、综合等多角度提出了不同界定。其中，生态系统的结构和功能完整性被作为湖泊生态水位的最主要保护目标。目前开展研究最多的是关于湖泊的最低生态水位，即假设湖泊水位高于最小生态水位即可满足生态系统健康要求。然而，众多研究表明，湖泊生态过程不仅受最低水位影响，还会受到最高水位、水位波动以及持续时间的影响，恢复天然水位情势将有助于增强湖泊水质和生物多样性。湖泊生态水位也被定义为指维持湖泊生态系统结构、功能和过程完整性所需的水位情势，包括水位的变化范围和过程。

　　根据水位变化过程并借鉴河流生态需水研究中的水文变化指标法（IHA），淦峰等（2015）认为反映湖泊水位情势的典型水位要素应至少包括 8 个：低水位阈值、低水位发生时间、高水位阈值、高水位发生时间、高水位历时、水位上升速率和水位下降速率（图 4-6），并提出一种用于计算湖泊生态水位的方法，构建了包括水位阈值指标（高水位阈值和低水位阈值）、发生时间指标（高水位发生时间和低水位发生时间）、水位历时指

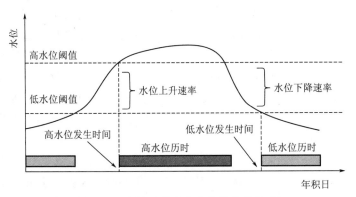

图 4-6　湖泊天然生态水位情势的构成

标（高水位历时和低水位历时）、水位变化指标（水位上升速率和水位下降速率）八项指标的湖泊生态水位指标体系，给出了生态水位目标值范围。

各生态水位指标目标值的确定方法如下：

（一）水位阈值指标

湖泊生态水位的阈值包括高水位阈值和低水位阈值，它们分别作为界定高水位和低水位的标准。目前界定水位阈值的相关方法是保证率法和水位面积法。其中，保证率法是根据历史水文监测资料，按照一定的频率确定水文参数，通常采用丰水年和枯水年常用的25％和75％保证率作为湖泊生态水位中的高水位阈值和低水位阈值。湖泊的高水位阈值和低水位阈值计算公式分别为

$$HWL_{thr} = P25\%(WL_i) \tag{4-7}$$

$$LWL_{thr} = P75\%(WL_i) \tag{4-8}$$

式中：HWL_{thr}、LWL_{thr} 为高、低水位阈值，m；$P25\%(WL_i)$、$P75\%(WL_i)$ 为 25％、75％保证率下的湖泊日水位，m。

（二）发生时间指标

湖泊高水位的发生时间是指湖泊水位初次上升至高水位阈值的日期；低水位发生时间是指湖泊水位初次下降至低水位阈值的日期。日期采用年积日，即用从当年1月1日起开始计算的天数表示。湖泊高、低水位的发生时间可采用优化模型计算。为避免水位日波动造成的误差，可采用当连续7d的水位均值达到高水位阈值时的水位才被认为属于高水位事件。高水位发生时间的计算模型为

$$HWL_{stim} = \min(JD), \text{s. t.} \frac{1}{7}\sum_{i=JD}^{JD+6} DWL_i \geqslant HWL_{thr} \tag{4-9}$$

式中：HWL_{stim} 为高水位发生时间，年积日；JD 为日期，年积日；$\min(JD)$ 为最小日期，年积日；DWL_i 为实测日平均水位，m。

与高水位发生时间类似，低水位发生时间的计算模型为

$$LWL_{stim} = \min(JD), \text{s. t.} \frac{1}{7}\sum_{i=JD}^{JD-6} DWL_i \leqslant LWL_{thr} \tag{4-10}$$

式中：LWL_{stim} 为低水位发生时间，年积日。

（三）水位历时指标

水位历时是指高、低水位事件的持续时间，可根据水位的发生日期和结束日期计算。高水位的历时为高水位结束日期减去高水位的发生日期，具体计算公式为

$$HWL_{dur} = HWL_{etim} - HWL_{stim} \tag{4-11}$$

$$HWL_{etim} = \max(JD), \text{s. t.} \frac{1}{7}\sum_{i=JD}^{JD+6} DWL_i \geqslant HWL_{thr} \tag{4-12}$$

式中：HWL_{dur} 为高水位历时，d；HWL_{etim} 为高水位结束日期，年积日。

同理，低水位历时的计算公式可表达为

$$LWL_{dur} = LWL_{etim} - LWL_{stim} \tag{4-13}$$

$$LWL_{etim} = \max(JD), \text{s. t.} \frac{1}{7} \sum_{i=JD}^{JD+6} DWL_i \leqslant LWL_{thr} \qquad (4-14)$$

式中：LWL_{dur} 为低水位历时，d；LWL_{etim} 为低水位结束日期，年积日。

（四）水位变化指标

水位变化发生于高水位和低水位之间的过渡时期，包括从低水位向高水位转变时的水位上升速率和从高水位向低水位下降时的水位下降速率，计算公式如下

$$RWL_{rat} = (HWL_{thr} - LWL_{thr})/(HWL_{stim} - LWL_{etim}) \qquad (4-15)$$

$$DWL_{rat} = (HWL_{thr} - LWL_{thr})/(LWL_{stim} - HWL_{etim}) \qquad (4-16)$$

式中：RWL_{rat}、DWL_{rat} 为水位上升、下降速率，m/d。

因此，基于湖泊高、低水位阈值，可计算出其他六项湖泊生态水位的年指标值。由于水位的年际和年内自然波动，每年的数值存在差异，即在天然状态下这些水位指标并不是确定值。因此，湖泊生态水位指标的取值也应当体现不确定性。可以用区间表示水位指标的不确定性，在区间上限和下限范围内的变化都应当被认为是合理的。借鉴 RVA 法确定河流生态需水的标准，可分别取 33% 和 67% 分位数作为生态水位区间的上、下限。

参 考 文 献

［1］ Acreman M C，Dunbar M J. Defining Environmental River Flow Requirements：A Review ［J］. Hydrology and Earth System Sciences，2004，8（5）：861-876.

［2］ Karr J R. Biological Integrity：a Long-Neglected Aspect of Water Resource Management ［J］. Ecological Applications，1991，1（1）：66-84.

［3］ Lane E W，Design of Stable Channels ［J］. Transactions，Am. Soc. Civil Eng. 1955，120：1234.

［4］ Poff N L，Allan D，Bain M B，et al. The Natural Flow Regime ［J］. Bioscience，1997，47：769-784.

［5］ Richter B D，Baumgartner J V，Powell J，et al. A method for assessing hydrologic alteration within ecosystems ［J］. Conservation Biology，1996，10（4）：1163-1174.

［6］ Richter B D，Baumgatener J V，Wigington R，et al. How much water does a river need ［J］. Freshwater Biology，1997，37（1）：231-249.

［7］ Tharme R E. A global perspective on environmental flow assessment：emerging trends in the development and application of environmental flow methodologies for rivers ［J］. River Research and Applications，2003，19（5-6）：398-441.

［8］ UN. Water Development and Management（Part4）［C］//Proceedings of the UN Water Conference 1977，Oxford：Programon Press，1978.

［9］ 芮孝芳. 水文学原理 ［M］. 北京：高等教育出版社，2013.

［10］ J David Allan，Maria M Castillo. 河流生态学 ［M］. 黄钰玲，纪道斌，惠二青，等，译. 北京：中国水利水电出版社，2017.

［11］ 董哲仁，孙东亚，等. 生态水利工程原理与技术 ［M］. 北京：中国水利水电出版社，2007.

［12］ 董哲仁，等. 河流生态修复 ［M］. 北京：中国水利水电出版社，2013.

［13］ 淦峰，唐琳，郭怀成，等. 湖泊生态水位计算新方法与应用 ［J］. 湖泊科学，2015，27（5）：783-790.

［14］ 李原园，廖文根，赵钟楠，等. 新时期河湖生态流量确定与保障工作的若干思考 ［J］. 中国水利，

2019，(17)：13 - 16.

[15] 李新虎，宋郁东，张奋东，等．博斯腾湖最低生态水位计算 [J]．湖泊科学，2007，19 (2)：177 - 181.

[16] 魏晓华，孙阁．流域生态系统过程与管理 [M]．北京：高等教育出版社，2009.

[17] Paul J Wood，David M Hannah，Jonathan P Sadler．水文生态学与生态水文学：过去、现在和未来 [M]．王洁，严登华，秦大庸，等，译．北京：中国水利水电出版社，2009.

[18] 徐志侠，王浩，董增川，等．南四湖湖区最小生态需水研究 [J]．水利学报，2006，37 (7)：784 - 788.

[19] 徐志侠，王浩，唐克旺，等．吞吐型湖泊最小生态需水研究 [J]．资源科学，2005，27 (3)：140 - 144.

[20] 徐宗学，刘星才，李艳利，等．辽河流域环境要素与生态格局演变及其水生态效应 [M]．北京：中国环境出版社，2016.

[21] 徐宗学，武玮，于松延．生态基流研究：进展与挑战 [J]．水力发电学报，2016，35 (4)：1 - 11.

[22] 徐宗学．现代水文学 [M]．北京：北京师范大学出版社，2013.

[23] 巩琳琳，黄强，孙清刚，等．刘家峡水库调度方式对黄河上游水文情势的影响 [J]．干旱区资源与环境，2013，27 (2)：143 - 149.

第五章

水生态系统中的物质循环

水生态系统中的物质组成决定着其生产力和群落结构，对水生态系统的功能有重要影响。水生态系统中的物质是由流域输送到受纳水体，在水体中通过水的流动、扩散等非生物过程或微生物分解、动植物吸收利用等生物过程转化为不同形式，存在于水、沉积物、生物体中，部分物质会随水的流动和动植物的提取迁移出水体，或随着动植物的排泄、腐烂和分解继续留在水生态系统中，反复循环利用。

本章将介绍水生态系统中重点关注的碳、氧、氮、磷和硫、铁、锰等元素的物质循环过程。

第一节　水生态系统中的碳循环

一、碳的形态

碳是构成生命体的基本元素之一，碳化合物对水生态系统有很大的作用，许多的水生态系统的生产力和功能实现都是由输入的碳源和分解过程中碳的形成来提供能量的。碳化合物关系到光合作用、生物体的生长，对水体化学有重要影响。水生态系统可以从陆域系统的输入得到大量的外来碳源。在水生态系统的碳循环过程中，容易降解的有机物很快被利用，与此同时一系列的分解过程提供了可利用的碳，这种碳化合物摄取和产生之间的平衡促进了碳的输出。

碳在水体中主要以二氧化碳、溶解性无机碳、溶解性有机碳、颗粒有机碳等形态存在。二氧化碳（CO_2）易溶解于水，在水体中通过光合作用被利用，又经由呼吸作用释放。溶解性无机碳（DIC）包括二氧化碳、碳酸、碳酸氢盐和碳酸盐。二氧化碳溶解于水，形成碳酸，碳酸离解形成碳酸氢根离子（HCO_3^-）和氢离子（H^+）。在低 pH 值条件下，大部分溶解无机碳以碳酸氢盐形式存在；而在高 pH 值条件下，碳酸氢盐离解形成碳酸根离子和氢离子。碳酸盐不易溶解，易形成沉淀。溶解性有机碳（DOC）包括有机酸和甲烷。甲烷由厌氧条件下，微生物对复杂有机物分解生成，可储存于沉积物中。有机酸则是 DOC 的主要存在形式，可来自陆域输入、落叶层、生物残体分解等。DOC 能吸收较宽波长的太阳光，从而吸收部分光能，进而降低光合作用效率，同时可防止紫外辐射伤害生物体，对水体生物群落结构，尤其藻类群落结构有重要影响。颗粒有机碳（POC）包括生物体、排泄物、生物体残体等。

在上述碳存在的四种形态中，DOC 是促进水体微生物繁殖的主要碳形态，POC 约占水体总有机碳通量的一半，是有机质在河流中运输的主要载体。不同类型河流中的有机碳含量存在着差异，例如黄河中因为高泥沙含量，POC 含量远高于其他河流。

二、碳的地表流域迁移过程

河湖水体中的碳来自流域输入。流域中有机碳输入主要包括自然和人为两种输入方式，前者主要包括陆生系统的绿色植物首先通过光合作用固定 CO_2，然后通过微生物将枯枝落叶分解，以有机碳的形式回到土壤，径流最后会携带土壤中颗粒有机碳和溶解性有机碳进入河流；富含有机碳地质源（岩石等）输入、冰川融化、永冻层土壤解冻等。后者包括化石燃料燃烧、施肥、工业废水、生活污水的排放等。总之，河湖水体中的有机质本质上都是来源于陆生系统，其含量与流域植被覆盖度和水土流失强度有着密切联系。陆地产生的有机碳通过土壤流失进入水体，森林流域中的颗粒有机物（昆虫和枯叶）直接进入水体。在全球尺度上，大约 1% 的陆地初级生产力输出到河流和湖泊中。在缺氧的土壤和湿地中，有机物被细菌不完全分解，产生大量溶解性有机物，有机物输出要远大于平均水平。湿地不仅起到了沉降外源有机颗粒和内源有机物的作用，所产生的总有机物（TOM）或总有机碳（TOC）也是水体有机物的来源。在缺少湿地的森林流域，DOC 的输出主要来源于枯枝落叶和土壤有机物。

由外力搬迁输入水生态系统的粗颗粒有机物在水生态系统中有明显作用。这种粗颗粒是微生物的基质，也是无脊椎动物的重要食物来源。随着沉积过程，在贫营养水体中，粗细颗粒所含有的有机碳均成为沉积微生物的主要有机碳来源。

水流在运输陆生有机碳的过程中，一部分通过生物吸收、截留沉淀等作用将有机碳保留在水体中，对维持水体初级生产力、水生动植物的生命活动有着重要作用；另一部分在运输过程中被微生物分解形成 CO_2，最终以 CO_2 形式释放到大气中。在众多的内陆水体中，很多研究认为内陆水体 CO_2 是有机碳矿化分解产生，其浓度与陆源有机碳的输入息息相关。

通过水循环带入河流的无机碳也包括两种形态：颗粒态无机碳（PIC）和溶解性无机碳（DIC），而 DIC 是大多数河流无机碳的主要赋存形态，对水生态系统起着极为重要的作用：①缓冲作用，避免水体 pH 值的快速变化；②决定用于光合作用的无机碳的量；③为碳酸氢根离子（HCO_3^-）和碳酸根离子（CO_3^{2-}）提供强大的阳离子结合力；④使得离子碳的含量成为水体中阴离子含量的重要组成部分；⑤通过形成沉淀（如 $CaCO_3$ 聚合体）可降低水体中无机碳以及吸附水体中某些物质。河流输出的 DIC 主要形态是 HCO_3^-，也是海洋碱度的主要来源。

三、水生态系统的碳循环

水环境中有机碳的来源可分为内源和外源，前者与生物活动关系密切，主要由水体微生物、浮游植物或藻类分解产生，后者从外部输入的有机碳。由于侵蚀和淋溶作用等过程大量外源有机碳的输入以及河水的水力停留时间比较短暂，大多数河流有机碳主要来源是外源，即流域水土侵蚀过程，内源有机碳贡献较少。而对于人为干扰较小的湖泊，有机碳主要是内源，与水体浮游植物等的初级生产力和分解率有关。近年来，极端气候事件（台风、洪水等）的频繁发生和人为活动强度增强（如污水排放）使河流和湖泊中外源有机碳的贡献比例逐渐增加。但是，陆地水体中外源有机碳的贡献比例存在时空差异性。这种差异很大程度上取决于土壤侵蚀强度和水体中自源有机碳的贡献量的平衡。

随着水循环进入河流水体的陆生物质会被进行一系列改变。主要表现在两个方面：一是水体生物的光合作用和呼吸作用，从两个相反的方向调节水体中 CO_2 的浓度；二是水体中不同形态碳酸盐（CO_2—HCO_3^-—CO_3^{2-}—$CaCO_3$）的相互转换。这两个方面会相互影响，共同维持水体内碳的动态平衡。河流水体的浮游植物能够利用水中溶解的 CO_2 和

HCO_3^- 作为碳源生成有机碳，同时浮游植物及细菌的呼吸作用又会消耗有机碳而释放 CO_2。相关研究表明水体 CO_2 的产生与净初级生产力、叶绿素、营养盐的输入有很好的相关性。另一方面，水体 CO_2 平衡浓度受水体碳酸盐平衡体系控制。当外界矿物质离子（如 Ca^{2+}）输入后，碳酸盐平衡体系（CO_2—HCO_3^-—CO_3^{2-}—$CaCO_3$）将向右移动，从而增大水体对 CO_2 的溶解吸收，并随着碳酸盐的溶解使 CO_2 的溶解吸收会显著增加。水生植物的光合作用对 CO_2 的消耗会使碳酸盐平衡体系向左移动，生成更多的 CO_2。当好氧呼吸为主时，产生的 CO_2 大部分通过表层水体向大气释放，剩余部分会在碳酸盐平衡体系下生成碳酸氢根（HCO_3^-）。总的来说，水体 CO_2 浓度受碳酸盐平衡的影响，而外界（无机碳、有机碳、Ca^{2+} 的输入）及内部自身的变化也会影响水体 CO_2 浓度。CO_2 的形成和消耗在很大程度上影响着水中的化学平衡。碳酸盐系统的一个重要特征是：其有关 pH 值的影响是在藻类的调节下完成的。在无遮蔽的湿地环境或池塘中，藻类消耗 CO_2 使得 pH 值升高到 9~10。

水生态系统中生物质能的生长、死亡和局部分解循环都消耗大气中的 CO_2，产生气体、溶解有机物及固体物质。死亡的植物组织分解成糖、淀粉及小分子的纤维素等物质。气态产物有甲烷和可再生的二氧化碳。部分可溶有机碳在水中释放。植物分解的固体残留是泥炭或者有机沉积物，这些物质源于植物体内的纤维素和木质素。大部分碳以各种形态在水生态系统中迁移转化、循环利用（图 5.1），部分碳则随水流流出系统。

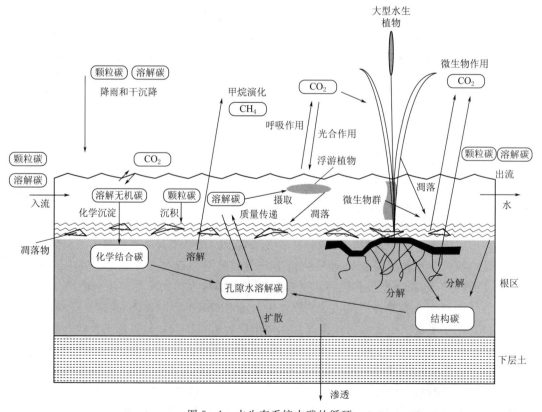

图 5-1 水生态系统中碳的循环

第二节 水生态系统中的氧

水生态系统中，氧溶解于水形成溶解氧（DO），或存在于化合物中。与其他参数相比，溶解氧（DO）更能反映水生态系统中新陈代谢的情况。水中的溶解氧主要来自光合作用和大气赋氧。溶解氧浓度反映了大气溶解氧与植物光合作用释氧和水中生物呼吸作用消耗氧气之间的平衡。大部分水生生物需要至少 2mg/L 的 DO 浓度来维持呼吸，过低的 DO 浓度水平会影响鱼类和无脊椎动物的生存，且会影响氮、磷等物质的形态和溶解度，从而影响水生态系统的水化学组成。

当水体中的溶解氧小于其溶解度时，大气的氧会通过扩散作用溶于水中，但在静止水体中，大气扩散赋氧对水中的 DO 贡献较小，而风浪或激流引起的扰动会提高空气向水中赋氧的水平；沉水植物及附着藻类占优的浅水水体中，植物的光合作用较强，水体 DO 水平白天较高且昼夜变化较大。例如大多数溪流白天光合作用，DO 在部分时段满足生物呼吸作用需要的氧气，而夜晚 DO 水平会下降。DO 还随季节变化。冬季光照差时，光合作用量低，则 DO 水平降低；夏季或热带地区温度上升，DO 浓度水平也会下降。

水体中，生物的呼吸作用和有机物的分解作用会消耗氧气。在富营养化的水体中，清晨因生物群落夜间的极高呼吸率而导致厌氧，导致鱼类大量死亡或迁离。静水水体中，由于有机物多从表层向底层迁移，水体下层因有机物的分解而消耗更多的 DO，导致深层 DO 浓度水平低于表层 DO。在水体中，大量未经处理的污水、牲畜排泄物等的输入，会大大提高系统的呼吸速率，消耗水中的 DO，使得水体呈现低氧或厌氧状态。这种状态下氮、硫类物质以具有恶臭味道的还原态存在，锰等物质的还原态则使水体发黑，水体变黑变臭，鱼类等生物无法生存。这也是为什么水体受污染后黑臭的原因。

水体中 DO 浓度水平还会影响生物群落。例如，通常大型浮游动物为躲避捕食，会迁徙到水体下层。当下层水体 DO 浓度水平下降、无法满足其生存时，这些躲避行为将不会发生，使得这一类动物因被捕食而导致死亡率升高。同时，沉积物的低氧状态使底栖动物无法生存、鱼卵死亡，影响底栖动物和鱼类的下一代繁衍和以其为食的食物链上一级生物生存，从而改变水生态系统的生物网络结构。

此外，无氧状态还会导致磷、铁、硫等物质的释放，对水体中的生物产生毒害作用。

第三节 水生态系统中的氮循环

氮在内陆水体中极其重要，是植物和异养微生物需要量最大的营养元素。因此，氮在很大程度上决定着水生态系统的初级生产力和有机物质的生物循环。氮有多种氧化态和还原态，作为许多氧化还原反应的电子供体和受体在营养盐循环和地球生物化学过程中起着重要作用。从化学角度分类，自然界存在有机氮（包括生物体内以及生物残体、排泄物等各种有机氮化合物）、无机氮（主要是氨氮、硝酸盐和氮气）和分子氮。氮以这三种形态通过物理、化学和生物作用在水生态系统中相互转化并迁移。其中几个主要的转化过程包括固氮作用、同化作用、矿化作用、硝化作用和反硝化作用。而人类活动很大程度上改变了氮在陆地和水生态系统的循环过程。

一、氮的形态

水中的氮以氮气、氨态氮、硝态氮或亚硝态氮、氨气、有机氮等几种形态存在。氮气（N_2）难溶于水，属于一种惰性气体，一般不与水和其他物质发生反应。特定细菌可将氮气转化为氮氧化物或者氨。氨态氮属于氮的还原态，易溶于水，并可与水分子中的氢离子结合形成铵根离子，与硝态氮、亚硝态氮统称为溶解性无机氮。硝态氮和亚硝态氮由氨氧化物与水反应形成。硝态氮作为氮源能被植物、原生动物及微生物用于合成蛋白质和其他有机氮化合物，而亚硝态氮具有毒性。有机氮化合物主要分为氨基酸、核苷酸和排泄产物。其中氨基酸是指具有氨基的有机化合物，是蛋白质的基本组成成分。核苷酸包括ATP和核酸等物质，排泄物则包括尿素、尿酸等。大多数有机氮化合物可溶于水，但分子越大可溶性越低。有机大分子可在一定条件下被微生物分解为小分子的可溶性物质，而小分子氮化合物是细菌及原生生物的重要食物来源。

二、水生态系统中氮的主要来源

水体中的氮大多数来自陆域输入。

（一）农田化肥和养殖生产活动

排水良好的农业流域中大部分的总氮是以硝态氮的形式汇入溪流。土壤中农作物无法吸收的氮肥，在降雨径流等冲刷下，随水流汇入河湖等地表水体。

养殖过程中，牲畜排泄产物也会随水流输入到水体。牲畜对于氮输出的贡献变化非常大，其取决于牲畜密度、溪流岸线践踏程度、流域坡度、是否过度放牧、土壤类型、径流和农业区域的肥料使用。

（二）生活污水

生活污水是城镇附近河流和湖泊重要的营养来源。尤其是缺少污水处理设施或处理设施不完善的地区，几乎所有居民、动物、绿化施肥产生的营养盐都会通过下水道进入水体。

（三）大气沉降

随着二氧化硫（SO_2）排放量的大幅度减少，中国许多地区二氧化氮（NO_2）/SO_2 的摩尔浓度比呈现增加的趋势，NO_2 成为目前主要的酸性气体污染物。NO_2 通过不同途径被进一步氧化为硝酸盐，继而通过大气沉降方式输入至地表生态系统，成为陆地和水生态系统非常重要的输入源。陆地流域作为大气物质来源的接受者，其中一部分将汇入水体。并且大气以及灰尘携带的营养盐可以经过长途输送，影响下风向地区水体的氮输入。

大气沉降、人工施入土壤的氮肥及土壤本身的有机质分解释放的氮，在降雨或者灌溉形成的径流作用下，大部分以可溶性的 NO_3^-、NO_2^- 和 NH_4^+ 形式渗漏淋失到土壤下层。在迁移至河流过程中不同形态氮相互转化。因为 NO_2^- 不稳定，大多被转化为 NO_3^-。带正电荷的 NH_4^+ 易被带负电荷的土壤胶体吸附，较少沿土壤剖面向下移动或从土壤中渗漏淋失。NO_3^- 因其负电荷特性，不易被土壤胶体吸附，会随水流迁移至地表水和浅层地下水。

土壤中氮素的渗漏淋失需满足两个基本条件：①土壤中积累的易移动性氮含量高（主要是 NO_3^-）。该条件既受土壤中硝酸盐输入输出的控制，又受土壤中生物化学过程的控制；②土壤中有一定流速的水流。即氮素的渗漏淋失是在土壤中氮素含量较高和水分运移良好的条件下发生的。

氮肥的施用量是决定氮素淋失的最主要因素，研究表明氮素的淋失量与施氮量呈显著的线性正相关。同时，氮素淋失还受肥料种类、施肥时间和方式等影响。不同氮肥种类也会影响氮素在土壤中移动和淋洗能力，施用以 $NO_3^- - N$ 为主的氮肥，氮素的渗漏淋失可能性更大。有机肥过量施用会引起 $NO_3^- - N$ 淋失。因为有机氮肥过量施用会引起土壤有机质含量增加，土壤生物活性随之提高，有机氮被大量矿化为无机氮。尤其是当矿化的无机氮不能很好被植物吸收，会造成 $NO_3^- - N$ 的积累和淋失（图5-2）。

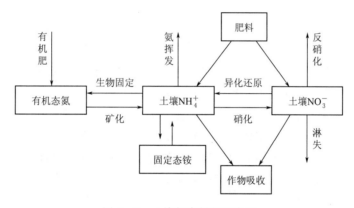

图5-2　土壤氮素循环示意图

土壤中水分含量饱和时，氮素才会随水分向下迁移。随着降雨量的增加，土壤硝态氮的淋洗量也会随之增加。因而，通常情况下，氮素在土壤的渗漏淋失主要发生在雨季。灌溉也是影响 $NO_3^- - N$ 淋失的重要因素之一，其影响机制与降水类似，供水的量和分布对 $NO_3^- - N$ 迁移有重要影响。

不同的土壤类型往往具有不同的物理性质（包括如机械组成、孔隙度、田间持水量、凋萎系数等），这些性质均会影响水分在土壤中的迁移和下渗。例如，砂性土壤较黏性土壤的氮淋失状况更为严重。对于不同土壤类型，按照渗水能力依次降低的顺序依次为沙土、沙壤土、壤土、黏壤土、石灰土。在一些细质土壤中，由于大孔隙的存在，会产生优先流，氮素的淋失也很明显。除了物理作用之外，土壤中的微生物活动也会影响枯枝落叶的分解，从而增加 $NO_3^- - N$ 的淋洗程度。

耕作方式会影响土壤的扰动程度和残留物的存在，从而影响土壤水分运动。耕作会造成作物根系的损伤减少了作物对氮的吸收，同时，根的破碎和腐烂，也可加速微生物的分解释放更多的 $NO_3^- - N$。

不同的作物种类和种植方式也会影响土壤氮素的淋失。氮素的渗漏淋失，通常是以"根际区"的底部为边界定义的。不同的作物、生长期、土壤及气候条件下，作物根际区的范围不尽相同。根系较深的作物如玉米、小麦等，较之浅根系作物如花生、马铃薯和豆类能更有效地吸收利用土壤的氮素，从而减少氮素的淋失。另外，在作物种植前或种植后，填埋或覆盖作物可以有效地吸收土壤中淋失的氮素，从而减少氮素的渗漏损失。

土壤中如有收割后的残留物，能为土壤提供一个可供矿化的氮库，并且可提高土壤的饱和导水率，从而影响氮素的渗漏淋失。

土壤氮素随地表径流迁移至水体是造成水体生态系统氮污染的主要途径之一。国外对于土壤暴雨径流引起氮素流失的研究始于 20 世纪 70 年代，早期研究集中在农田径流氮素流失对水体的影响。近 20 多年，我国在土壤-作物系统中氮素的损失途径方面做了一些研究工作，表明地表径流引起氮素流失主要受地形地貌、植被、土地利用、土壤、耕作方式和施肥量等多种因素影响。

地形地貌与氮素的流失密切相关。例如坡度的不同会引起土壤侵蚀量不同而影响氮素的流失。有研究表明，在其他因素都一样的情况下，坡度大小与氮素的流失量呈正相关关系。

降雨是导致土壤中氮素流失的主要因素之一。降雨强度、降雨历时以及降雨量等都会显著影响水生态系统氮素的流失量和浓度。随着地下水位上升，浅表层下的暴雨流沿近地表横向流下山坡。浅表层水流更快，能输送更多的水。

氮素流失与土地利用方式密切相关。研究表明，流域内土地利用集约化程度越高，氮素的输出水平也相应越高。数据显示，林地流域氮素的平均流失量远低于农田。另外，用地类型面积比例也显著影响径流中氮素的含量。农田比例的增加会引起径流中氮素浓度的增加。

植被覆盖是影响土壤中氮流失的一个关键性因素。植被主要通过减少土壤侵蚀量而对氮素流失产生影响。不同的植被类型、林相的复杂程度和植被覆盖度都能影响流域氮素的流失量。

从 20 世纪 80 年代以来，主要是通过恢复植被的措施来减少流域氮素的输出。例如河岸带植被缓冲带的建设。当地表径流发生时，河岸缓冲带的植被能起到滞缓地表径流的作用，并且径流中固体颗粒会被截留，溶解性的氮素也可以被植物吸收。Syversen N (2005) 研究了河岸缓冲区宽度、植被类型和季节性变化对地表径流的截留作用。结果发现缓冲区对 TN 和悬浮颗粒物的截留率分别为 37%～81% 和 81%～91%，缓冲区宽度的差异对氮素的截留效果差异显著。

三、氮素的转化过程

氮的存在形态较多，在水生态系统中的迁移转化比较复杂（图 5-3）。氮气难溶于水，而且除具有固氮功能的少数微生物和植物外，几乎不能被生物利用。植物、原生动物和微生物用于合成蛋白质，实现生长、繁殖、维持生命活动的氮主要是铵根离子和硝酸盐。而生物的排泄物又以有机氮形式存在。微生物则可以实现对有机氮的分解、转化。总之，水生态系统中，水生动植物、微生物在适宜的水环境条件下，实现氮的迁移转化和循环利用，这种功能主要通过矿化、同化、硝化、反硝化、生物固氮、铵化、厌氧氨氧化等作用实现。

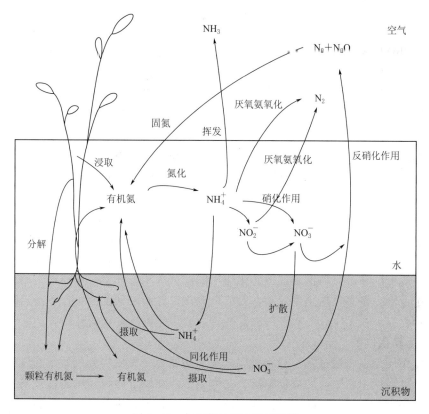

图 5-3 水生态系统中的氮循环

（一）矿化作用

矿化作用是指土壤中的有机氮化合物通过矿质转变为铵态氮的过程。有机氮是沉积物的主要赋存形态，约占总氮的 76.38%～92.02%。土壤可矿化氮的有机氮形态主要来自酸解氮，特别是氨基酸态氮和氨态氮。矿化过程包括两个步骤：首先通过解聚作用将有机大分子化合物分解为生物单体-可溶性有机氮，之后继续被氨化生成铵态氮。矿化过程涉及一些酶类，如水解酶、氧化酶、脱氨酶和裂解酶，主要来自植物根系、土壤动物和微生物分泌。矿化过程受土壤质地、温度湿度及耕作方式等多种因素影响，测定方法也呈现多样化。矿化作用发生时，土壤有机质和土壤铵盐之间发生的同位素分馏有限（约±1‰）。因此，硝酸盐的同位素分馏是由铵的硝化作用造成的，不是由矿化作用时产生的。

（二）同化作用

同化作用指将含氮化合物转化为有机氮的过程，即在自养微生物作用下无机氮被吸收利用的过程。在水体中，硝态氮转化为铵态氮是耗能反应，所以，同化过程中微生物优先同化铵态氮。由于反应趋于优先利用较轻的 ^{14}N，在反应物的无机氮中发生 ^{15}N 富集，在生成物有机氮中产生 ^{14}N 的富集。同化作用引起的同位素分馏效应在−27‰～0‰。

（三）硝化作用

自养硝化作用是传统观点所认为的硝化作用，指在有氧条件下铵态氮在硝化细菌作用下（以二氧化碳为碳源）依次被氧化成亚硝态氮和硝态氮的过程。土壤中的微生物优先利用^{14}N，使得剩余的铵盐中富集^{15}N，产生的硝酸盐^{15}N值相对于初始铵盐的^{15}N值有所降低。硝化作用导致的分馏系数在$-29‰\sim-12‰$。反应过程中，水中的氧原子与硝酸盐或亚硝酸盐中的氧原子进行交换。新形成的硝酸盐的^{18}O值由环境水分子和大气氧气之间的比例决定，受反应过程的平衡同位素和动力同位素效应决定。

异养硝化作用由异养硝化微生物主导，以有机碳为碳源，将还原态氮转化为氧化态氮，在底物利用类型上，无机氮和有机氮可以同时被利用，区别于自养硝化作用，底物类型只能是无机氮。异养微生物有两种氧化途径，一种是异养硝化细菌，将硝化活性与好氧反硝化过程联系起来，形成硝化-反硝化耦合过程，消散有氧呼吸受限时的还原当量。另一种作用更强的异养硝化途径则由真菌主导，尤其是在酸性土壤中。

硝化作用主要发生在有氧和无氧的水层或沉积物之间的界面（氧跃层）。另外，湖泊沿岸带、流水系统的地-水以及水下群落交错区以及湿地等地方也是发生硝化作用的环境。在这些生态系统中，有机物质大量合成与分解、夏季高温、供氧充足等因素结合在一起，为分解过程产生的铵态氮提供了进行硝化作用的理想沉积物环境，从而产生硝态氮。在氧气贫乏的条件下，铵态氮氧化到亚硝态氮或一氧化二氮阶段就会停止，不过这时相关的兼性细菌依然存在，在 DO 浓度水平再次升高时，硝化作用就会重新开始。

（四）反硝化作用

反硝化作用是一个通过多步骤将硝酸盐逐步还原为一氧化二氮或氮气的过程，反硝化作用可以降低环境中硝酸盐的浓度。反硝化作用主要在以下两种环境条件下发生：一个是厌氧或微氧环境，另一个是存在有机碳的环境条件。湖泊、河流和湿地中的这一过程是由许多异养兼性厌氧菌和真菌在有氧-缺氧界面完成的。反硝化作用和硝化作用紧密耦合在一起，但反硝化作用是氮的损耗过程。此外，硝酸盐通过同化还原进入微生物和藻类细胞也会造成环境中氮的损耗。反硝化过程优先利用轻同位素，导致较重的氮、氧同位素富集在残留的硝酸盐中。氮氧同位素的变化可以用来判断是否发生了反硝化作用。一些研究表明，如果富集的^{15}N和^{18}O存在一个线性关系且范围在$1.3\sim2.1$，那么可判断反硝化活动发生。

（五）生物固氮

生物固氮指由许多自由生活和共生的原核生物进行的酶催化过程，这一过程将大气中的氮气（N_2）还原为氨（NH_3）。这些生物包括一些光合自养蓝细菌（蓝绿藻），以及大量好氧和厌氧的异养或化能自养（化能合成）细菌。地球上的氮以分子态占绝对优势，反硝化作用也会减少结合态氮，若非生物固氮作用的弥补，地球上可被生物区系利用的氮量将不断下降。在植被繁茂的流域中，陆地固定的氮大部分被保留或反硝化。在那些具有低 N∶P 的溪水汇入的湖泊和湿地中，当只有少量的陆源输入时，浮游生物就会大量固氮。

（六）铵化

铵化是指异化硝酸盐还原为铵，它是一个厌氧还原过程，该过程会消耗 NO_3^-。认为异养反硝化和异化硝酸盐还原为铵反应 NO_3^- 的消耗分配是由有机质有效性控制的，则当碳（电子供体）供应受限制时，异养反硝化过程主导反应过程；否则，当 NO_3^-（电子受体）供应受限制时，异化硝酸盐还原为铵作用主导氧化还原反应。但也有研究表明，加入有机碳可以促进微生物的呼吸作用，一定程度上促进异化硝酸盐还原为铵过程进行。另外，研究表明还原条件下，硫化物可以作为异化硝酸盐还原为铵过程的指示剂，当沉积物中检测到硫化物时，异化硝酸盐还原为铵是主要的硝酸盐还原过程，反之则过程终止。

（七）厌氧氨氧化作用

厌氧氨氧化指在还原环境条件下，各类微生物以 NH_4^+ 作为电子供体，以 NO_2^- 为电子受体，结合转化为氮气的过程，类似反硝化过程，也是水体脱氮的主要途径。通过稳定同位素示踪法发现，反应温度、盐度对反应过程影响较大，极高温、高温以及高盐度环境会严重降低厌氧氨氧化细菌的活性。在自然条件下，当水体中硝酸盐浓度较低时，厌氧氨氧化反应过程与 NO_3^- 和 NH_4^+ 浓度成正相关关系。而当硝酸盐浓度过高时，会抑制反应速率。而此时与异养反硝化反应速率呈现明显正相关关系。此外，在硫酸盐还原作用刺激下，会使自养反硝化和厌氧氨氧化反应产生竞争关系。

第四节　水生态系统中的磷循环

磷是植物生长所需的一种营养物，并通常认为是淡水植物生长的限制性营养元素。普遍认为，氮、磷的输入是导致水体富营养化的重要原因。富营养化通常会导致水生态系统藻类大量繁殖，水体溶解氧量急剧下降、水质恶化，鱼类及其他生物大量死亡，水生态系统失衡，是目前广泛存在的水环境问题。相对于氮，磷对于控制水体富营养化更受关注。快速增长的藻类对氮磷的吸收比值是固定的，接近 16∶1，因此大幅度降低磷的供应，使氮磷比高于藻类生长的比值，有利于降低藻类生物量。另外，相对于磷，氮的输入难以严格控制，因为水体中蓝藻等生物可以通过固氮作用将空气中的氮气转移到水中。而对于陆域氮磷的输入，磷的控制成本远低于氮。

一、磷的形态

水生态系统中的磷通常以有机和无机形式的可溶、不可溶化合物出现。无机磷形态包括磷酸盐、磷酸氢盐和磷酸二氢盐，主要存在形式取决于 pH 值。磷最灵活的形态是溶解的磷酸盐，其水合作用随着 pH 值的改变而改变。最常见的形式是单质磷和二元磷酸盐。磷容易结合有机物，成为溶解态有机物的一部分，即溶解有机磷（DOP）。它们中的一些很容易被土壤酶水解，并与 PO_4-P 一起被称为可溶性活性磷（SRP）。磷也可以与悬浮颗粒相关联，并且被称为悬浮颗粒态磷（PP）。水生态系统可以提供这些不同形态磷进行转化的环境。多种阳离子在一定条件下可以形成磷酸盐沉淀。在水生态系统中，最重要的潜在矿质沉淀物，包括磷灰石 $[Ca_5(Cl,F)(PO_4)_3]$ 和羟基磷灰石 $[Ca_5(OH)(PO_4)_3]$。除了直接的化学反应，磷还可以与其他矿物质合作沉淀，如铁氢氧化合物和碳酸盐矿物质，如方解石、碳酸钙。P-矿物化学过程是非常复杂的，通常在酸性土壤中，磷可以由铝、铁来固定；在碱性土壤中，磷可以通过钙、镁来固定；还原条件下可导致铁矿物溶解和磷共沉淀物的释放。如果自由硫化物是由于硫酸盐还原条件而存在，则会形成硫化铁并防止磷铁矿化。

水生态系统中，大部分磷分布在凋落物、泥炭和无机沉积物中。有氧条件下，磷酸根离子与三价铁、钙、铝形成沉淀。黏土颗粒、有机泥炭、三价铁与铝的氢氧化物和氧化物吸附磷酸盐；细菌、藻类和大型水生植物通过合成生物体把磷束缚在有机体中。

在许多地表水体中，藻类的高生产力可以促进 CO_2 从水中排出，从而改变整个碳酸盐平衡，一昼夜即可提升水的 pH 值到 9 或 10，这种条件下，磷易于为碳酸钙吸附。

二、磷在水生态系统中的迁移转化

为了达到理解磷循环的目的，水生态系统可以被直观地想象成由这几个部分组成：水、植物、微生物、水生动物、枯枝落叶和沉积物。磷的自然产生输入是从地面流入和大气沉降物，大气沉降包括湿式沉积和干式沉降。输出可以是以表面外流或渗入地下水两种形式。从地下水和气态释放到大气中的这种输入是不太常见的或是不太可能的。动物大迁徙，从昆虫运动到鱼类和鸟类的迁徙，已被确定为磷输入过程中潜在的贡献者；但迄今为止对于这个存在的过程没有进行定量化。

磷易被黏土吸附，水流冲刷黏土结合磷的颗粒输入到水生态系统中，是磷主要输入过程。大部分水生植物都从沉积物和水中吸收无机磷。植物把无机磷转化为有机磷后，通过植物残体储存于有机泥炭中，再经微生物活动矿化为无机磷，形成磷循环；或随水流输出水生态系统。水生态系统中的磷循环如图 5-4 所示。

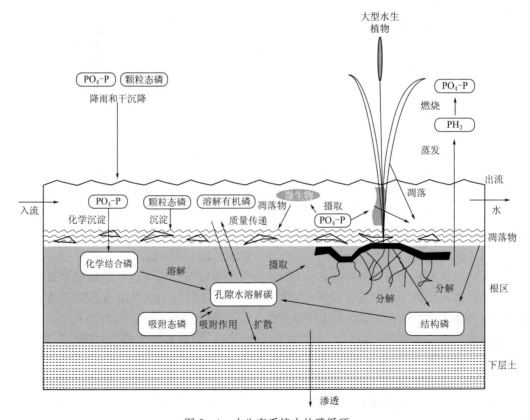

图 5-4　水生态系统中的磷循环

几乎所有植物生长均需要磷。有研究发现有沉水植被的水生态系统（SAV）以及相关的藻类对磷酸盐的摄取有极高的利率。各种形式的藻类在生物群落中很容易吸收磷。并且大多数这种磷存储在底栖生物中。植物生长周期季节性地存储和释放磷。植物会吸收利用无机磷合成生物体，形成有机磷，再通过草食性和肉食性大型水生动物捕食过程进入水生动物网络。浮游动物和鱼类在水生态系统磷循环中发挥着重要作用。浮游动物摄食藻类并向水体排泄有机磷酸盐，而鱼类摄食浮游动物并向水体排泄磷酸盐；在植物或动物衰亡后，其残体经过微生物分解将磷释放并返回到水中。这种摄食和衰亡分解过程使得藻类和浮游动物体内的颗粒有机物转换为溶解态存在上层水体。

除水生动植物和微生物作用的影响外，水生态系统中磷的存在状态和水平还受水文过程和碳的生物过程影响。

水的滞留时间对磷的迁移转化和输移过程有很大影响。滞留时间长（超过 10 年）的水体，能够留住 $70\% \sim 90\%$ 的磷。随着水滞留时间的缩短，输入的磷储存再沉积物中的量会逐渐减少。水滞留时间短的系统大部分输入的磷停留在水体上层，在被水流冲走之前首先会被初级生产者和微生物吸收利用，因此水滞留时间短、水中营养盐滞留率较高的高营养负荷湖泊，其营养盐含量、藻类含量和鱼类产量均高于水滞留时间长的水体。

当水体腐殖质等碳类化合物偏高时，水体易缺氧。碳类化合物被微生物分解过程中，会消耗大量氧气，导致水体氧水平下降，使水体易呈现缺氧状态。缺氧条件下，沉积物中的磷会释放到水体中。因此，对于滞留时间短、大部分外源输入磷不能及时沉淀而随水流出系统，这种情况下，沉积物释放的磷是水体的主要磷源。

第五节　水生态系统中的硫和微量元素

一、水生态系统中的硫

硫元素是生物必需的大量元素之一，约占生物体干重的 1%。硫在自然界丰度很高，其主要储存库是地壳中的岩石如石膏及黄铁矿等矿物，其次是储存在地壳表层的海水中。海水中具有大量的硫酸盐（SO_4^{2-}），海洋沉积物中硫元素亦储存量巨大，因此硫很少成为营养限制因子。自然界中的硫主要以 -2、0、$+4$、$+6$ 价态形成不同的化合物（H_2S、FeS_2、SO_3^{2-} 和 SO_4^{2-}）和单质硫（S）。这些硫化合物在大气圈、水圈、生物圈和岩石圈等圈层之间随着地球内部构造运动、物理化学条件的改变而进行的迁移转化，对水生态系统以及全球环境产生重要影响。地表水中硫的主要存在形态是 SO_4^{2-}，水生态系统中硫的来源包括矿物地球化学风化、风吹海盐，以及化石燃料燃烧的排放、土壤和岩层中的硫酸盐、蒸发岩矿物的溶解、硫化物的氧化以及人为输入。大量的硫从天然和工业来源进入到大气，部分硫酸盐（硫酸）通过酸沉降返回到水体。水生态系统中的硫来自大气以及含有含硫化合物的污水。

硫在水生态系统中存在多种形态。硫的氧化形态，如亚硫酸盐、硫酸盐和硫代硫酸盐，多在氧气充足的环境存在。而还原形态，包括硫化物、亚硫酸氢盐和元素硫等，在缺氧情况下存在，其中硫化氢和甲基硫化合物是挥发性的，可以挥发至大气中。在大型束管水生植物体内，硫含量通常为干重的 $0.1\%\sim0.6\%$，但在藻类中的浓度相当大。地面以下的植物组织比地上部分中的浓度高得多。

好氧生物释放出的硫以硫酸盐为主。然而在生物体的死亡和沉淀过程中，异养细菌释放的还原状态下的硫可能会导致在沉积物中硫化氢的高水平积累。在厌氧沉积物中，它能将硫酸盐和其他氧化态的硫（亚硫酸盐，硫代硫酸盐和元素硫）转化为硫化氢。硫酸盐异化还原的第二工序，是通过厌氧异养细菌如脱硫弧菌和脱硫肠状菌来调节，它使用硫酸盐作为氢受体。湿地沉积物和土壤腐烂的有机物质的存在会消耗氧气并产生酸性孔隙水，有机物质是硫酸盐还原的能源。

近年来，人类活动引起水体中氮、磷营养元素飙升，进而引起有机物过量积累，水体溶解氧持续下降，藻类等浮游生物大量繁殖等一系列环境问题，继而引发水体出现厌氧或缺氧状况，水体沉积物的硫酸盐还原细菌在厌氧条件下会利用有机物，进行异化硫酸盐还原作用，不断产生并积累硫化氢（H_2S）等有毒气体，使水质恶化。

总之，硫循环可包括以下几个部分：①异化还原过程：在厌氧环境条件下硫酸盐还原细菌将硫酸盐还原成硫化物的过程；②生物氧化过程：好氧硫杆菌将硫化物氧化成单质硫和硫酸盐的过程；③硫的同化还原过程：在细菌的作用下硫酸盐转化为有机硫的过程；④硫化氢的释放。这些生物循环过程同一些物理、化学过程紧密结合，共同构成了自然界中硫的循环（图 5-5）。微生物在无机硫和有机硫的相互转化过程中发挥了关键作用，主要推动有机物的分解、无机离子的生物同化、无机离子和化合物的氧化以及各种氧化态元素的还原等。有机硫的生成和矿化是构成硫循环的关键环节。有机硫的矿化是土壤有机硫在各种微生物作用下，经过一系列的生物化学反应，最终转化为无机硫的过程。在氧充足情况下，其最终产物是硫酸盐，缺氧条件下，则为硫化物。硫酸盐还原形成的 HS^- 或 S^0 既可与有机质反应生成有机硫，也可与其他金属离子反应形成硫化物。

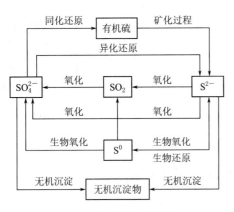

图 5-5 自然界中的硫循环

二、水生态系统的微量元素循环

微量元素在生命系统中的作用已逐渐引起人们的重视，有些微量元素已被证明是生物生长发育必不可少的。研究它们在植物、土壤和地表水中的物质迁移转化规律，将成为生态系统的化学结构和动态特征研究的一个有益的课题。纯溶液中铁离子和锰离子的溶解度非常低，而过滤后的河水中的铁浓度比纯溶液中铁离子浓度高 1000 倍左右，表明铁与水体中有机胶质或其他溶解有机物存在一定的吸附及络合作用，从而极大地影响了铁在水里的循环和浓度。由于铁离子的浓度非常低，有时会成为藻类生长的限制因子。

对于铁和锰及其他元素与有机物之间的物理、化学及生物的相互作用，研究人员已经有了充分的了解。铁在决定硫、磷和痕量金属元素以及溶解有机碳等物质的浓度、溶解度和通量中起着非常重要的作用。同时，由于铁和硫的氧化物被微生物还原，使酸性湖泊产生碱度，水体沉积物得到缓冲，避免了湖泊的酸化。如果在下一次湖水混合和再度氧化的过程中，这些还原性物质未被再氧化，那么缓冲所产生的作用将是永久的。水体中的铁和锰来源于集水区，主要以氧化物的形式存在。

（一）水体中不同形态铁的循环

在有溶解氧而无大量溶解有机物的情况下，三价铁（Fe^{3+}）可以形成大量难溶性氧化物和过氧化物（FeOOH）。这些凝聚物将会沉降至沉积物中，覆盖在其表面并形成含$Fe(OH)_3$的棕红色表层，此现象常发生在富氧化的水体中。当湖泊、湿地和河下层的微生物对有机物进行氧化时，DO、Mn^{4+}和硝酸盐被当作最终电子受体，Fe^{3+}在微生物和化学作用下被还原。表层沉积物中单位体积的DO消耗速率（呼吸作用）是最高的，并在上覆水发生脱氧之前变为缺氧状态。铁的化学氧化或还原取决于水的pH值，pH值每升高1个单位，Fe^{2+}的氧化速率增加约100倍。

1. 沉积物的释放、迁移和沉淀

若水体中无还原性硫，则二价铁（Fe^{2+}）在缺氧条件下是可溶的，并且能从沉积物扩散到水柱中。来自湖盆斜坡沉积物中的Fe^{2+}可以通过水平涡流和湖下层流，以比垂直扩散更高的速率扩散到湖下层。目前学术界对相对扩散速率所知尚少，通常认为湖下层的铁和锰只来自垂直涡流扩散。根据对瑞典一个富营养化湖泊不同深度沉积物的取样分析，表明水平迁移会导致浅水湖下层沉积物中铁的损失，它在最深层被氧化之后沉积下来，这个过程被称为地球化学聚焦。

从沉积物中释放出的Fe^{2+}浓度较高。但是，在湖水混合期间，二价铁与氧跃层和沉积表层的DO接触后被化学或微生物快速氧化。所形成的聚合物沉降到有氧沉积物里，但在缺氧时这些聚合物会溶解。当系统内的DOC增加时，由于溶解性有机物的吸附，Fe^{3+}和其他痕量金属的沉积速率随之降低。这一现象引起大量的铁留在好氧层中。

2. 铁的聚合与停留

湖水混合期间，三价铁聚合物因沉积不随水流迁移，因此，无论是外源还是内源铁负荷在分层湖的停留都非常高（60%~99%）。随着水滞留时间的增加，铁与其他金属在湖泊的停留时间也会增加。但是，全湖酸化实验表明，沉积铁的溶解度随湖水pH值的降低而升高，导致其在水中的含量上升。

因为部分铁和锰已经被转化为更难溶的矿物形式，沉积物中少量的铁和锰并不一定能在下一次缺氧期再度溶解。它们形成的矿物有时可进一步转化为其他矿物类型，即成岩作用。转化后的沉淀晶体通常要比转化前难溶，环境条件一旦再次改变，成岩作用就能有效减少或阻止溶解过程的发生。

三价铁沉聚物的直径范围在$0.05\sim0.5\mu m$。但是沉聚物中不仅仅只含铁，还含有有机物、氮、磷、锰、硅、硫、钙和镁等。此外，有机物的吸附提高了聚合物对痕量金属的吸附能力，从而促使金属从水体转移至沉积物。

3. 铁和硫

无机硫是决定铁及多数痕量金属的溶解度和循环的最重要因素。当SO_4^{2-}在微生物呼吸作用氧化有机物的过程中被还原时，任何气态S^{2-}或者HS^-与Fe（锰或其他痕量金属）结合，在缺氧条件下都将会产生不可溶的沉淀物。

（1）Fe 与 SO_4^{2-} 的输入比。Fe 与 SO_4^{2-} 的输入比（Fe：SO_4^{2-}）是决定还原铁和大多数痕量金属在缺氧条件下溶解度的主要因素。只有当这一比值较高时，缺氧的湖下层才会存在高浓度的溶解性铁。当缺氧进一步加剧，且水体中有足够的硫化物，Fe^{2+} 的溶度积达到饱和时将以 FeS 的形式沉淀，使沉淀层呈现黑色。相反，当 Fe 与 SO_4^{2-} 的外源输入比非常高时，则很少 H_2S 产生，因为 HS^- 已经以 FeS 的形式沉淀了，这类水体含高浓度的残留溶解铁。缺氧的湖下层含高浓度的溶解铁也是富营养化湖泊的典型特征之一，在缺氧条件下沉积物中的 FeOOHP 化合物溶解后，Fe 以及与 Fe 结合的 P 被释放出来。自然环境中的 Fe 与 SO_4^{2-} 输入比则较低，如在北美中西部碳酸钙型流域，Fe 均以 FeS 的形式沉淀了，导致缺氧的湖下层几乎不含铁，却含有大量的 H_2S。若湖泊的透明度很高，氧跃层之下将会形成光合硫细菌层，并消耗还原性硫。钙质湖不仅含大量的 Fe 还含有大量的 Mn，以不可溶的 $MnCO_3$ 形式存在。这类湖泊的出流几乎不带走 Fe 和 Mn，故这类湖泊和湿地的下游有一个显著特征，即非常低的 Fe 与 S 的输入比（Fe：S）和 Mn 与 S 的输入比（Mn：S）。

（2）硫的成岩作用。如果气候和地形条件导致湖泊和湿地的缺氧期延长，形成更多的成岩层，沉积层会获得更稳定、更不容易分解的 FeS_2 沉淀物，又称为黄铁矿。它的形成速度比我们曾经认为得要快。即便如此，大量的还原性 S 并非以 FeS 和 FeS_2 的形式永久存在，而是以有机硫化合物的形式存在。与无机硫相比，在有氧状态下有机硫较难被再氧化。有机硫可通过微生物还原 SO_4^{2-} 而形成，而不是通过还原性硫和有机沉积物的非生物反应形成。在盐性水体中，大多数 S 以 $CaSO_4$ 或酸酐的形式存在。

4. 铁和有机物

铁和其他大多数金属被吸附形成无机沉积物，它们与胶体和溶解有机分子结合形成有机配位体。许多有机配位体是腐殖酸聚合物，是一类能够释放 H^+、带负电荷、疏水性的分子。这类分子通过离子交换、表面吸附、螯合作用形成金属有机化合物，所形成的 Fe^{3+} 胶体颗粒不易沉积。而缺氧湖下层中 Fe^{3+} 凝聚物的存在，则是由于在分层期缺氧条件下的有机物在沉积物-水界面能使 Fe^{3+} 凝聚物稳定。铁和其他金属与溶解性有机物（DOM）之间的成键作用，使得氧化水体、中性水体（pH＝7）和酸性水体中的金属浓度远远高于热力学定律计算的结果。氧化性 Fe 在酸性水体（pH＜5）中溶解度的增加，使得它能与 DOM 结合，产生的絮凝物沉积使水体澄清度增加。

（二）水生态系统中的锰循环

锰（Mn）是浮游植物生长必需的微量元素之一，是叶绿素合成和自由基清除酶促反应的辅因子。研究发现，在铁（Fe）限制的条件下浮游植物对 Mn 的需求更明显。Mn 与 Fe 一样，主要来源于陆源物质的输送。Mn 与 Fe 的氧化物和氢氧化物是水生态系统地球化学循环过程中两个非常重要的电子接受体，具有相似的地球化学和微生物特性，两者常和铝（Al）一起被用来研究不同来源的物质输送及水团混合的影响。

锰氧化物（Mn^{3+}，Mn^{4+}）能在高于 Fe^{3+} 和 SO_4^{2-} 的氧化还原电位的条件下被还原，这使得湖下层或低氧地下水中出现较多的溶解性 Mn^{2+}，此时 Fe 以不溶的氢氧化物形式存在。相反，当 Fe 开始溶解时 Mn 则开始氧化和沉淀。Mn 主要以相对较大的氧化物凝聚体沉淀，而在 DOC 较低的石灰质水体中以 $MnCO_3$ 存在。与 Fe^{3+} 相比，氧化锰几乎不与有机物结合。无机絮凝体中可能含有大量的钙（Ca），同时也含有镁（Mg）、硅（Si）、磷（P）、氯（Cl）、钾（K）、钡（Ba）。随着微生物氧化，大多 Mn^{2+} 以 Mn^{3+} 和 Mn^{4+} 的氢氧化物絮凝体沉淀，而非 MnS 沉淀，因为氧化还原电位高而没有还原性硫存在。溶解性 Mn（或 Fe）也可通过地球化学聚焦过程积累在深层沉积物中。

观测显示缺氧湖下层中的高浓度还原性 Fe 来源于沉积物，Mn 却并非如此。沉积在缺氧湖下层或湿地中的多数 Mn^{2+} 是由流域中沉积颗粒物的还原溶解而产生的，但不是所有还原性 Mn 都以离子态 Mn^{2+} 形式存在，大多是以胶体形式存在的。

锰循环与铁循环的另一个重要不同之处，就是还原性锰在 pH＝6～7 或更高时，氧化过程进行得更慢，伴随着它从缺氧沉积层向侧面和垂直方向向上迁移的过程。铁在中性 pH 值下，数小时或数天内被快速化学再氧化并去除沉淀，而锰在生金菌属存在时的再氧化过程明显要慢得多，需要数小时乃至数月。所以大量的溶解性锰可在水体循环时被冲刷出低碳酸氢盐湖及湿地缺氧沉积层。锰和铁在内陆水体的浓度与水体的 pH 值呈负相关，近期发生过酸化的沉积层对水体来说则是一个 Mn 和 Fe 的源。同时，酸化时 pH 值降低可增加 Mn^{2+} 的相对稳定性，避免形成 Mn^{3+} 和 Mn^{4+} 的氢氧化物及其沉淀。

还原性锰在 pH 值偏碱性时，氧化过程进行得很慢，伴随着它从缺氧沉积层向侧面和垂直方向向上迁移的过程。在中性 pH 值下，一部分铁在数小时或数天内被快速氧化并去除沉淀，而锰的氧化过程明显要慢得多，需要数小时乃至数月。所以，大量溶解性锰可在水体循环时被冲刷出去。酸化时 pH 降低可增加 Mn^{2+} 的相对稳定性，避免形成 Mn^{3+} 和 Mn^{4+} 的氢氧化物及其沉淀。

（三）铁、锰和痕量金属

锰和铁在水体的循环过程相似，表现为一个"轮转过程"，即都是以金属氧化物、金属盐晶体的形式沉淀，或是与有机溶解物共沉淀；除了 Fe 能与还原性硫形成不可溶的 FeS 之外，这两种元素都能部分或大部分在还原条件下再溶解。

在富氧化且酸度不高的水体中，FeOOH 和 MnOOH 的沉积聚集清除了对氧化还原反应敏感的痕量金属和砷。若沉积物表面是好氧的，则孔隙水中痕量金属的溶解度很低，且元素重新进入水体中的可能性很小。当沉积物呼吸速率较高时，即使上覆水层是好氧的，湖水和湿地的沉积物表面也能快速达到缺氧状态。沉积物表面释放出的溶解性 Fe^{2+} 和 Mn^{2+} 与其他痕量金属能够在富氧水体中停留，直至被生物或化学作用氧化并沉淀。然而，被还原的痕量金属返回至上覆水层中的量很少，元素沉积在含过量 S^{2-} 的缺氧湖下层。溶解的金属（Me），如锌（Zn）、镉（Cd）、铅（Pb）和汞（Hg）等，或以金属硫化物（MeS）的形式沉淀，或被沉积物中的铁硫化物吸附。与之相反，缺氧的湖下层可能含有含量相对较高的痕量金属，因其 Me∶S 输入比较高。最后，随着酸性水体 pH 值的降低，痕量金属的溶解度增加。

人类通过区域性的工农业活动影响着营养物质的循环，酸雨包含痕量金属；城市垃圾焚烧释放的痕量金属与有机污染物进入水体和流域。例如，酸雨增加了水体的 NO_3^- 负荷，使其成为微生物在氧化沉积物有机物过程中非常重要的电子受体，使氧化还原电位稳定在 100mV 左右，并阻止了 Fe^{3+} 还原为 Fe^{2+}。在缓冲能力较低的水域中，大气的 SO_2、SO_4^{2-} 和 H^+ 沉降能降低流域盆地和内陆水体的 Fe∶S 和 pH 值，进而增加 Fe、Mn 和痕量金属在土壤中的溶解度以及对水体的输出量。

参 考 文 献

[1] Aronsson P G, Bergstrom L F. Nitrate leaching from lysimeter – Grown short – rotation willow coppice in relation to N – application, irrigation and soil type [J]. Biomass and Bioenergy, 2001, 21 (3): 155 – 164.

[2] Beaudoin N, Saad J K, Van Laetherm C, et al. Nitrate leaching in intensive agriculture in Northern France: Effect of farming practices, soils and crop rotations [J]. Agriculture, Ecosystems and Environment, 2005, 111 (1 – 4): 292 – 310.

[3] Bourgeois I, Savarino J, Caillon N, et al. Tracing the Fate of Atmospheric Nitrate in a Subalpine Watershed Using Δ^{17}O [J]. Environmental Science & Technology. 2018, 52 (10): 5561 – 5570.

[4] Bourgeois I, Savarino J, Némery J, et al. Atmospheric nitrate export in streams along a montane to urban gradient [J]. Science of the Total Environment. 2018, 633: 329 – 340.

[5] Burns D A, Boyer E W, Elliott E M, et al. Sources and transformations of nitrate from streams draining varying land uses: evidence from dual isotope analysis [J]. Journal of Environmental Quality, 2009, 38 (3): 1149 – 1159.

[6] Cole J J, Caraco N F. Carbon in catchments: connecting terrestrial carbon losses with aquatic metabolism [C]//Conference on Frontiers in Catchment Biogeochemistry. Marine and Freshwater Research, 2001, 52 (1): 101 – 110.

[7] Gaouzi E I, Sebilo F Z J, M, Ribstein P, et al. Using δ^{15}N and δ^{18}O values to identify sources of nitrate in karstic springs in the Paris basin (France) [J]. Applied Geochemistry, 2013, 35: 230 – 243.

[8] Gärdenäs A I, Hopmans J W, Hanson BR, et al. Two – dimensional modeling of nitrate leaching for various fertigation scenarios under micro – irrigation [J]. Agricultural Water Management, 2005, 74 (3): 219 – 242.

[9] Grigg B C, Southwick L M, Fouss J L, et al. Climate impact on nitrate loss in drainage waters from a southern alluvial soil [J]. Transactions of the ASAE, 2004, 47 (2): 445 – 451.

[10] Jones R I, Grey J, Quarmby C, et al. Sources and fluxes of inorganic carbon in a deep, oligotrophic Lake (Loch Ness, Scotland) [J]. Global Biogeochemical Cycles, 2001, 15 (4): 863 – 870.

[11] Kohl D H, Shearer G B, Commoner B. Fertilizer nitrogen: contribution to nitrate in surface water in a corn belt watershed [J]. Science, 1971, 174 (4016): 1331 – 1334.

[12] Liu S, Lu X X, Xia X, et al. Dynamic biogeochemical controls on river PCO_2 and recent changes under aggravating river impoundment: An example of the subtropical Yangtze River [J]. Global Biogeochemical Cycles, 2016, 30 (6): 880 – 897.

[13] Mayer B, Boyer E W, Goodale C, et al. Sources of nitrate in rivers draining sixteen watersheds in the northeastern U. S.: isotopic constraints [J]. Biogeochemistry, 2002, 57/58 (1): 171 – 197.

[14] Michalski G, Scott Z, Kabiling M, et al. First measurements and modeling of Δ^{17}O in atmospheric nitrate [J]. Geophysical Research Letters, 2003, 30 (16): 1870.

[15] Rose L A, Yu Z J, Bain D J, et al. High resolution, extreme isotopic variability of precipitation nitrate [J]. Atmosoheric Environment. 2019, 207: 63 – 74.

[16] Riha K M, Michalski G, Gallo E L, et al. High atmospheric nitrate inputs and nitrogen turnover in semi – arid urban catchments [J]. Ecosystems, 2014, 17: 1309 – 1325.

[17] Rose L, Sebestyen S, Elliott E M, et al. Drivers of atmospheric nitrate processing in forested

catchments [J]. Water Resources Research，2015，51（2）：1333 - 1352.

[18] Rose L，Sebestyen S，Elliott E M，et al. Triple nitrate isotopes indicate differing nitrate source contributions to streams across a nitrogen saturation gradient [J]. Ecosystems，2015，18（7）：1209 - 1223.

[19] Sabo R D，Nelson D M，Eshleman K N. Episodic，seasonal，and annual export of atmospheric and microbial nitrate from a temperate forest [J]. Geophysical Research Letters，2016，43（2）：683 - 694.

[20] Sand - Jensen K，Staehr P A. CO_2 dynamics along Danish lowland streams：water - air gradients，piston velocities and evasion rates [J]. Biogeochemistry，2012，111（1）：615 - 628.

[21] Sebestyen S D，Ross D S，Shanley J B，et al. Unprocessed Atmospheric Nitrate in Waters of the Northern Forest Region in the U. S. and Canada [J]. Environmental Science & Technology，2019，53（7）：3620 - 3633.

[22] Syversen N. Effect and design of buffer zones in the Nordic climate：The influence of width，amount of surface runoff，seasonal variation and vegetation type on retention efficiency for nutrient and particle runoff [J]. Ecological Engineering，2005，24（5）：483 - 490.

[23] Thiemens M H. Mass - independent isotope effects in planetary atmospheres and the early solar system [J]. Science，1999，283（5400）：341 - 345.

[24] Tsunogai U，Miyauchi T，Ohyama T，et al. Accurate and precise quantification of atmospheric nitrate in streams draining land of various uses by using triple oxygen isotopes as tracers [J]. Biogeosciences，2016，13：3441 - 3459.

[25] Tsunogai U，Komatsu D D，Daita S，et al. Tracing the fate of atmospheric nitrate deposited onto a forest ecosystem in Eastern Asia using $\Delta^{17}O$ [J]. Atmospheric Chemistry and Physics. 2010，10：1809 - 1820.

[26] Vuorenmaa J，Rekolainen S，Lepisto A，et al. Losses of nitrogen and phosphorus from agricultural and forest areas in Finland during the 1980s and 1990s [J]. Environmental Monitoring and Assessment，2002，76（2）：213 - 248.

[27] Wang X F，Veizer J. Respiration - photosynthesis balance of terrestrial aquatic ecosystems，Ottawa area，Canada [J]. Geochimica Et Cosmochimica Acta，2000，68（4）：933 - 934.

[28] Xia X H，Li S L，Wang F，et al. Triple oxygen isotopic evidence for atmospheric nitrate and its application in source identification for river systems in the Qinghai - Tibetan Plateau [J]. Science of the Total Environment，2019，688：270 - 280.

[29] Xing Y，Yang X H，Ni L，et al. Methane and carbon dioxide fluxes from a shallow hypereutrophic subtropical lake in China [J]. Atmospheric Environment，2005，39（30）：5532 - 5540.

[30] Xue D M，Baets B D，Cleemput O V，et al. Use of a Bayesian isotope mixing model to estimate proportional contributions of multiple nitrate sources in surface water [J]. Environmental Pollution，2012，161：43 - 49.

[31] 包宇飞. 雅鲁藏布江水文化学特征及流域碳循环研究 [D]. 北京：中国水利水电科学研究院，2019.

[32] 陈玲，王中良. 碳同位素在湿地碳循环研究中的应用及进展 [J]. 生态学杂质，2012，31（7）：1862 - 1869.

[33] 段水旺，章申，陈喜保，等. 长江下游氮、磷含量变化以及输送的估计 [J]. 环境科学，2000，21（1）：53 - 56.

[34] Jacob Kalff. 湖沼学：内陆水生态系统 [M]. 古滨河，刘正文，李宽意，等，译. 北京：高等教育出版社，2011.

[35] Stanley I Dodson. 湖沼学导论 [M]. 韩博平，王洪铸，陆开宏，等，译. 北京：高等教育出版

社，2018.

[36] 黄满湘，章申，张国梁，等 . 北京地区农田氮素养分随地表径流流失机理 [J]. 地理学报，2003，58（1）：147-154.

[37] 宋冰，牛书丽 . 全球变化与陆地生态系统碳循环研究进展 [J]. 西南民族大学学报（自然科学版），2016，42（1）：14-23.

[38] 林琳，吴敬禄，曾海鳌，等 . 人类活动对太湖水环境影响的稳定氮同位素示踪 [J]. 湖泊科学，2012，24（4）：546-552.

[39] 吴卫华，郑洪波，杨杰东，等 . 中国河流流域化学风化和全球碳循环 [J]. 第四纪研究，2011，31（3）：397-407.

[40] 肖雷，于紫荆，周秋龙，等 . 脱硫菌在自然界硫循环中的作用与意义 [J]. 化学教育（中英文），2019，40（22）：11-13.

[41] 谢树成，陈建芳，王风平，等 . 海洋储碳机制及区域碳氮硫循环耦合对全球变化的响应 [J]. 中国科学：地球科学，2017，47（3）：378-382.

[42] 晏维金，尹澄清，孙濮，等 . 磷氮在水田湿地中的迁移转化机制及径流流失过程 [J]. 应用生态学报，1999，10（3）：312-316.

[43] 张永领 . 河流有机碳循环研究综述 [J]. 河南理工大学学报：自然科学版，2012，31（3）：344-351.

[44] 赵允格，邵明安 . 模拟降雨条件下成垄压实对硝态氮迁移的影响 [J]. 植物营养与肥料学报，2003，9（1）：45-49.

第六章

水生态系统中的生物

生物群落是特定区域内出现的物种或分类单元的集合，包括动物、植物、微生物等各个物种的种群，在水生态系统中，这些生物通过捕食、竞争、防御等行为实现物质和能量的传递、形成自身生长繁殖和衰亡的生命过程，最终形成平衡的水生生物群落，共同组成生态系统中有生命的部分。本章重点介绍水生态系统中的生物群落、生物间相互作用和能量、物质与生产力以及生境与群落间关系。水生态系统中的生物如图 6-1 所示。

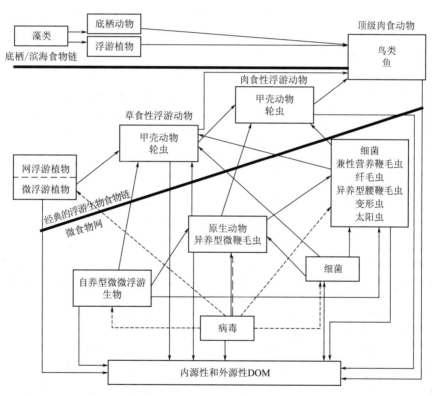

图 6-1 水生态系统中的生物

（实线和箭头表示食物流动方向；虚线表示病毒感染；被细菌作为底物的 DOM 来自不同组分和流域的输入）

第一节 能量、物质与生产力

在水生态系统中，能量以进食食物的形式进入生物体内，并结合生物的代谢活动产生能量，这些食物中的一部分可能无法被同化并以无法吸收的可溶固体废物的形式排放到体外，而另一部分能量用以生长或繁殖而得到储存，部分能量用于维持呼吸、行动、排泄等基本生命活动。能量在群落中的传递效率通过食物网沿着营养级逐级递减，同时受生物体个体大小、发育阶段、水温、食物质量和数量等因素影响。

生物个体的小型化更适于在氧气浓度较低的环境生存。生物利用富含能量的物质作为食物来源并用于代谢活动，呼吸作用是将生物体内富含能量的有机物在细胞内经过一系列的氧化分解，最终生成二氧化碳或其他产物，并且释放出能量用于生长和代谢的总过程。显然，小型生物比大型生物消耗更少的氧气。像一些最小型的生物一样，细菌在相应体重下具有最高的呼吸速率，细菌的单位体重代谢速率较高，在湖泊和溪流中的细菌总生物量通常与藻类、浮游动物或鱼类的生物量相当，对生态系统功能研究有着重要意义。细菌对氧气的需求却是浮游动物或鱼类的 10～100 倍，因此，生态系统的呼吸作用在很大程度上取决于细菌的呼吸，而细菌的呼吸主要受到温度和溶解在水中有机物量的影响，有机物越多，细菌生长得越旺盛，单位时间消耗的氧气就越多。

呼吸作用等代谢活动受温度影响，生物有机体都有一个最适温度范围，并在这一范围内随温度增加而呈指数增长。低于这一范围的代谢活动会变得很微弱甚至停止，而在较高的温度下生物会因代谢酶类的热变性而死亡。代谢率指数增长的温度范围处于 20℃ 左右。

除此之外，生物对物质的转化和能量传输还受摄食率、活动水平、环境胁迫和是否处于休眠期等因素影响。对生物来说，可获得的食物量强烈地影响着呼吸速率和生长率。提供过量的 CO_2 和最适的光照后植物表现出极快的生长率。处于饥饿状态时的代谢率要低于饱食时的代谢率。然而，摄入过多的食物并不是最佳的条件，当食物非常丰富时，同化作用会因为食物通过肠道的速度过快而变得非常低效。这也是食物过于丰富所造成的间接影响。如稠密的藻类悬浮液不利于溞属的生长，溞属耗费了很多能量用于清除它们的滤食器官，这使它们的呼吸速率远远超过了同化速率，导致动物在充裕的食物中饿死。

化学信号通常会诱导行为上的变化导致活动水平的提高，这种活动水平上的变化需要消耗原本用于生长或繁殖的能量。此外，活动强度或水平的增加会提高代谢率。水生生物有几十种甚至几百种化学信号物质，这种化学信号物质有重要生物学意义，包括指导水生生物判断食物是否该捕获，水生植物、特定的捕食者、竞争者、同属物种和雄体等是否出现。

一、初级生产力

水生态系统中的初级生产力大都通过光合作用实现。光合作用是绝大多数生态系统的能量来源。光能被光合色素（具有颜色的能够吸收光的物质）吸收并与蛋白质结合，裂解水并产生氧气和高能电子。这些电子继而用于产生富含能量的物质、参与耗能反应将二氧化碳还原成碳水化合物。这一过程生成的碳水化合物驱动生物的生长、繁殖、代谢等生命活动。

与光合作用相反的，是呼吸作用。夜晚水体中所有生物进行呼吸作用消耗氧气并产生二氧化碳。白天光合作用过剩，而夜晚无光合作用，导致水中溶解氧浓度的降低。从蓝藻到高等植物，大多数进行光合作用的生物都含有叶绿素 a。大型植物、裸藻和绿藻都含有叶绿素 b。其他光合原生生物（如硅藻、甲藻和红藻）和蓝细菌（蓝藻）等则具有除叶绿素 a 以外的色素（但不是叶绿素 b）。

水生态系统中，产生光合作用的基本条件是光照、水、有机营养，特别是硝态氮、磷酸盐和无机碳或硫等物质。

敞水区生产力取决于浮游植物的光合作用。初级生产力的最高值一般出现在污水处理池和相似的富营养化湖泊中。浮游生物生产力的最高值仅在营养盐水平不受限制的溪流或湖泊中出现。除营养物质限制外，水体浑浊度和颜色会影响光的入射深度。当透明度高时，光的入射深度较大，可为较深水深的生物提供光合作用条件。通常定义湖泊或溪流中能够接收到水体表面 1％ 入射光的水层为真光层，一般为透明度的 3 倍，光合作用与呼吸作用恰好抵消的水层深度称为补偿深度。补偿深度与温跃层深度的相对关系大大影响了初级生产者、植食性动物和溶氧这类的水化学指标的垂直分层，具有重要生态学意义。在非常清澈的湖泊中，透光层可以延伸至藻类密度低的湖下层。湖下层的水得不到混合，所以密度较大，藻板层稳定，通常约 1m 厚。由于其下层水中光照不足、其上层营养不足，所以藻板层上下边缘非常清晰。且上边缘受营养盐限制，下边缘受光照限制。

在湖泊、池塘和溪流的沿岸带，大型植物承担了绝大部分的总光合作用生产力。沿岸带拥有最佳的光照、营养和温度条件，在溪流中，滞水区域通常存在于沿岸带，并且在浅滩中存在着大量的附着生物群落，岸带的落叶和粗糙的木屑等向沿岸带的陆地边缘输入了大量的有机物，是水生态系统生产潜力最高的区域。一般低纬度地区内陆水体通过光合作用形成的初级生产力通常较高。这是因为这一地区水温较高，加速了微生物的分解速率，使得系统拥有更多的光合作用底物。同理，温带地区的夏季超富营养化的静水水体初级生产力也较高；当浮游植物生物量较高时，其遮蔽作用会导致水下光环境变差，限制总光合作用生产力。

二、次级生产力

包括浮游动物、底栖动物和鱼类。湖泊和水库水柱浮游动物量（湿重）可相差 4～5 个数量级，而寒冷的贫营养型湖泊的浮游动物量远远低于温暖的富营养型湖泊。甚至在同一水体，浮游动物的最高值和最低值的差别也可达到 4 个数量级。浮游动物中，轮虫生物量较高。资料显示，在我国 25 个主要湖泊中轮虫生物量平均 0.809g/m^3，占浮游动物量 30.6％。枝角类的生物量和生产量在不同水体差别很大，我国 25 个湖泊中的平均枝角类生物量为 0.461g/m^3，占浮游动物量的 17.4％。桡足类是浮游动物的主要组分，生物量有时较高，但生产量常低于轮虫和枝角类。我国 25 个湖泊中桡足类生物量平均为 1.278g/m^2，占浮游动物量的 48.3％。

关于底栖动物的量，与水体所在地的气候相关。资料显示，温带湖的底栖动物量多在 0.1～13g/m^2，最高值达 24～29.5g/m^2，远高于寒冷地区和热带地区产量。

鱼类产量则与水体的形状、深度和初级生产力相关。鱼类产量和初级生产力之间存在非常强的正相关关系，间接地，与可利用磷的含量息息相关。对一个湖泊来说，如果它正处于人为富营养化阶段，那么鱼类产量将会随初级生产力的增加而增加，但是优势鱼种会从理想的种类（如鲑鱼和鲈鱼）演替为不尽理想的种类（如鲤鱼）。在极端高的生产力水平下，鱼类总产量会因为超富营养化产生的缺氧环境而降低。

对于水生态系统中的生物，还存在一种受生物生理支配的量变化，即补偿生长，即高等动物经受一段时间环境胁迫后，恢复到正常环境一段时间内出现的超长生长现象。它普遍发生在贝类、甲壳类、鱼类、鸟类和哺乳类动物。

第二节　水　生　生　物

一、细菌

根据代谢过程中碳的来源，细菌可分为自养型细菌和异养型细菌。前者通过还原 CO_2 获得生物合成所需的碳源，而后者以有机物为底物，通过还原作用获得碳源。细菌对有机物的降解作用，对水体中物质的循环和初级生产力起着关键作用。而异养型细菌可以将溶解性物质转化为颗粒态物质或合成有机物，因此可认为是初级生产量。并最终支持更高层级的鱼类等大型水生动物。

代谢活动强的细菌通常占总细菌丰度的 $15\%\sim30\%$，湖泊中这个比例要高于贫营养型溪流，但是低于河口地区透明度高的水体中，细菌个体通常很小，且大部分浮游生活。而在颗粒丰富的水体中，附着细菌可能比浮游细菌更占优势。

在水生态系统中，与细菌丰度联系最紧密的是无机营养水平和藻类生物量。一般认为，浮游生物中的异养型细菌主要依靠浮游植物产生的有机物质生活，浮游植物本身则受氮、磷营养元素的输入和光照等限制。在低腐殖质水体中，这一规律成立。当有机物的供给为非限制因子时，细菌可能会和藻类竞争有限的营养。在这一过程中，微生物的首要碳源取决于流域有机物和营养物的输入情况。例如，排水性能良好的农用灌溉水体释放的可溶性有机碳极少，但是氮、磷等物质较多。这种水体的碳主要来自内源，包括水生态系统内的枯枝落叶、生物残体、沉积物等。与之相对应，植被覆盖率高、水土流失小的区域，水体中碳含量更高，则细菌会以外源输入碳为主要能量来源。细菌的生长效率受碳的形态和碳与氮、磷等营养物质比例影响。温暖的水体细菌含量通常高于相对温度较低的水体。这因为高温会提升代谢速度，同时增加有机物的循环速度，另外温暖的浅水湖通常比深水湖营养更丰富。

流域、沿岸带和沉积物为细菌提供有机碳和植物营养物质。原生动物、大型枝角类、纳米鞭毛虫等均以细菌为食。而被选择为食物的细菌会通过大量繁殖或增加细胞大小改善生存状况。沉积物作为有机物分解和细菌生长的一个重要场所，其重要程度随水深的减小而增加。在相对平静的水体中，浅水水体中的颗粒物会快速沉降，使水体中细菌对有机物的分解时间缩短。而在相对较深的水体中，沉积物中的细菌生产量要比水柱高几个数量级。

水生态系统中的氧化还原反应均由微生物进行催化发生，化学反应顺序按照微生物类群的生态演替进行。在富氧状态下，占优势的异养型微生物以溶解氧为最终电子受体，而有机碳类最终会被分解为醋酸、氢气、CO_2 等物质；当溶解氧几乎被耗尽时，氧化性较弱的化学物质，如 NO_3^-、Fe^{3+}、SO_4^{2-} 等会从氧化态有机物获得电子而被还原，硫酸盐还原伴随硫的产生；NO_3^- 的还原伴随氮气等物质的产生。所有氧化态有机物被耗尽后，微生物类群转化为厌氧微生物，在这种微生物的作用下，发生发酵过程，产生甲烷等物质。另有化能合成菌，可以在有氧气存在条件下，将部分简单小分子物质，如 CO_2、

S^{2-}、NH_4^+ 等合成微生物自身的原生质，并获取能量，为原生动物和其他浮游动物提供食物来源。具体反应类型和产物取决于水生态系统形态特征和可用物质的浓度。通常浅水湖泊下层比深水大容积湖泊的下层溶解氧的浓度更高，以氧为电子受体的有机物分解过程持续时间更长；而河口水体和沉积物中的硫酸盐含量则相对更高，产甲烷过程的发酵过程发生概率也更高。缺氧的湖下层主要生成物为甲烷，然后是硫酸盐，受浓度限制，其他氧化还原成分较少。当水体中甲烷等还原态化合物含量高时，受这些物质的好氧影响，水体的溶解氧浓度水平会有所下降。

总之，微生物催化下的氧化还原反应在大多数有机物氧化、营养物质循环、能量传输中均有重要作用。水中溶解氧的含量及与之相关的氧化还原电位可以用于推断水中物质的存在状态和沉积物中需氧无脊椎动物的生存情况。细菌对水生态的生物群落结构和物质迁移转化具有重要意义，也是水生态修复的一个重要抓手。

二、浮游植物

浮游植物即营浮游生活的植物类群，包括蓝藻门、绿藻门、硅藻门、金藻门等几大类群。本部分重点介绍蓝、绿藻门、裸藻门和硅藻门。需要注意的是，淡水藻类种类繁多（>10000），但浮游种类较少。部分藻类仅部分时间呈浮游状态，并不是真正的浮游生物。

蓝藻门是最简单、最原始的绿色自养植物类群。约有1350种淡水种类，可以形成大型群体、相互缠绕或为单独丝状体。植物体常呈蓝绿色，部分呈其他色泽。蓝藻门生态位宽阔，具体分布受光照、营养盐、温度、竞争、湍流、捕食等因素影响。蓝藻门通常在夏季温带富营养型湖泊和缓流河流中成为藻类生物量的优势种群，在低纬度地区的缓流河流和湖泊中，大型蓝藻可能一年的大部分时间甚至整年都处于优势地位，而小型蓝藻通常在贫营养型湖泊占优势，具有固氮能力的蓝藻常在缺氧生境成为优势种，其他蓝藻则能在光照强度低的湖下层占优。大型丝状或球形群体蓝藻可形成水华，形成腥臭味、影响水体感官、破坏水生生物群落平衡，某些大型蓝藻甚至产生毒素，致使动物死亡。

绿藻门也称绿藻，含叶绿素a、叶绿素b，具有与高等植物相同的色素和贮藏物质，约有2400个淡水种类。绿藻门形态各异，有具鞭毛和不具鞭毛的单细胞、群体和丝状体，甚至还有肉眼可见的轮藻纲植物。微型绿藻对温带富营养型淡水湖泊的浮游植物种类的丰富度贡献最大，高达40%以上。绿藻门对生物量的贡献通常在总磷超过0.5mg/L的高污染水体中占大比例。

裸藻门细胞形状多样。表质有的柔软而使形状易变且具裸藻状蠕动，有的硬化而形状固定。约有1020个淡水种类，营养方式有光合自养或渗透性营养（腐生性营养）。在分层湖泊中，有中等数量具鞭毛的中、小型裸藻种类，但其对浮游植物生物量的贡献通常忽略不计。在小型高度富营养化的池塘中，裸藻的生物量贡献最大，常与绿藻一起占据优势。裸藻通常使水面呈鲜艳的草绿色。在河湖岸带的湿生植物上常附有裸藻，在暴雨时易冲入水体。

硅藻门是藻类植物的一门，约有5000种淡水藻类，分布广泛，几乎所有的水体都有硅藻的存在，硅藻是鱼类和无脊椎动物的重要饵料，在中国沿海贝类的饲养中，硅藻是首选饵料。硅藻也是形成赤潮的主要藻类之一。硅藻常在风力扰动湖泊的垂直混合时期占据优势。硅藻的大量生长繁殖需要硅元素的存在。通常在中营养型（总磷浓度 $0.01 \sim 0.03\text{mg/L}$）湖泊的生长季节占据浮游植物的优势。与蓝绿藻相反，硅藻更容易在河流等激流生态系统的底栖藻类中贡献更大比例的生物量。

浮游植物种类繁多，个体大小差别很大。在贫营养型和中营养型水体中，尘型（体长 $<2\mu m$）和微型浮游植物（体长 $2 \sim 30\mu m$）通常在夏季浮游植物中占主，而富营养型水体中通常小型浮游植物（体长 $30 \sim 60\mu m$）占主。光照对浮游植物的生长影响很大。在春季，光照增强，藻类群落生物量迅速上升，容易形成春季水华。在春末到夏季，气温的上升使得表层水中大型浮游动物种群生长迅速，从而增加了对浮游植物的捕食量，营养盐由于气温变化向下迁移，不再是最佳营养盐比，春季水华趋于结束。低纬度地区光照年际差别不大，反而是降雨带来的营养盐输入对浮游植物呈现出更大的影响。

在贫营养型淡水河湖中，没有光照限制的条件下，只有氮和磷同时短缺才能抑制浮游植物量，同时也受碳短缺影响；而在水质较好的温带河湖中，磷限制比较明显；在农业和城镇地区，氮磷的输入比较低，不符合藻类需求的氮磷输入比 16：1 的需求，氮成为限制因素。

三、浮游动物

浮游动物包括体长小于 $2\mu m$ 的鞭毛虫类原生动物，大致超过几个厘米的甲壳类动物，一般称体长大于 $200\mu m$ 的浮游动物为大型浮游动物，主要由甲壳类组成。除此之外，一些昆虫幼虫、水母和幼蛤也称为浮游动物。

原生动物中受关注的有异养纳米鞭毛虫和纤毛虫。异养纳米鞭毛虫是某些细菌、超微型浮游植物的主要消费者，丰度较高。这一类鞭毛虫与藻类相似，可以进行光合作用，能够吞噬微小颗粒获取营养；纤毛虫个体比异养纳米鞭毛虫略大，丰度则相对较低。纤毛虫主要以超微型浮游生物为食。纤毛虫和异养纳米鞭毛虫可以生活在缺氧的水体下层、底部沉积物中，且丰度较高。这部分原生动物可以在厌氧条件下生存，以异养型细菌、微型鞭毛虫等为食。部分浮游鞭毛虫和纤毛虫通常是附着在个体较大的浮游植物、轮虫或甲壳类浮游动物身上。

轮虫体形相对较大，丰度也比上述纤毛虫和异养纳米鞭毛虫低。轮虫喜附着于底栖或沿岸水生植物中。浮游轮虫的生命周期非常短，寿命只有 $1 \sim 3$ 周，在一年内可以多代繁殖。在遇到不利条件时，其卵体可形成厚厚的卵壳，形成休眠卵，在适宜条件下再次繁殖。

甲壳类浮游动物主要介绍枝角类和桡足类。枝角类又称水蚤，大多数滤食有机碎屑、生物悬浮颗粒物为生。其滤食效率受悬浮颗粒的数量、大小、形状和味道或营养质量决定。小部分枝角类为肉食、杂食属性。枝角类寿命为 $1 \sim 3$ 个月，环境恶化时，卵体休眠，自我保护。桡足类的繁殖代数少于轮虫和枝角类，捕食肉食、有机碎屑和杂食。

浮游动物群落生物量受气候变化和浮游植物初级生产量影响。同时又和藻类、细菌等食源的分布和鱼类、无脊椎动物的捕食相关。大型浮游动物的主要作用是影响猎物的群落结构，而不是细菌、浮游植物和原生动物群落生物量的主要决定因素。浮游动物除了可以通过牧食影响浮游植物种群结构之外，还会影响营养循环。浮游动物会通过吸收滞留水体中的磷，并将氮排出体外，从而改变周边水体中氮磷的含量比例。

四、底栖动物

底栖动物指生活在沉积物表层的水生动物，是水生态系统中生物的重要组成。底栖动物个体大小差异很大。一般可划分为超大型底栖动物（体长＞$1000\mu m$）、大型底栖动物（体长$400\sim1000\mu m$）、中型底栖动物（体长$100\sim400\mu m$）和微型底栖动物（体长＜$100\mu m$），通常以小型种类占优势。

底栖动物一般在资源丰富、温暖且溶解氧浓度水平高的河湖沿岸地带生存量最高。底栖动物有滤食、刮食、直接摄食、撕食等多种食性。例如，双壳类软体动物在数量上丰富，是河湖水生态系统的重要滤食者；而水体下层或沉积物表层及其交界面的底栖动物多食细小颗粒和厌氧细菌。在浅水或岸带区域的底栖动物多以附着藻类、附着生物膜为食。另有部分底栖生物则以落叶等残体为食。

底栖动物分布在水体的各个深度。除了沿岸带的底栖藻类之外，在中部岸带大型底栖动物数量最多。在这个区域，底栖生物可以生活在水生植物上或营养丰富的沉积物中。下部岸带受水流冲刷影响，只有少量大型底栖生物可以生存，这个区域主要生存着以碎屑和藻类为食物的小型底栖动物。在上层水体的沉积物中，营养相对丰富，底栖动物生物量高，而在深水区的沉积物中，受其组成影响，对于营养丰富、有机质含量高的沉积物，底栖动物容易生存，但是这个区域溶解氧浓度水平通常较低，因此只有对氧不敏感的生物生存。

底栖动物的生存状况除了受环境和自身生长影响外，也与捕食生物有关。鱼和水禽、无脊椎动物是底栖动物的主要捕食者。鱼类等和底栖动物通过捕食-被捕食的关系实现能量和物质向更高层次的传递。

五、大型植物

大型淡水生植物可分为挺水植物、浮叶植物、浮水植物和沉水植物。

大型植物是沿岸生态系统结构的决定因子。大型植物是大多数湖泊沿岸带和浅水河流中最重要的初级生产者。挺水植物通常只有部分植物体生长在$0.3\sim2m$深的水中。沉水植物多数有根，部分沉水植物在生长期有时能到达水面，而大部分生物量集中在植株顶部；部分能够到达水柱的某一高度；低位生长的种类则靠近沉积物表面生长。各类水生植物的特性、行为和生境作用见表6-1。

表6-1　　　　　　　　　各类水生植物的特性、行为和生境作用

植物类型	一般特性与举例	行　为	生　境　作　用
浮水植物	根系或类根结构悬挂于浮叶之下，随水流移动，不直立出水面。如浮萍	吸收水体中的营养及遮挡阳光，阻止藻类生长。过密时会限制氧气向水体中扩散，并阻碍沉水植物获得光照	为动物提供庇护场所和食物
浮叶植物	叶片漂浮于水面，或沉在水下。其根直达底部，不能挺立出水面。如莲花	为微生物提供附着表面，白天向水体释放氧气。过密时会限制氧气向水体中扩散，并阻碍沉水植物获得光照	为动物提供庇护场所和食物
沉水植物	一般全部淹没在水中，叶片可能漂浮在水面。根扎在底部，不能在空中挺立。如黑藻	为微生物提供附着表面，白天向水体释放氧气；拦截颗粒物和相关营养物质	为动物提供庇护场所和食物（特别是鱼类）
挺水植物	草本植物，根扎于底部，直立出水面，能忍耐洪涝或水分饱和土壤状态。如香蒲、芦苇	促进小颗粒絮凝；拦截颗粒物；遮光，阻碍藻类生长，挡风、消浪、促淤，保护岸带免受侵蚀；冬季覆盖保温	为人类提供景观；为鱼、浮游动物等提供遮蔽、觅食、繁殖、藏身、栖息场所

挺水植物主要分布在河湖的边缘，通常生长在边坡较缓的地带，最常见的挺水植物有芦苇、香蒲、蔍草等。而在透明度较高的水体中，沉水和浮叶植物占主。大型植物往往随水体面积的增加而增加、随岸带坡度增加而下降。自然状态的湖泊，挺水植物一般会占全湖泊面积的7％。而沉水植物的生物量则随面积的增加而下降，也就意味着沉水植物在沿岸地带更重要。

植物的覆盖面积和总生物量对水生态系统有重要影响。植物的生物量影响着整个水生态系统的初级生产力、营养状态和氧平衡，影响附着生物、无脊椎动物的分布和鱼类的数量与组成，甚至通过对影响消浪能力进而影响颗粒物的沉降、水体组分的输入和输出。

沉水植物受光照影响显著。浑浊水体，沉水植物仅能生长在水深几厘米的地方，而透明度良好的水体，沉水植物可在水深20m甚至更深的地带生存。

除光照外，水下坡度及相应的冲刷强度对沉水植物的分布也有重要影响。数据显示，在阳光充足、透明度良好的地带，当坡度<5％时，适合植物生长、能达到最大的生物量；而在坡度>15％地带，水流冲刷程度高、营养物质匮乏，根生植物很难生长。

从生长模式来讲，沉水植物可以从水中和沉积物中吸收营养，大型根生植物主要从沉积物中获取营养。而漂浮植物和浮水植物只能从水中吸取营养，因而只能在富营养型水体中才会大量繁殖。

相对于浮游植物，大型植物对碳的需求更高。大型植物生长过程中的碳源来自CO_2和溶解性无机碳。这种高碳氮磷比的结构使得大型植物并不符合大多数食草动物的牧食需求而被牧食消费的比例很低。因此大型植物通常以衰亡、碎屑方式，经过微生物缓慢分解后再次回到水中。

生长良好的大型植物对消浪促淤有良好效果，从而可以控制沉积物的再悬浮，形成良好生态。但由于大量输入营养盐带来的富营养化，使得浮游植物快速生长，限制了水面以下光照、氧气，从而使得沉水植物等生存环境恶化、附着的底栖生物消失，无法起到抑制沉积物扩散的作用。

因此控制水体富营养化对水生态健康很重要。通过减少氮磷输入来修复富营养化水体需要很长时间才能达到效果，因为富营养化有大部分来自沉积物的营养物释放。重建大型植物有利于控制水体富营养化。过度生长的大型植物则会影响水体的美观、行船等功能。因此在营养丰富的水体中，大量繁殖的大型植物也需要管理。通常可以通过机械收割、放牧食草鱼等生物控制来减少大型植物的生物量。

六、大型动物

以鱼类为主的大型水生动物是水生态系统中相对高层级的食物链顶端生物。

淡水水体约有11000种鱼类。鱼类在成体大小、体形和取食方面存在很大差异，其生存根据生活习性与流水速度、水深有关。在超富营养的湖泊或缓流水体中，浮游动物含量较高，相应地，以浮游动物为食的鱼类也有较高的生物量。底栖生活的鱼类则在沉积物再悬浮和营养盐循环中起重要作用，这些鱼类通过摄食把沉积物中的营养吸收至体内，再通过自身游动迁移和排泄带到表层水体。在水生态系统中，鱼类还会与脊椎和无脊椎动物竞争食物，同时也受捕食者威胁。为了生存，大多数鱼类在生活史的各个阶段都可以转变食物类型和栖息环境。例如，幼鱼为躲避捕食，会躲藏到水草中。对于水生态系统中，鱼类的物质和能量传递速率与其所处的生长阶段相关。无论种内还是种间，成鱼的个体比幼鱼生长缓慢。

由鱼类的生活习性所决定，其丰度在沿岸带往往比生产力较低的敞水区要高。鱼类生物量随水体营养状态的升高而增大，但需要注意的是，营养化水平必须适度，过度富营养化会带来水面下的严重缺氧，从而导致鱼类无法生存，且富营养化条件下，浮游植物生物量的上升会引起水下光照减弱，导致鱼类的植物食源、无脊椎动物等消失。

水生动物的很多种类具有昼夜垂直迁移的行为，尤其是营浮游生活的鳃足动物、桡足类和糠虾。无论是淡水还是海水，都能经常观察到一些种群每天进行循环的、长距离的垂直迁移行为。Parejko K 和 Dodson S I（1990）研究和综述了溞属迁移规律，典型的浮游动物昼夜垂直迁移规律是早晨天亮时向下移动，晚上天黑时向上移动，根据水温、光照食物密度、水流、氧气和溶解物浓度以及天敌密度等不同的生境条件，动物的昼夜垂直迁移表现出极大的差异。在夏秋季，昼夜迁移似乎经常表现出最大的幅度。通常，越是处于发育后期的动物，迁移的幅度也越大。

昼夜垂直迁移的好处是在白天能降低被捕食的概率，在夜晚进入温暖的水层尽可能地使生长率最大化。昼夜垂直迁移的代价是在白天生物为逃避捕食迁移进入冷水水层而降低了生长率。藻类、轮虫、鱼类等均表现出昼夜垂直迁移的行为。

除昼夜垂直迁移外，在动水生态系统中，部分水生动物呈现随水流迁移规律。如虹鳟鱼喜欢栖息于山涧溪流或清澈湍急的水域，常在水的中、下层游动觅食，喜欢在溪流有落差的瀑布处逗留且逆流而上，因此又称为瀑布鱼。

总之，水生生物群落受众多因素影响，包括所在水生态系统的空间、流域特征、水化学组成等。目前认为，水生态系统中，某段时间某种生物的量是上游河流的输入、自身生长与沉降、捕食、疾病、生理死亡和输出等量的平衡。

第三节　生物群落与演替

一、生物群落

生物在水生态系统中并不是个体存在，而是以一定规律聚集在一起的，即所谓的生物群落。群落是由相互作用的不同结构单元组成，这些单元称为功能群或物种。根据生物的归类方式，群落的组成可用一系列不同尺度的单元来描述。

在水生态系统中，具有某种功能的生物，并不是一种，通常由多种生物具有相似生态功能或生存方式，以相似方式利用同样环境资源，这种类似的生物称为共位群。甚至不同种属的生物也可以组成共位群。如湖泊中所有浮游的、植食的动物，包括原生动物、轮虫和小型甲壳类，组成一个共位群。鱼类和无脊椎动物均可捕食浮游动物，为营养共位群。共位群含有的生物种类越多，则这个环节在生物网中的功能越稳定、抗冲击能力越强。

不同生物和共位群共同组成群落。种群和群落结构可以通过生物量、种类组成或化学组成来表征。生物量是单位体积或面积的生物的有机物质含量。受群落发展和衰亡影响，群落的生物量通常是随时间变化，通过达到生物量峰值和达到生物量峰值的时间可以了解生物的生存和发展能力。群落的种类组成通常用物种数目、物种均匀度、多样性指数和不同群落间的相似性等参数表征。群落中物种数目的多少称为丰富度。物种扩散对种群聚集有重要作用，但是比较不同尺度物种丰富度发现，局部尺度的生态相互作用很大程度上限制了这种作用。多样性也可以用各种特定的指数来测量。如果群落中物种的丰富度相等，那么该群落的均匀度较高；反之就有优势种和稀有种。通常两种生境交接地带物种多样性较高。湖泊或溪流的物种数与系统的生境多样性密切相关。与小型湖泊相比，大型湖泊有更多生境，为更多的物种提供了生活场所。在溪流中，空间异质性直接影响物种多样性，间接影响生态系统过程。生境多样化越高、生物多样性越高。化学组成通常用于描述单个种属的元素组成，利于了解该种属对营养物质的需求情况。例如，根据 Red-field 的假设，一个典型的藻类分子式为 $(CH_2O)_{106}(NH_3)_{16}(H_3PO_4)$，氮磷元素比为 16∶1，质量比则为 7.2∶1。因此当水中可生物利用的氮磷质量浓度比小于 7 时，氮可能是限制性营养元素，反之磷是限制性元素。

二、种群互作关系

生活在同一个水生态系统中的生物通过捕食、竞争、共生等关系相互关联，形成复杂的食物网。种群间相互作用类型见表 6-2。

表 6-2　　　　　　　　　　　　　种群间相互作用类型

相互作用类型	相互作用的一般特征
中性作用	两个种群彼此不受影响
竞争：直接干预型	一个种群直接抑制另一个种群
竞争：资源利用型	资源缺乏时的间接抑制
侵害作用	被侵害者受抑制，侵害者无影响
寄生作用	寄生者通常较宿主个体小
捕食作用	捕食者通常较猎物个体大
偏利作用	宿主无影响，偏利者
原始作用	相互作用对两者都有利，但不是必然的
互利共生作用	相互作用对两种都必然有利

（1）竞争。竞争是指个体或群组对一种或多种有限资源的争夺，如食物、能量、某种特定化学物质（如氮或磷）。种内竞争是指同种生物个体之间为争夺共同资源的生存竞争，例如，雄性和雌性、幼体和成体个体间可进行种内竞争；种间竞争为不同种群之间为争夺生活空间、资源、食物等而产生的一种直接或间接抑制对方的现象，在种间竞争中常常是一方取得优势而另一方受抑制甚至被消灭。例如，一个湖泊中大量硅藻可能会因为二氧化硅而形成竞争。成功的竞争者将有限资源的可利用性降低到某个水平，使其本身繁盛生长，导致其他物种衰亡。淡水群落中经常会出现资源限制。

在淘汰性极强的竞争中，只有一个竞争者能够存活下来，另一个竞争者会灭亡。这种对有限资源的竞争成为竞争排斥。在很多物种的复杂群落中，为避免发生竞争，会产生生境分割、资源分割、环境特化现象。生境分割即共位群生物在水体的不同空间生存，避免竞争统一空间的资源；资源分割为采取不同摄食策略，避免对有限同类资源的竞争；环境特化即生物分布在不同时间或不同环境（如不同 pH 值条件下，或不同温度条件下），从而避免竞争。

（2）捕食。捕食狭义指某种动物捕捉另一种动物食之，广义是指某种生物吃另一种生物，如草食动物吃草；同种个体间的互食、食虫植物吃动物等也都包括在内。捕食时被食者的种群变化有很大的影响。在湖泊和河流，被捕食者可能是细菌、原生动物、无脊椎动物或脊椎动物。虽然植食性水生动物是捕食者，但因其植食性而常被称为牧食者或植食者，而摄食植物与动物的兼食者称为杂食者。

捕食具有选择性与防御性。通常捕食者对被捕食者的种类和大小有特定的需求。如鱼类主要摄食体形大于 1mm 的浮游动物，而体形小于 1mm 的生物因为难于被发现而避免了被捕食。

面对捕食，被捕食者会采取防御措施。常见防御有迁移、变形、生活行为等策略。迁移是最常见的防御措施。被捕食者会迁移至避难所来躲避捕食者，迁移方式包括昼夜垂直迁移和水平迁移。变形防御即通过形态改变躲避捕食，如厚壳、刺使捕食者难以吞食。生活行为防御如快速繁殖，产生许多小型后代，保存生存繁殖能力。

（3）互利共生。互利共生是对双方都有利的种间关系，两种生物生活在一起，彼此有利，两者分开以后双方的生活都要受到很大影响，甚至不能生存而死亡。互利作用可能从竞争或捕食关系进化而来。捕食者-被捕食者关系并非总是看起来的那么简单，比如一般假定浮游动物（如溞属）摄食浮游植物，从而造成浮游植物损失。

这些相互作用普遍存在，但种群间相互作用的类型可能在不同条件下有变化。

三、群落的演替

水生态系统是典型的开放型动态系统，系统中的生物组分与环境的各种生态因子相互作用，推动系统利于其获得的能量发展系统结构和功能。这一自组织的动态过程称为生态演替。生态演替不仅包括生态系统内生物群落连续、单向、有序的变化过程，也包括非生物组分，如水体形态、物化组分、水流水深等变化。在一个新的环境条件下，物种单一、结构简单、资源相对丰富，最先出现的物种称作先锋物种，其能量水平和物质通量也较低。随着演替向顶级进行，可利用资源向顶级生物流动，生产力随之增加，生物多样性逐渐上升，各物种可利用资源越来越少。系统的恢复力也随着物种多样性上升而上升。

在自然状态下，演替过程中群落种类由少到多，结构由简到繁，生境向多样化变迁，这种趋势称为顺兴演替；与此相反的称为逆行演替，即群落种类由多到少、结构由繁到简，与之对应的非生命环境单一化等。现有水生态恶化现象均属于逆行演替：由于外力作用破坏系统生命因子之间及生命因子与非生命因子之间的协调关系，使群落组成与结构遭到破坏，进而致使非生命因子进一步恶化，水生态系统退化、功能丧失。

演替过程所需要的时间受自然和人为干扰影响，自然和人为干扰都可能显著加快这一过程，这也是水生态修复工作的意义所在。水生态修复重点关注的是生命周期较短的生物，如浮游动物群落和植物群落、微生物群落。轮虫和小型甲壳动物生命周期较短，这两类动物一般在数周内即可以达到一定种群密度，并形成休眠卵。大型水生植物、软体动物、昆虫、鱼类和其他水生脊椎动物大都会在一两年内出现，这些进入水体中的生物开始相互作用或互不影响。随着种群的消长，某些种群会随机消失、新的扩散种建立种群，群落一旦建立起来，后来者就很难在湖泊中建立新的群体。

健康的水生态系统对外来干扰有一定抵抗力和恢复力。即外界扰动后，群落和系统不会轻易产生变化。恢复力是群落从一个扰动中恢复到原来状态的能力。当持续扰动或扰动强度过大，超过水生态系统自身的抵抗力和恢复力后，系统趋于逆行演替。

在一个群落中，扰动可以改变群落结构。扰动的时间尺度可能是一天（即昼夜垂直变化）、一年（即周年演替）甚至更长的时间，如气候变化或是像物种灭绝、新种入侵这样的罕见和极端的事件。

一般认为，中等强度的扰动对群落是有利的，扰动能够增加生物多样性并防止生态停滞。例如，在美国弗吉尼亚州的一条中营养型的暖水溪流中，通过移除河床周围的石头研究扰动对附着生物群落的初级生产力及其呼吸作用的影响：对溪流基质的中度干扰增加了毛翅蝇种类的多样性，进而显著地影响多个重要的生态系统过程。

第四节　生境与水质的关系

一、常见水生生物群落

常见水生生物群落包括湖泊和溪流，而湖泊和溪流的生物可分为不同的群落（图6-2）。

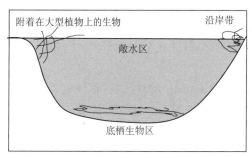

(a)

(b)

图6-2　湖泊和溪流中的主要生物栖息环境
(a) 湖泊；(b) 溪流

这些群落在一定程度上是不同的，但又相互联系。湖泊和溪流分别被称作静水和流水环境，均可用食物网表示，群落常依据它们在湖泊或河流中的分布位置而命名，每个群落对于湖沼学研究都具有重要意义。例如，大型杂食性鱼类在群落间游动，通过摄食、营养传输和排泄联系不同群落。

（一）湖泊群落

湖泊的主要生境包括敞水区、沿岸带、底栖生物群落和附着生物群落。敞水区是开阔水域；沿岸带是靠近岸线生活在植物间或植物上的生物组成；底栖生物群落位于湖泊的底部，由生活在底质中或附着在底部的异养生物组成，只有少数物种生活在更深处：如鱼类、昆虫和甲壳动物等。底部生境底质有淤泥、卵石、基岩等各种类型，这与湖泊成因和入湖河流类型有关。底部距离流水（如入湖溪流）越远，沉积到底部的颗粒就越小。黑暗的有机沉积物被称为腐殖淤泥，反映粪便对产生富含有机质沉积物的作用；附着生物种类组成以毫米为尺度的群落，该群落由附着在沿岸带的水生植物和石头表面的微生物层组成。此外，藻层（Algal Mat）也是其他生物的栖息地。

（二）溪流群落

溪流的主要群落生境包括沟槽中的流水、浅滩和深潭的基底、泛滥平原的浅水区以及地下流的河底带。

与静水系统一样，附着生物群落位于水生植被和石块等基底的表面，溪流流水区的主要生物是鱼类等。在流速最大的溪流主道中，物种数通常比较少。粗糙基底能够在主流中为生物提供一些庇护，因而生活在其中或附近的生物种类较多。浅滩是水流快速流过粗糙基底（如巨砾、卵石和粗砂）的区域。粗糙基底大小不等，巨砾直径几米，卵石 10cm 左右，粗砂 1cm 左右。由于快速流过不平坦的基底，浅滩中的水流湍急且紊乱。因此，浅滩的水流和基底中氧气含量较高。

鱼类和底栖无脊椎动物能生存在急流的粗糙基底中或附近，躲藏在石缝中或停留在大块石头后的静水中，并且身体呈流线型。生活在石头上的无脊椎动物一般身体扁平，可避免被水流冲击。浅滩中的游泳动物（如鳟鱼）生活在石块或木头上，能使其不受急流冲击。

平滑而不紊乱的水流被称为层流，层流的特点是水流分层，深潭是河流中相对静止的水域，生活在相对静止水域中的底栖生物不适应水流冲击，偏好溶氧较少的细颗粒基质，如淤泥、沙子。淤泥的直径小于 0.1mm，而沙子的颗粒直径大约 1mm。与干流隔开的深潭被称为滞水区，滞水区中的生物与池塘类似，可以是高水位时才能补水的间歇性水塘，也可以是溪流延伸而成的永久性静水水体。河底缝原生物或小型底栖动物（Meiofauna），尤其是轮虫、桡足类和昆虫，能很好地利用流经溪流底部下面的大量富氧水，这里的生物一般与在浅表基质中发现的一样。可用在溪流旁的基质上挖掘浅坑的方法采集河底生物。

二、常见生境污染类型

（一）农药、杀虫剂（Pesticide）污染

农药、杀虫剂或其有害代谢物、在自然环境中的降解产物，会污染大气、水体和土壤，破坏生态系统。农药对水体的污染包括以下几个方面：向水体直接施用农药；含农药的雨水落入水体；植物或土壤粘附的农药，经水冲刷或溶解进入水体；生产农药的工业废水或含有农药的生活污水污染水体等。在水生态系统中，生物体能从水或沉积物中摄取稳定、脂溶性强的有机氯农药，通过食物链的方式，在生物体内逐渐富集、传递，构成对水生生物的积累，形成潜在的威胁和危害。

杀虫剂及其载体在农业和林业中被广泛施撒，许多杀虫剂挥发进入大气，通过大尺度的天气模式散布，然后再通过干湿沉降回到地表或水体中。有些高浓度杀虫剂（尤其是人工合成的节肢动物激素类杀虫剂，如烯虫酯和灭幼脲）能够长期存在，从而对水生生物多样性造成严重影响。杀虫剂一般有至少几天的环境半衰期，并被大面积使用（杀害虫，如蛾类幼虫），因此，在看似纯净的陆域环境空中飞撒杀虫剂也可能使水体发生较大的生态改变。

（二）人为造成的水体富营养化

人类在湖泊流域的生产生活活动主要是对陆地资源的利用，这些活动会带来水体的富营养化。例如农业生产和污水处理过程中，导致大量的无机营养盐（尤其是氮和磷）进入湖泊和河流。这些化学物质为浮游植物提供养料的同时也造成了水质的恶化。水质的两个

主要指标——透明度和气味受到了生活于湖泊中的各种藻类的严重影响。一些浮游植物，特别是蓝藻的大型群体（如微囊藻）与不良的水质有着密切的关系。随着人口增长，与营养盐相关的水质情况因湖泊生产力的增长而持续恶化。由人类活动引起的富营养化现象称作人为富营养化。

人们希望通过逆转富营养化过程而改善水质。特别是当湖泊变成布满恶臭、浑浊的蓝藻水华的时候，人们更为急迫地希望改变这一状况。目前已经有很多方法被用来控制和管理由人为富营养化引起的有害藻类问题。

三、生境环境对水质的影响

（一）湖泊水文调控

自然调节下的适度水文波动是维持湖泊系统稳定和健康的重要前提，然而人为的水文调控改变了湖泊的水文条件与水环境过程，对湖泊生态系统产生了重要影响。水文调控直接改变了湖泊水文状态，调控着水位波动变幅、频率和强度，同时改变了水体化学特征与元素地球化学循环。湖泊水文调控（特别是水库化）在短期内由于水体蓄积过程会首先出现明显的稀释效应，随后由于水动力减弱会出现营养盐的滞留效应，加剧水体的富营养化程度。湖泊改造成的水库在蓄水后营养盐得以稀释，湖泊生物量总体偏低，因此湖泊水库化后水体溶解性有机碳（DOC）的浓度水平整体比自然湖泊偏低。

大量野外监测与控制实验结果表明，水文调控可以改变湖泊生态系统的结构与功能，包括生境结构和食物链能量传输、生物群落结构、多样性和生态系统功能。人为水文调控不仅直接改变了湖泊的湖盆形态和水文过程，同时间接地影响湖泊水体热力分层、水动力条件、生境构建、物质能量传递等湖沼学过程。水深的增加可能导致湖泊水体从混合状态转变为分层状态，或者通过延长分层时间来提高温跃层的稳定性。沿岸带生境分布范围和结构往往因为水位的波动改变，导致底栖生物群落结构的改变和生物量的降低。水位的持续上升会降低较深水中的透光率和沉积物再悬浮的比例，并对底栖生物群落产生较强的抑制作用。长期的高水位会导致大型沉水植物覆盖度的减少，并使湖泊转向以浮游生物为主的稳态阶段，从而导致湖泊整体物质能量传递转为浮游通道为主，进而影响湖泊生物网结构变化。已有研究表明，湖泊在人为水文调控后沿岸带生境缩减，进而促使水生生物群落结构由底栖类型向浮游类型演替。同时，人为调控下的湖泊相较于自然湖泊，多样性通常出现明显的下降。围绕水文调控的研究主要集中于湖泊人为改造后的水文变化及其影响评价，且以监测数据为主。现代调查结果表明，筑坝修闸、围湖修堤、跨流域调水等水文调控已对湖泊产生了明显的生态环境效应。筑坝蓄水显著地改变了浅水湖泊湖滨带植物群落的构建，并影响其他水生生物群落。沉积物记录的研究进一步表明，湖泊水文调控可以显著改变水体水质和生物群落结构。

（二）河流弯曲度

河流是连接自然生态系统和城市经济社会系统的重要桥梁。近些年来，在对城市河流治理的问题上，其实更加重视行洪安全以及资源的开发利用等方面，但常常会忽略河流的生态功能以及水质等方面的情况。河流传统意义上的开发利用方式如河道渠道化及人工化等，会导致一系列河流的生态问题，例如使河流改变其自然形态、破坏河流的生物栖息条件、河流水体水质恶化以及生态功能条件失衡等。随着我国城市现代化建设的加快和人们生活水平的提高，人们逐渐认识到城市河道在满足防洪排水要求的同时，还具有水体自净、生物栖息地和景观休闲的功能。

水流的作用和河流的平面形态共同设定了河流的生态系统的物理基础以及影响生态系统的功能。长期以来，国内外学者针对河流的不同蜿蜒程度对河流的影响展开了大量的研究分析。其中，河流蜿蜒度变化对河流与水生态系统影响的研究占据大数。随着河流健康理念的研究与发展，关于河流蜿蜒度与河流水质以及河流自净能力的相关关系的研究日趋多了起来。

1997年，林平以木兰溪下游的蜿蜒型河道为实例，对改河选线、开挖河槽、河流流态、河道冲刷与河床稳定性分析等多个方面展开研究。木兰溪下游位于沿海的感潮区，是洪涝灾害容易发生的地方，针对于此，在考虑到河道的防洪安全的基础上，降低了河道的弯曲度，缩短河道长度，采取裁弯取直，旨在减少和降低洪涝对人类带来的危害。

2007年，蔡玉鹏等人对不同类型河流的平面形态、水文水力学以及河流地貌特征等方面进行了分析研究，并基于河流的形态与河流的空间特征对不同类型的河流进行了分类。在此基础上，以长江鱼类产卵场河段作为实例进行研究。最后得出，河流地形地貌与河型的多样性及异质性，对河流生态系统的健康及生物多样性有着极其重要的意义。蜿蜒度变化作为河型多样性的反应指标，研究河型与生态之间的关系就是在研究河流蜿蜒度。

2012年，焦飞宇以蓟运河为实例，评估分析裁弯工程对其影响。从河流健康的角度出发，构建水动力水质模型，模拟分析其裁弯取直后的水流运动特征、河道水质状况与生态系统多样性等多方面变化。人工裁弯取直工程使蜿蜒度快速变小，对河流生态系统有着长期的影响。

2012年，Garcia X F等人对蜿蜒河流的水动力学过程以及地貌单元与水生无脊椎动物生境的相关关系进行了分析，认为蜿蜒型河流是极其复杂的地貌动力学元素，并且蜿蜒型河道存在着自我调节的功能，为生物多样性和河流生态系统起着重要的作用。

2013年，李倩基于栖息地的相关方面，构建河流地貌指标体系，以长江上游鱼类保护区为实例进行研究分析。最后得出产粘性卵鱼类和产漂流性卵鱼类都喜欢在弯曲度大以及水面宽的地方产卵，但是两者也有区别，前者喜欢在浅滩附近，后者喜欢在深潭附近。可见河道的深潭浅滩序列对于鱼类的生存以及整个河流生态系统的作用是至关重要的。

2017年，王宏涛建立了不同空间尺度下河流地貌空间异质性的定量化评价指标，对蜿蜒型河流地貌特征的形成、影响因素、空间异质性结构以及其生态工程进行了梳理分析。由上述研究可以发现，河流弯曲度的变化对河床的稳定性、河流中鱼类生存等多方面产生影响。

（三）湿地水文连通

湿地具有多种独特的生态功能，如涵养水源、调蓄洪水、调节气候、固持养分等，是重要的物种栖息地，同时也是人类重要的生存环境之一。湿地对于维护区域生态系统的平衡和稳定、维持生物多样性等十分重要，同时对全球的气候变化、人类生活环境及社会经济发展等方面有重要的影响。河口湿地是在水陆交互作用下形成的，处于海陆的交错地带的特有生态系统，具有多重生态功能以及重要社会价值。河口湿地以物质、能量和信息为介质，连接水陆生态系统，具有显著的边缘效应，因此河口湿地生态系统易受到干扰或破损。人类活动对河口湿地的影响随着城市化的快速发展日益加剧，对于河口湿地的无序过度开发利用使水文和生物连通受阻，河口湿地发生严重退化。因此，近年来伴随着河口湿地的面积不断减小、结构不断受损，生物多样性也随之逐渐丧失，湿地生态功能日趋下降。

湿地水文连通指的是以水为介质的物质、能量以及生物在水文循环中的各要素内或各要素之间进行传输的过程，水文连通性对于湿地生态系统有着至关重要的作用，主要体现在湿地生态环境、水生生物资源、水资源利用、水质净化，以及洪水防范等方面。河道及其周边泛滥平原之间保持水文的连通，能够为生物和营养物质提供通道，增加其通向更多的栖息地的机会。完整的水文连通能够促进能量流动及物质循环，同时可以为鸟类和水生生物提供必要的栖息场所和生存环境，从而维持丰富的生物多样性。然而，随着全球气候变化的进一步加剧，以及建筑堤坝、跨流域调水工程、河道沟渠化等人为干扰的影响，湿地的水文连通格局也随之发生了明显的变化，导致湿地原有的生态水文过程受到干扰，如水系间的连接、物质能量的传输过程、水生生物的传播等，最终导致河湖湿地等水生态系统的结构与功能发生退化、生物多样性丧失。因此，今后湿地生态学领域的研究重点，将立足于如何从水文连通角度出发，修复湿地生态系统结构功能。

参 考 文 献

［1］　蔡玉鹏．大型水利工程对长江中下游关键生态功能区影响研究［D］．南京：河海大学，2007.

［2］　陈云霞，许有鹏，付维军．浙东沿海城镇化对河网水系的影响［J］．水科学进展，2007，18（1）：68－73.

［3］　崔保山，蔡燕子，谢湉，等．湿地水文连通的生态效应研究进展及发展趋势［J］．北京师范大学学报（自然科学版），2016，52（6）：738－746.

［4］　崔保山，刘兴土．湿地恢复研究综述［J］．地球科学进展，1994（4）：358－364.

［5］　符辉，袁桂香，曹特，等．洱海近50a来沉水植被演替及其主要驱动要素［J］．湖泊科学，2013，25（6）：854－861.

［6］　何嘉辉．河流蜿蜒程度对河流自净能力影响的研究［D］．广州：华南理工大学，2014.

［7］　黄可，张先智，张恒明，等．滇池入湖河流治污新技术体系构建及案例分析［J］．环境科学与技术，2016，39（7）：64－70.

［8］　黄余春，田昆，岳海涛，等．筑坝蓄水过程对高原湿地拉市海湖滨植被的影响［J］．长江流域资源与环境，2012，21（10）：1197－1203.

［9］　焦飞宇．裁弯取直对河流健康状况的影响研究［D］．天津：天津大学，2012.

［10］　李倩．长江上游保护区干流鱼类栖息地地貌及水文特征研究［D］．北京：中国水利水电科学研究院，2013.

［11］　林平．木兰溪下游河道整治研究［J］．水利科技，1997（4）：34－36＋42.

［12］　王宏涛．蜿蜒型河流空间异质性和物种多样性相关关系研究［D］．北京：中国水利水电科学研究院，2017.

［13］　肖德荣，袁华，田昆，等．筑坝扩容下高原湿地拉市海植物群落分布格局及其变化［J］．生态学报，2012，32（3）：815－822.

［14］　许凤冉，刘德杰，白音包力皋．山区城市河流综合治理模式及案例探讨［J］．中国水利水电科学研究院学报，2016，14（4）：274－279.

[15] 杨霄，陈刚，桑学锋，等．基于河湖水系连通的高原湖泊水资源优化模拟 [J]．中国农村水利水电，2016 (9)：205 - 211．

[16] 张仲胜，于小娟，宋晓林，等．水文连通对湿地生态系统关键过程及功能影响研究进展 [J]．湿地科学，2019，17 (1)：1 8．

[17] 赵风斌，徐后涛，刘艳红，等．不同水深下异龙湖苦草的生长特性 [J]．湿地科学，2017，15 (2)：214 - 220．

[18] 赵进勇，孙东亚，董哲仁，等．浙江孝顺溪河流地貌多样性修复设计探讨 [C]//中国水利学会青年科技工作委员会．中国水利学会第四届青年科技论坛论文集．北京：中国水利水电出版社，2008：188 - 195．

[19] Amorors C, Bornette G. Connectivity and Biocomplexity in Waterbodies of Riverine Floodplains [J]. Freshwater Biology, 2002, 47 (4)：761 - 776.

[20] Beaton M J, Hebert P D N. The Cellular Basis of Divergent Head Morphologies in Daphnia [J]. Limnology and Oceanography, 1997, 42 (2)：346 - 356.

[21] Berendonk T U, Bonsall M B. The Phantom Midge and a Comparison of Metapopulation Structures [J]. Ecology, 2002, 83 (1)，116 - 128.

[22] Biswas A K. Impacts of Large Dams：Issues, Opportunities and Constraints [M]. Impacts of Large Dams：a Global Assessment. Berlin, Heidelberg：Springer, 2012.

[23] Bollens S M, Frost B W, Cordell J R. Chemical, Mechanical and Visual Cues in the Vertical Migration Behavior of the Marine Planktonic Copepod Acartia Hudsonia [J]. Journal of Plankton Research, 1994, 16 (5)：555 - 564.

[24] Brooks J L, Dodson S I. Predation, Body Size, and Composition of Plankton [J]. Science, 1965, 150 (3692)：28 - 35.

[25] Brothers S M, Hilt S, Attermeyer K, et al. A Regime Shift From Macrophyte to Phytoplankton Dominance Enhances Carbon Burial in a Shallow, Eutrophic Lake [J]. Ecosphere, 2013, 4 (11)：1 - 17.

[26] Cohen M J, Creed I F, Alexander L, et al. Do Geographically Isolated Wetlands Influence Landscape Functions? [J]. Proceeding of the National Academy of Sciences, 2016, 113 (8)：1978 - 1986.

[27] Coopes H, Beklioglu M, Crisman T L. The Role of Water - Level Fluctuations in Shallow Lake Ecosystems Workshop Conclusions [J]. Hydrobiologia, 2003, 506 - 509 (1)：23 - 27.

[28] Creed R P, Sheldon S P. Weevils and Watermilfoil：Did a North - American Herbivore Cause the Decline of an Exotic Plant? [J]. Ecological Applications, 1995, 5, 1113 - 1121.

[29] Culver D A, Brunskill G J. Fayetteville Green Lake, New York. V. Studies of Primary Production and Zooplankton in a Meromictic Marl Lake [J]. Limnology and Oceanography, 1969, 14：862 - 873.

[30] Devlin S P, Vander Zanden M J, Vadeboncoeur Y. Depth - Specific Variation in Carbon Isotopes Demonstrates Resource Partitioning Among the Littoral Zoobenthos [J]. Freshwater Biology, 2013, 58 (11)：2389 - 2400.

[31] Dodson S I, Lillie R A. Zooplankton Communities of Restored Depressional Wetlands in Wisconsin, USA [J]. Wetlands, 2001, 21：292 - 300.

[32] Elchyshyn L, Goyette J O, Saulnier - Talbot E, et al. Quantifying the Effects of Hydrological Changes on Long - Term Water Quality Trends In Temperate Reservoirs：Insights from a Multi - Scale, Paleolimnological Study [J]. Journal of Paleolimnology, 2018, 60：361 - 379.

[33] Elliott J A, Irish A E, Reynolds C S. The Effects of Vertical Mixing on a Phytoplankton Community：a Modelling Approach to the Intermediate Disturbance Hypothesis [J]. Freshwater Biology, 2001, 46 (10)：1282 - 1291.

[34] Finlay B J. Global Dispersal of Free – Living Microbial Eukaryotic Species [J]. Science, 2002, 296 (5570): 1061 – 1063.

[35] Garcia X F, Schnauder I, Pusch M T. Complex Hydromorphology of Meanders Can Support Benthic Invertebrate Diversity in Rivers [J]. Hydrobiologia. 2012, 685 (1): 49 – 68.

[36] Geest G J V, Coops H, Roijackers R M M, et al. Succession of Aquatic Vegetation Driven by Reduced Water – Level Fluctuations in Floodplain Lakes [J]. Journal of Applied Ecology, 2005, 42 (2): 251 – 260.

[37] Henry M Butzel, Janice Fischer. The Effects of Purine and Pyrimidines Upon Transformation in Tetrahymena vorax, Strain V_2S [J]. The Journal of Protozoology, 1983, 30 (2): 247 – 250.

[38] Hewitt M, Servos M. An Overview of Substances Present in the Canadian Aquatic Environment Associated with Endocrine Disruption [J]. Water Quality Reseanh Journal of Canada, 2001, 36 (2): 191 – 213.

[39] Howard – Williams C, Schwarz A M, Vincent W F. Deep – Water Aquatic Plant Communities in an Oligotrophic Lake: Physiological Responses to Variable Light [J]. Freshwater Biology, 1995, 33 (1): 91 102.

[40] Johnson L K, Simenstad C A. Variation in the Flora and Fauna of Tidal Freshwater Forest Ecosystems Along the Columbia River Estuary Gradient: Controlling Factors in the Context of River Flow Regulation [J]. Estuaries and Coasts, 2015, 38 (2): 679 – 698.

[41] Kerfoot Charles W. Combat Between Predatory Copepods and Their Prey: Cyclops, Epischura, and Bosmina [J]. Limnology and Oceanography, 1978, 23 (6): 1089 – 1102.

[42] Kong X, He W, Qin N, et al. Integrated Ecological and Chemical Food Web Accumulation Modeling Explains PAH Temporal Trends During Regimes Shifts in a Shallow Lake [J]. Water Research, 2017, 119: 73 – 82.

[43] Krueger D A, Dodson S I. Embryological Induction and Predation Ecology in Daphnia Pulex [J]. Limnology and Oceanography, 1981, 26 (2): 219 – 223.

[44] Larid K R, Kingsbury M V, Cumming B F. Diatom Habitats, Species Diversity and Water – Depth Inference Models Across Surface – Sediment Transects in Worth Lake, Northwest Ontario, Canada [J]. Journal of Paleolimnology. 2010, 44 (4): 1009 – 1024.

[45] Larsson P, Dodson S. Chemical Communication in Planktonic Animals [J]. Archiv fur Hydrobiologie, 1993, 129: 129 – 155.

[46] Leira M, Filippi M L, Cantonati M. Diatom Community Response to Extreme Water – Level Fluctuation in Two Alpine Lakes: a Core Case Study [J]. Journal of Paleolimnology, 2015, 53 (3): 289 – 307.

[47] Leria M, Cantonti M, Effects of Water – Level Fluctuations on Lakes: an Annotated Bibliography [J]. Hydrobiologia, 2008, 613 (1): 171 – 184.

[48] Lindeman R L. The Trophic – Dynamic Aspect of Ecology [J]. Ecology, 1942, 23 (4): 399 – 417.

[49] MacArthur R H, Wilson E O. The Theory of Island Biogeography [M]. Princeton: Princeton Univesrity Press, 1967.

[50] Magnien R E, Gilbert J J. Diel Cycles of Reproduction and Vertical Migration in the Rotifer Keratella Crassa and Their Influence on the Estimation of Population Dynamics [J]. Limnology and Oceanography, 1983, 28 (5): 957 – 969.

[51] Marshall S M, Orr A P. The Biology of a Marine Copepod [M]. Edinburgh: Oliver and Boyd, 1955.

[52] Mavvara T, Parsons C T, Ridenour C, et al. The Rise and Fall of Asterionella Formosa in the South Basin of Lake Windermere: Analysis of a 45 – Year Series of Data [J]. Freshwater Biology,

1994，31 (1)：19 - 34.

[53] McIntosh D P, Tan X Y, Oh P, et al. Targeting Endothelium and Its Dynamic Caveolae for Tissue - Specific Transcytosis in Vivo：a Pathway to Overcome Cell Barriers to Drug and Gene Delivery [J]. Procceding of the National Academy of Sctences, 2002, 99：1996 - 2001.

[54] Michael O, Nicholas E, Camile L F S. Freshwater Availability and Coastal Wetland Foundation Species：Ecological Transitions Along a Rainfall Gradient [J]. Ecology, 2014, 95 (10)：2789 - 2802.

[55] Miguel P, Pedro S, Nuno N. Using Spatial Network Structure in Landscape Management and Planning：A Case Study with Pond Turtles [J]. Landscape and Urban Planning, 2011, 100 (1 - 2)：67 - 76.

[56] Milan K S, Abigail M Y, Christopher G B, et al. Land Fragmentation Due to Rapid Urbanization in the Phoenix Metropolitan Area：Analyzing the Spatiotemporal Patterns and Divers [J]. Applied Geography, 2012, 32 (2)：522 - 531.

[57] Moreno D, Pedrocchi C, Comin F A, et al. Creating Wetlands for the Improvement of Water Quality and Landscape Restoration in Semi - Arid Zones Degraded by Intensive Agricultural Use [J]. Ecological Engineering, 2007, 30 (2)：103 - 111.

[58] Naiman R J, Johnston C A, Kelley J C. Alteration of North American Streams by Beaver：The Structure and Dynamics of Streams are Changing as Beaver Recolonize Their Historic Habitat [J]. BioScience, 1988, 38 (11)：753 - 762.

[59] Nowlin W, Davies J M, Nordin R, et al. Effects of Water Level Fluctuation and Short - Term Climate Variation on Thermal and Stratification Regimes of a British Columbia Reservoir and Lake [J]. Lake and Reservoir Management. 2004, 20 (2)：91 - 109.

[60] Pace M L, Vaque D. The Importancé of Daphnia in Determining Mortality Rates of Protozoans and Rotifers in Lakes [J]. Limnology and Oceanography, 1994, 39 (5)：985 - 996.

[61] Parejko K, Dodson S. Progress Towards Characterization of a Predator/Prey Kairomone：Daphnia Pulex and Chaoborus Americanus [J]. Hydrobiologia, 1990, 198：51 - 59.

[62] Pauly D, Christensen V. Primary Production Required to Sustain Global Fisheries [J]. Nature, 1995, 374：255 - 257.

[63] Pickett S T A, White P S, Courtney S P. The Ecology of Natural Disturbance and Patch Dynamics. [J]. Science, 1985, 230 (4724)：434 - 435.

[64] Poff N L, Schmidt J C. How Dams Can Go With the Flow [J]. Science, 2016, 353 (6304)：1099 - 1100.

[65] Reid M A, Reid M C, Thoms M C. Ecological Significance of Hydrological Connectivity for Wetland Plant Communities on a Dryland Floodplain River, MacIntyre River, Australia [J]. Aquatic Sciences, 2017, 78 (1)：139 - 158.

[66] Richman S, Dodson S I. The Effect of Food Quality on Feeding and Respiration by Daphnia and Diaptomus [J]. Limnology and Oceanography, 1983, 28 (5)：948 - 956.

[67] Rühland K M, Paterson A M, Smol J P. Lake Diatom Responses to Warming：Reviewing the Evidence [J]. Journal of Paleolimnology, 2015, 54 (1)：1 - 35.

[68] Saito L, Johnson B M, Bartholow J, et al. Assessing Ecosystem Effects of Reservoir Operations Using Food Web - Energy Transfer and Water Quality Models [J]. Ecosystems, 2001, 4 (2)：105 - 125.

[69] Schindler D E, Scheuerell M D. Habitat Coupling in Lake Ecosystems [J]. Oikos, 2002, 98 (2)：177 - 189.

[70] Shook K, Pomeroy J W, Spence C, et al. Storage Dynamics Simulations in Prairie Wetland Hydrology Models：Evaluation and Parameterization [J]. Hydrological Processes, 2013, 27 (13)：1875 - 1889.

[71] Stemberger R S, Gilbert J J. Body Size, Food Concentration, and Population Growth in Planktonic Rotifers [J]. Ecology, 1985, 66 (4)：1151 - 1159.

[72] Stich H B, Lampert W. Growth and Reproduction of Migrating and Non - Migrating Daphnia Species Under Simulated Food and Temperature Conditions of Diurnal Vertical Migration [J]. Oecologia, 1984, 61 (2): 192 - 196.

[73] Stockner J G, Porter K G. Microbial Food Webs in Freshwater Planktonic Ecosystems [M]// Complex Interactions in Lake Communities. New York: Springer New York, 1988.

[74] Stoffels R J, Clarke K R, Rehwinkel R A, et al. Response of a Floodplain Fish Community to River - Floodplain Connectivity: Nature Versus Managed Reconnection [J]. Canadian Journal of Fisheries and Aquatic Sciences, 2014, 71 (2): 236 - 245.

[75] Tilman D. Mechanisms of Plant Competition [M]// Crawlay M J. Plant Ecology. Oxford: Blackwell Science, 1997: 239 - 261.

[76] Timpe K, Kaplan D. The Changing Hydrology of a Dammed Amazon [J]. Journal of Paleolimnology, 2012, 47 (4): 693 - 706.

[77] Vander Zanden M J. Rasmussen J B. Casselman J M. Stable Isotope Evidence for the Food Web Consequences of Species Invasions in Lakes [J]. Nature, 1999, 401: 464 - 467.

[78] Vander Zanden M J, Rasmussen J B. A Trophic Position Model of Pelagic Food Webs: Impact on Contaminant Bioaccumulation in Lake Trout [J]. Ecological Monographs, 1996, 66: 452 - 477.

[79] Vos C C, Hoek D C, Vonk M. Spatial Planning of a Climate Adaptation Zone for Wetland Ecosystems [J]. Landscape Ecology, 2010, 25 (10): 1465 - 1477.

[80] Wang M Z, Liu Z Y, Luo F L, et al. Do Amplitudes of Water Level Fluctuations Affect the Growth and Community Structure of Submerged Macrophytes? [J]. Plos One, 2016, 11 (1): e01456528.

[81] Wetzel R G. Limnology: Lake and River Ecosystems, Third Edition [M]. San Diego: Academic Press, 2001.

[82] Wiltshire K H, Lampert W W. Urea Excretion by Daphnia: A Colony - Inducing Factor in Scenedesmus? [J]. Limnology and Oceanography, 1999, 44 (8): 1894 - 1903.

[83] Winter J G, Young J D, Landre A, et al. Changes in Phytoplankton Community Composition of Lake Simcoe from 1980 to 2007 and Relationships With Multiple Stressors [J]. Journal of Great Lakes Research, 2011, 37: 63 - 71.

[84] Yang J R, Lv H, Isabwe A, et al. Disturbance - Induced Phytoplankton Regime Shifts and Recovery of Cyanobacteria Dominance in Two Subtropical Reservoirs [J]. Water Research, 2017, 120: 52 - 63.

[85] Zaret T M, Suffern J S. Vertical Migration in Zooplankton as a Predator Avoidance Mechanism [J]. Limnology and Oceanography, 1976, 21 (6): 804 - 813.

[86] Stanley I Dodson. 湖沼学导论 [M]. 韩博平，王洪铸，陆开宏，等，译. 北京：高等教育出版社，2018.

[87] Jacob Kalff. 湖沼学：内陆水生态系统 [M]. 古滨河，刘正文，李宽意，等，译. 北京：高等教育出版社，2011.

第七章

水 生 态 修 复 技 术

水是人类社会生存和发展的起源地，与人类的生产和生活密切相关。健康的水生态不仅具有供应水源、排泄排涝、调节气候、改善生态环境、维护生物多样性等功能，与社会经济发展也密切相关。随着我国工业化、城镇化及农业现代化进程的加快，水资源供需矛盾严重失衡，导致污染形势严峻，生态系统发生不同程度退化，直接影响了河流的正常功能，使流域社会、经济和环境安全受到严重威胁。为了维持水生态系统的服务功能，促进区域经济、社会和环境的可持续发展，亟须开展退化水生态系统的修复。本章介绍了水生态修复目标、水生态健康评价和水生态修复技术。

第一节 水 生 态 修 复

一、水生态修复的目标和任务

近年来，水生态修复一直是相关领域的研究热点，通过生态修复维持健康的水生态系统，已成为水资源管理的重要目标。水生态系统因为其开放性，容易受外界自然和人为因素影响而发生变化。自然因素如天体运动、水文气象条件和地质变迁等；人为因素如截留、排污、过量取水、植被破坏、修建工程项目、造田等。而影响水生态系统最直接、最根本的因素是水质和水量。

我国水生态系统受损程度不容乐观，破坏水生态环境换取局部利益的现象普遍存在，片面强调和过于注重经济增长，强调各领域自身的发展，对水生态环境的利用和影响日益加重。造成河流生态功能退化的主要原因如下。

（1）土地利用方式的转变。随着社会经济的发展，城镇化进程的加快，土地利用方式发生了转变，一些河流湖泊被填埋，滨水带被开发建设，滨水带的土地利用结构变化削弱了其调蓄能力，破坏了生物的生境。另外，随着城市硬质地面增多，自然水循环过程被改变，产汇流过程加快，滞留净化作用减弱，使得转移到水体的污染物的量增多，水质恶化，加剧了水生态系统的退化。

（2）生产生活排污。随着城市的发展，城市生活用水量日益增加，挤占河流自身的生态需水，严重影响河流生态系统中水生生物、岸边植被生长，降低河流自净功能，造成河流两岸植被衰退、河床淤积、生物多样性锐减，河流生态系统遭到严重破坏。另外，工业废水的排放量居高不下，超排偷排现象时有发生。城乡生活污水不经处理直接排入河道，排放量逐年攀升，逐渐成为水体污染物增长的重要原因。农业中大量使用的化肥、农药、规模化养殖场与密集散养区的畜禽粪便、城乡垃圾随着地表径流流入水体，加剧了水质恶化。

（3）水利工程的影响。一些水利工程在满足"行洪安全，灌溉高效，供水保障"等目标的同时，不可避免地对河流的连续性造成了破坏，流动的河流变成了相对静止的人工湖，流速、水深、水温及水流边界条件都发生了重大变化。原来的森林、草地或农田统统淹没水底，陆生动物被迫迁徙。水库形成后也改变了原来河流营养盐的输移转化规律。河流的非连续化改变了自然河流年内丰枯的水文周期规律，即改变了原来随水文周期变化形成脉冲式河流走廊生态系统的基本状况。河道均质化工程与截弯曲直工程破坏了河流的生境多样性，水域生态系统结构与功能随之发生变化，进而影响到生物多样性，引起水生态系统退化。沟渠河道衬砌与边坡工程以及较高的防洪堤阻断了河流的横向连通性，洪水脉冲作用消失，两栖生物生境因此而恶化。大坝的阻隔作用直接威胁到洄游鱼类的繁殖和生长。水库的蓄丰补枯作用使得库区下游水位流量过程均一化，使得产卵依赖水位上涨的鱼类的繁殖受到抑制。同时依赖于枯水过程的水生植物、两栖动物、岸边植物以及候鸟的生长也因此受到影响。

由于以上活动，导致相关水生态系统栖息地丧失、水体富营养化、珍稀濒危物种减少、生物多样性下降、鱼类种群数量锐减等问题。解决上述问题、恢复水生态系统的基本功能、使水生态系统重新恢复健康状态是水生态修复的主要目标。

水生态修复是在充分发挥生态系统自修复功能的基础上，采取各种工程和非工程措施，促使水生态系统恢复到较为自然的状态，改善其生态完整性和可持续性的一种生态保护行动。主要措施包括污染截留、河道地形改造、生态护岸建设、人工种植和人工栽种植被等手段，最终通过依靠人工强化、生态系统的自我设计、自我组织、自我修复及自我净化的功能，达到生态修复目标。

以上措施并不是相互隔离的。在具体实施过程中，水生态修复从水生态系统的整体性出发，着眼于水生态系统的结构和功能，从生物群落多样性与河流生境的统一性原理出发，强调恢复工程要遵循河流地貌学原理。

水生态修复不仅包括生态岸带、植被等要素的修复，同时也应把生物群落多样性纳入修复目标。在水生态系统中，各类生物形成了复杂的食物链（网）结构，一个物种类型丰富而数量又均衡的食物网结构，其抵抗外界干扰的承载力高，生态功能（如物质循环、能量流动等）也会趋于完善和健康。

区别于水利工程的建设目标，水生态修复的目标是有生命的。水生态修复要尽可能地还原原始生态系统的功能，包括植被、结构、水文和水质等要素，使得原始生态系统中的生物有机体得以复原。植被、水文、水力和河流形态改善成功的标志，是依赖水生态系统生存的生物有机体得以恢复。水生态修复应将生态学和水利工程有机结合，不仅使水生态系统具有人类需要的各种服务功能，还能继续保持自身的生态功能。否则，生态功能的丧失也将威胁到其他人类的服务功能。

总之，水生态修复的目标是利用生态系统原理，采取各种方法修复受损水生生态系统的生物群体及结构，重建健康的水生生态系统，修复和强化水体生态系统的主要功能，并能使生态系统实现整体协调、自我维持、自我演替的良性循环，其具体任务主要包括四大项：①河流湖泊地貌特征的改善；②水质、水文条件的改善；③生物物种的恢复；④生物栖息地的恢复。

1）河流湖泊地貌学特征的改善包括：恢复河湖横向连通性和纵向连续性；恢复河流纵向蜿蜒性和横向形态的多样性；避免裁弯曲直；加强岸线管理，维护河漫滩栖息地，护坡工程采用透水多孔材料，避免自然河道渠道化。

2）水质、水文条件的改善包括：水量、水质条件的改善，水文情势的改善，水力学条件的改善。通过水资源的合理配置以维持河流河道最小生态需水量。通过污水处理、控制污水排放、生态技术治污提倡源头清洁生产、发展循环经济以改善河流水系的水质。提倡多目标水库生态调度，即在满足社会经济需求的基础上，模拟自然河流的丰枯变化的水文模式以恢复下游的生境。

3）生物物种的恢复包括：保护濒危、珍稀、特有生物、重视土著生物，防止生物入侵；河湖水库水陆交错带植被恢复；包括鱼类在内的水生生物资源的恢复等。

4）生物栖息地的恢复包括：通过适度人工干预和保护措施，恢复河流廊道的生境多样性，进而改善河流生态系统的结构和功能。

二、水生态修复原理及要素

（一）水生态修复原理

生态修复就是在遵循自然规律的前提下，通过使用各种手段，把退化的生态系统恢复或重建到既可以最大限度地为人类所利用，又保持了系统的必要功能，并使系统达到自然维持的状态。生态修复并不意味着彻底地将受损的生态系统完全恢复到原先的状态，而应该努力建立与人口、资源、环境以及经济社会协调和可持续发展的模式，坚持人类与自然的和谐共处，达到并维持新的生态系统的动态平衡。对于水生态系统的修复，从生态学的角度讲应遵循以下基本原理：

（1）系统论原理。水生态系统是由若干个要素组成的复合有机整体，各要素之间虽然有层次性差异，但各要素的有机结合能够产生更加巨大作用。开放的系统在失稳时会发生结构和功能上的突变，但系统本身也具备一定的自我调节能力，所以在进行水生态修复过程中应当时刻具备整体性思维，遵循系统论原理。

（2）限制因子原理。生物的生存和繁殖依赖于各种生态因素的综合作用，其中限制生物生存和繁殖的关键性因素就是限制因素。当一个生态系统被破坏后，要进行恢复会遇到许多因素的制约，如水分、土壤、温度、光照等，生态恢复工程也是从多个方面进行设计与改造生态环境和生物种群的。但是在进行生态恢复时，必须找出该系统的关键因素，找准切入点，才能进行恢复工作。

（3）生态系统的结构理论。生态系统是由生物组分与环境组分组合而成的结构有序的系统。具体来说，生态系统的结构包括三个方面，即物种结构、时空结构和营养结构。建立合理的生态系统结构有利于提高系统的功能。生态系统的结构是否合理体现在生物群体与环境资源组合之间的相互适应，充分发挥资源的优势，并保护资源的持续利用。从时空结构的角度，应充分利用光、热、水、土资源，提高光能的利用率。从营养结构的角度，应实现生物物质和能量的多级利用与转化，形成一个高效的、无"废物"的系统。从物种结构上，提倡物种多样性，有利于系统的稳定和持续发展。

（4）生态适应性原理。生物由于经过长期与环境的协同进化，对生态环境产生了生态上的依赖，其生长发育对环境产生了要求，如果生态环境发生变化，生物就不能较好地生长，因此产生了对光、热、温、水、土等方面的依赖性。

（5）生态位理论。生态位是指在自然生态学中一个种群在时间、空间上的位置及其与相关种群之间的功能关系。根据生态适应性原理，在进行生态恢复工程设计时要先调查修复区的自然生态条件，根据生态环境因素来选择适当的生物种类，使生物种类与环境生态条件相适宜。

（6）生物群落演替理论。在自然条件下，如果一群落一旦遭到干扰和破坏，它还是能够恢复的，尽管恢复的时间有长有短。首先是被称为先锋植物的种类入侵到破坏的地方并定居和繁殖，先锋植物改善了被破坏地的生态环境，使更适宜的其他物种生存并被其取代，如此渐进直到群落恢复到它原来的外貌和物种成分为止。在遭到破坏的群落地点所发生的这一系列变化就是演替。生态修复工程就是在生态建设服从于自然规律和社会需求的前提下，在群落演替理论指导下，通过物理、化学、生物的技术手段，修复生态系统的结构和功能，使系统达到自维持状态。

（7）生物多样性原理。生物多样性一般的定义是"生命有机体及其赖以生存的综合体的多样化和变异性"。包括遗传多样性、物种多样性、生态系统与景观多样性。生物多样性高，意味着生态系统内营养关系更加多样化，为能量流动提供可选择的多种途径，各营养水平之间的能量流动趋于稳定；高多样性也可以增强生态系统被干扰后对来自系统外种类入侵的抵抗能力；多样性高的生态系统内，各个种类充分占据已分化的生态位，从而提高系统对资源利用的效率。在生态修复工程中，应最大限度地采取技术措施，通过引进新的物种、配置好初始种类组成、种植先锋植物、进行肥水管理等，加快恢复与退化前结构和功能相似的生态系统。

（8）缀块-廊道-基底理论。景观生态学把景观理解为若干生态系统或土地利用模式组成的镶嵌体。生态修复应该借鉴景观格局理论。景观格局指空间结构特征包括景观组成的多样性和空间配置。降雨、气温、日照、地貌和地质等自然因素形成了大尺度的原始景观格局，而人类的农牧业生产活动、砍伐森林、城市化进程、水库建设、公路铁路建设等都大幅度地改变着景观格局。

景观的结构单元为缀块、廊道和基底。缀块泛指与周围环境在外貌和性质上不同，并具有一定内部均质性的空间单元。空间格局中的缀块包括自然部分如湿地、草灌、牛轭湖、江心岛等；人工部分包括居民区、开发区、游览休闲区等。廊道是指景观中与相邻两边环境不同的线性或带状结构，河流廊道范围可定义为河流及其两岸水陆交错区植被带，或者是河流及其某一洪水频率下洪泛区的带状地区。广义的河流廊道还应包括由河流连接的湖泊、水库、池塘、湿地、河汊、蓄滞洪区以及河口地区。河流廊道是流域内各个缀块间的生态纽带，又是陆生与水生生物间的过渡带。河流廊道具有很高的生态功能：一是大量水生动植物、鸟类、水禽和无脊椎动物的栖息地，有其自身的空间结构元素组合；二是河流生态系统的物质流、能量流、信息流的重要通道；三是具有过滤和阻隔作用；四是连接流域的上中下游以及洪泛平原的纽带。基底则是指景观中分布最广、连续性最大的背景结构，两岸森林和灌丛是河流廊道的主要基底。在流域尺度下需要研究改善全流域景观的空间格局配置，达到河流生态修复的目的。

需要以缀块-廊道-基底模式的空间景观理论为基础，合理规划各种类型缀块的数量、几何特征、性质、充分发挥河流廊道连接孤立缀块的功能。还要研究河流廊道与其他形式的廊道比如沿河林带、沿河公路等的协调关系。运用边缘效应、临界阈值理论、渗透理论、等级理论、岛屿生物地理学理论等景观生态学理论，采取调整土地利用格局、增加景观多样性，引入新的景观缀块，建立基础性缀块，运用不同尺度的缀块的互补效应等措施，谋求提高景观格局的空间异质性。

（9）空间异质性原理。是指某种生态学变量在空间分布上的不均匀性极其复杂程度。空间异质性可以按照两种组分定义，即系统特征及异质性。系统特征包括具有生态意义的任何变量。如水文、气温、土壤养分、生物量等。异质性是系统特征在空间和时间上的复杂性和变异性。观测和研究表明，景观格局影响生物多样性、种群动态、动物行为和生态系统过程等。换言之，提高景观空间异质性，有利于增强生物多样性，有利于生态修复。

（二）水生态修复要素

水生态系统要保障其生态功能，就需要保持其生态完整性。生态完整性主要包括物理、化学和生物的完整性，因此河流水生态修复是一个多目标、多层次、多约束条件的综合问题。总结国内外水生态系统退化、生态完整性、修复等方面的研究，河流生态系统修复的主要要素分别为：水文情势、空间地貌、流态和水质。其中，水文情势要素主要在景观和流域尺度上影响生态过程和系统的结构与功能，而空间地貌、流态和水质主要在河流廊道和河段这种相对较小的尺度上发挥作用。

（1）水文情势。水文情势既包括流量、水量，也包括水文过程，其特征用流量，频率、持续时间、时机和变化率等参数表示。水文情势是河流生物群落重要的生境条件之一，特定的河流生物群落的生物构成和生物过程与特定的水文情势具有明显的相关性。年周期的水文情势变化是相关物种的生理学需求，引发不同的行为特点，例如鸟类迁徙、鱼类洄游、涉禽的繁殖以及陆生无脊椎动物的繁殖和迁徙。骤然涨落的洪水脉冲把河流与滩区动态地联结起来，形成了河流-滩区系统有机物的高效利用系统，促进水生物种与陆生物种间的能量交换和物质循环，完善食物网结构，促进鱼类等生物量的提高。

（2）空间地貌。空间地貌是景观格局的重要组成部分之一。所谓景观格局指空间结构特征包括景观组成的多样性、结构和空间配置。空间异质性是指系统特征在空间分布上的复杂性和变异性。大量观测资料表明，生物群落多样性与非生物环境的空间异质性存在着正相关关系，这种关系反映了生命系统与非生命系统之间的依存与耦合关系。在河流廊道尺度的景观格局中，河流地貌各种成分的空间配置及其复杂性具有重要意义。自然河流地貌的空间异质性在纵向表现为河流的蜿蜒性；河流横断面则表现为几何形状多样性；在沿水深方向表现出水体的渗透性。另外，良好的河流地貌景观格局是河流与洪泛滩区、湖泊、水塘与湿地之间保持良好的连通性，为物质流、能量流和信息流的畅通提供了物理保障。由此可见，河流地貌特征是决定自然栖息地的重要因子。

（3）流态。流态可以理解为水体的水力学条件。由流速、水深、水温、脉动压力、水力坡度等因子构成了水体的流场特征，这些特征在时间尺度上随水文和气温条件的变化而变化，在空间尺度上随河流地貌特征的变化沿程发生变化，呈现出空间异质性特征。流场特征是水生生物的重要栖息地条件之一。不同的水生生物物种都有适宜的水动力学条件。如河流在纵、横、深三维方向都具有丰富的景观异质性，就会形成"浅滩深潭交错，急流缓流相间，植被错落有致，水流消长自如"的景观空间格局，为鱼类和其他水生生物提供了多样的栖息地、产卵场和避难所。无论是自然因素还是人为因素造成水动力学条件的改变，都会对水生生物的生物过程产生影响。

（4）水质。从本质上讲，水质问题不属于重要自然生境要素。但是，我国工业、农业和生活造成的水污染，已经对河流等水生态系统形成了重大威胁，导致不少河流的生态系统退化。如果不计环境污染的影响，那么对于河流生态系统的认识就会是不完整的。如果不首先解决治污问题，河流生态系统修复也将失去前提。

以上四类要素与生态过程之间的关系是十分复杂的，其作用往往是综合、非线性、耦合与反馈关系。而且，四类要素也是相互作用、互为因果的。首先，水的动力学作用，包括泥沙输移、淤积以及侵蚀作用，改变着水体的地貌特征。其次，地貌特征是水流运动的边界条件，又是河湖水系连通性的物理保障。再者，水文条件的年周期丰枯变化，又使水力学条件呈现时间异质性特征，也使河流-洪泛滩区系统呈现淹没-干燥、动力-静水的空间异质性。至于污染物的迁移、扩散以及与生物体的交互作用，也是在河流流场内依据水力学条件实现的。

（三）生态修复措施

生态修复是在人为辅助控制下，利用生态系统演替和自我恢复能力，控制待修复生态系统的演替方向和演替过程，把退化的生态系统恢复或重建到既可以最大限度地为人类所利用，同时又保持生态系统重要的生态功能。一些学者探索在围隔区内调控影响水生植物恢复的光照、风速、溶解氧、水动力、沉积物等影响因素，来达到恢复水生植被，恢复水生态的目的。然而这种调控方法存在着造价高、人工建立的生态系统缺乏与自然环境之间的磨合，比较脆弱等缺点，不能广泛应用。由于土地利用方式的转变与生活生产排污主要加重了水环境污染，水利工程主要影响了水生生物的生境条件，而自然因素具有不确定性，较难控制，因此，水生态修复关键在于污染物的控制、生境的恢复以及相应的管理措施。

1. 控源措施

控源措施包括点源、非点源与内源污染物的控制措施。非点源污染控制较难，主要是减少农业生产过程中的污染，加强农业污染物资源化利用。根据国务院发布的"水十条"，农业生产中，要控制化肥与农药的滥用，推广精细化施肥技术以及低毒残留农药。规模化养殖场实施雨污分流，粪便污水资源化利用。另外，建设海绵城市设施，减少污染物向水体中转移。内源污染的控制主要是通过推进生态养殖，底泥疏浚和种植水生植物等方法来实现。

2. 水体水质净化措施

水体水质净化措施是对已经排入到水体中的污染物进行的净化措施，分为物理净化、化学修复、生物净化以及生境多样性修复措施。

（1）物理净化措施。物理净化措施包括调水引流、曝气技术、底泥疏浚等方式。

1）调水引流。通过改进水库调度，可以避免和挽回大坝对自然环境的潜在危害，恢复河流已丧失的生态功能或保持自然径流模式。但改进后的调度不宜显著改变传统水利工程的功能，即减小原有的灌溉、发电和防洪效益。另外，通过水利设施（如闸门、泵站）的调控引入上游或附近的清洁水源还可以改善下游污染河道水质，其实质是由于清洁水的大幅增加使污染水质得到改善，但并未减少河道的污染物通量（总量）。对于上游或附近具有充足清洁水源、水利设施较完善的河网地区，该技术不失为一种投资少、成本低、见效快的治理方法。

2）曝气技术。曝气技术是根据水体污染缺氧的特点，人工向水体中连续或间歇式充入空气（或纯氧），加速水体复氧过程，提高水体的溶氧浓度水平，恢复水体中好氧生物的活力，使水体自净能力增强，从而改善河流的水质状况。应用形式主要有固定式充氧站和移动式充氧平台两种。主要应用于过渡性措施和对付突发性河道污染。该技术由于设备简单、易于操作而被许多国家优先选用于净化中小型河流湖库。

3）底泥疏浚。底泥疏浚是解决河流内源污染的重要措施，其主要是通过底泥的疏浚去除底泥中所含的污染物，清除污染水体的内源，减少底泥污染物向水体的释放，主要适用于富营养化水体的治理。应用形式有放水作业和带水作业两种。

（2）化学修复。化学修复通常是通过氧化还原、吸附沉淀、络合等化学或生物反应，如向受污染的河道中投加化学改良剂或药剂学改良剂，将污染物转化成无害或毒性较小的物质，以达到净化水质的目的。最为常用的化学修复方法是原位化学反应技术。原位化学反应技术可分为生物-化学修复和凝固-稳定修复两大类。生物-化学修复即在原地投加微生物菌种或微生物促生剂以增强生物修复，而凝固-稳定修复则是通过投加化学药剂及黏合剂，将有机物转化成无毒或者毒性较小的化合物，并在受污染地点固定下来。如磷的沉淀和钝化技术就是典型的凝固-稳定修复，即向水体中投加硫酸铝，形成的磷酸铝吸附在氢氧化铝絮体表面并沉淀，从而去除水体中的磷。

化学修复不是一种永久的修复措施，对突发性水污染具有很好的治理和恢复效果。因此，化学修复往往也只是作为河道水生态修复过程的一项辅助或应急处理措施。

（3）生物净化措施。生物净化措施主要包括微生物净化技术（直接投菌技术、固定化微生物技术、土著微生物净化技术、微生物生态床载体、生物膜载体技术等）；水生植物净化技术（包括挺水植物、沉水植物和浮水植物）；生物操纵净化技术（经典生物操纵技术、非经典生物操纵技术）。

（4）生境多样性修复措施。生境多样性是物种和生态系统多样性的基础，河流生境多样性修复包括以下几个方面。

① 河道的连通性修复。因地制宜地拆除河床及岸坡表面的混凝土和水泥覆盖层，恢复水陆连通性。适当拆除废旧的拦河设施，多建闸少建坝，在落差大的断面设置多级跌水，必要时设置鱼道，恢复河道的纵向连通性。降低滩地高程，修改堤线，撤去混凝土护坡，重现水际线的自然变化，恢复河道横向连通性。

② 营造近自然流路与多种流速带。人工改造河道形态使其具有近自然的弯曲形态，通过植石等方法营造深潭，浅滩交互出现的纵断面形态，提高生境的空间异质性，使得水体具有近自然的流路与流速。

③ 构建滨水带生态系统结构。滨水带作为水陆间能量、物质、信息传输的纽带，在

此构建适宜的生态系统结构将优化两栖动物生境，提高生物多样性与生态系统的稳定程度。

④ 生态调度。建立将具有生态机制的河流生态流量需求作为约束条件的水库调度方案。

三、水生态修复的原则

河流生态修复技术的主要理论基础是 20 世纪 50 年代德国创立的"近自然河道治理工程学"，工程设计理念中吸收生态学的原理和知识，改变传统的工程设计理念和技术方法，使河流的整治要符合植物化和生命化的原理。在修复目标上，强调河流自然的健康状态；在修复方法上，强调人为控制和河流的自我设计相结合。河流生态修复应遵循的原则归纳如下。

（一）以生态学原理为指导

按照河流自身结构特点及健康运转需求，对河流生态系统的原有结构和功能进行恢复和保护，创造自然、协调的人类生存环境。

（二）因地制宜

河流的地理位置、水文气候自然条件有较大差异，河流的污染原因和人类活动的影响也不尽相同，不同地区社会经济发展水平差别也较大。因此，河流生态修复必须坚持因地制宜的原则，根据本地区和本流域的具体情况和特点，制定合乎流域自然地理条件、适应流域经济发展需要、符合当地经济承受能力的修复方案和措施。

（三）景观空间异质性原则

选择合适的尺度，合理配置景观格局，提高景观空间异质性，有利于增强生物多样性，有利于生态修复。河流廊道网络不是孤立存在的，它具有特定的基底（农田、森林、草地、城市等）背景，并与其他形式的廊道（林带、峡谷、道路等）一起，将不同性质和特征的缀块（湖泊、水塘、植被、居民区等）连通起来，共同形成了流域的空间景观格局。因此，在流域尺度下需要改善全流域的景观配置，才能达到河流生态修复的目的。需要以缀块-廊道-基底模式的空间景观理论为基础，合理布置缀块数量、几何特征、性质，充分发挥河流廊道与其他形式的廊道，如河岸带、沿河公路等的协调关系，运用景观格局理论，调整土地利用格局，增加景观生物多样性，引入新的景观缀块，建立基础性缀块，运用不同尺度的缀块互补效应，提高景观空间异质性，最终通过改善景观多样性实现生物群落多样性。

（四）流域尺度下修复水生态的原则

景观生态学中的尺度是指在研究某一生态现象时所采用的空间和时间单位，同时又指某一生态现象或生态过程在空间和时间上所涉及的范围和发生的频率。

流域是水文学的重要地理单元，指地面分水线包围的汇集降落在其中的雨水流至出口的区域，在流域内进行着水文循环的完整动态过程，包括植被截留、积雪融化、地表产流、河道汇流、地表水与地下水交换、蒸散发等过程。研究表明，气候、水文等生境因子往往在大尺度上影响空间异质性，进而影响生态过程。在小尺度中发生的往往是如捕食、竞争等生物学现象。河流生态修复问题应着眼于河流生态系统结构及功能的整体修复。应该在大的景观尺度上进行。考虑到河流生态系统的生态过程包括景观空间异质性、缀块性、植被、生物量等，这些因子与水文因子、水文过程密切相关，这些生态过程发生、涉及的范围，与水文过程的范围往往重合，即流域尺度的范围内。相反，区域和河段尺度上的修复会忽视河流上下游、左右岸之间的紧密关系，也会忽视了以河流廊道为纽带、以流域为基质的生态景观的基本特征。

我国目前采取的修复措施大多是在局部尺度，往往事倍功半，究其原因，一是项目实施空间尺度太小；二是单纯技术开发缺乏综合措施。因此，水生态修复必须先从流域大尺度的水资源合理配置着手，继而再制定流域范围内的污染控制总体方案。

（五）亲水性原则

按照景观生态学原理，增加景观空间异质性，保留原河道的自然线形，运用植物以及其他自然材料构造河流景观，增强河流亲水性，为人类提供休养生息的空间，带给人们美好的享受。

（六）工程措施和非工程措施并举

河流生态修复在注重工程措施的同时，如果能加强管理，充分利用宣传教育、法律法规、经济杠杆等非工程措施的积极作用，往往可以达到事半功倍，标本兼治的效果。

（七）自然自我修复为主、人工干预为辅

河流生态系统对待外来干扰的反应总是力图恢复到原来的状态，表现出一种自我恢复的功能。自我恢复的过程表现为食物网随时间的发展过程和生物群落的自适应能力。其结果是在新的条件下形成动态平衡，恢复原有系统结构和功能的某些特征。

河流生态系统要充分利用生态系统的自我修复功能，当外界干扰未超过生态系统的承载能力时，可以靠自然演替实现自我恢复的目标。当外界干扰超过生态系统的承载能力时，则需要辅助人工干预措施创造生境条件。然后，充分发挥自然修复功能，使生态系统实现某种程度的修复。实践证明，人的任务不是改造自然，更不是控制自然，相反，是要依据生态系统理论使河流恢复到自然状况。国内外已经开发的生态技术，诸如人工湿地、生物接触氧化、人工曝气、生物廊道、生物浮床、湖滨带和前置库等技术，都可以作为辅助措施采用。

（八）生态修复与社会经济协调发展的原则

要在社会-经济-自然复合生态系统中处理好河流生态健康与社会经济发展之间的复杂关系，就要求社会经济发展与河流生态系统的承载能力相协调，具体包括：

（1）生活、生产和生态用水需合理配置，在发展经济的同时，要兼顾生态用水的需求。

（2）河流生态修复工程项目应具备社会经济和生态双重功能，在满足如防洪、供水、发电、旅游等社会功能的基础上，应兼顾良好的生态功能。

四、生态修复的一般步骤

水生态修复是一项理论复杂、因素众多、操作困难的系统工程，不仅需要对河道自身功能和特性、污染成因、污染程度等方面进行科学分析，还需要对修复技术的经济性、治理效果及其长效性、维护管理的难易性等方面具有科学的把握。因此，立足于河道具体实际，科学选择与优化河道修复方法和工艺显得极为重要。水生态修复可以分为12个步骤。

（一）确定水生态修复的总体目标

水生态修复的第一步应该描绘出一个修复的总体目标，勾画出完成修复工程后，水生态系统会是什么样子。确定河流生态修复目标的要点有：

（1）目标要清晰，该目标将作为水生态系统修复工程的基础；

（2）给出实现这些目标的时间限制；

（3）鼓励公众参与修复目标的确定。

为了形象地描述水生态修复后的状况，可以选择保护相对较好的类似天然水体作为参考。具体选择参考水生态系统时，应选择那些在自然地理背景、水文特征等方面具有可对比性的水体，需要考虑的因素包括流域面积、水文状况、地质和地形状况、土壤状况、河谷的地貌形态、自然植被状况、动物群落等。通过对比分析，给出恢复后河流的蓝图。

（二）确定生态修复的利益相关者

在这步中，应该分析水生态系统的其他功能是否会因修复受到影响。水生态系统的各种功能之间是相互竞争的，都会与水生态系统的自然环境价值发生冲突，如防洪、供水、水的分配、侵蚀控制等。因此，水生态系统的生态修复常常成为开发和保护伦理之间的竞争，因此，该步骤中应该平衡好保护和开发之间的关系。

（三）分析人类活动对水生态系统功能的影响

确定好水生态修复的详细目标后，在这一步骤中需要了解更多、更详细的资料，包括水生态系统究竟应该恢复到什么状况，以及其现状与目标之间有什么不同。了解这些以后，就可以确定：已经接近目标的水生态系统；需要进行恢复或修复，才能达到目标要求的水生态要素；造成水生态系统退化的要素。在这一步中，要根据历史数据、河流现存的一些良好条件，以及参考健康的水生态系统的一般模式，建立一个详细的水生态系统修复目标条件。同时对水生态系统现状进行描述和分析，以便为下一步提供必要的信息。

（四）识别水生态系统的现状和主要问题

在这一步中，应该确定水生态系统未受影响的要素和功能及已经退化的要素和功能，然后确定水生态系统退化呈现出的各种问题。通过将水生态现状条件与目标条件进行对比，再对水生态条件进行评估。通常情况下水生态系统的原始条件基本上都已经退化，所以还要对那些威胁和造成水生态系统退化的各种过程进行确认。最后，确认水生态系统的变化趋势。

（五）确定水生态修复的优先次序

在这一步中，应该将修复过程排序，按照确定的顺序对产生的问题采取措施，进行管理。执行这一步的要点有：

（1）根据相同投入所能获得的天然生物多样性来设定优先权。

（2）不要机械地从损害最严重的河段入手开始恢复。在河流健康方面，保护那些具有良好条件的河段，比花费巨额资产重建受损河段要有效得多。

（3）及时阻止河流恶化比过后再对其进行关注要有效得多。

（4）保护待修复河流的已经拥有的资源，之后再开始改善河流条件。

（5）在保护或改善河段时，应该小心地确认那些重大问题和限制性问题，并首先对它们采取措施。

（6）理想条件下，优先权应该在地区范围的框架内来设定。

在上述这些问题中，应该首先关注哪个问题呢？很显然，我们希望恢复河流的所有河段。但是，我们没有足够的资源，所以我们必须找到一种方法将我们所有的资源分配给河流、河段以及河流问题。在河流生态修复中，通常都认为应该首先关注那些最差河段上的最显著的问题。但是，如果你的目标在于可持续的生态多样性，或是将河段恢复到原始状态，这么做未必是最好的策略。

首先保护、保持那些尚处于良好条件的河流和河段，比关注那些已经受损的河段要有效得多。同样，应该关注每个河段中的关键问题，它们往往不是最明显的（如侵蚀），也不是首先被关注的（如滨河植被重建）。

（六）制定保护资产和改善水生态系统的方案

在这一步中，应该确定出首选方案。方案的制定取决于那些威胁河流或造成河流损害的问题。通常，这些问题都涉及河流的自然特征。例如，侵蚀源头正向上游移动，或者是由于侵蚀而丧失了大量鱼类栖息地，那么相应的方案就应该是对河流进行自然干预，如修建演示斜坡来稳定侵蚀源头等。如果威胁河流的问题来自人类活动，如娱乐或河流管理，相应的方案就应该包括劝阻人类避免对河流的危害。

（七）制定详细且可度量的目标

在这一步中，应该把水生态修复的总体方案转化为具体的目标，详细说明水生态修复后水生态呈现的状况。而且这些目标应该是可度量，并有时间限制。具体目标确定过程如图7-1所示。

（八）分析目标的可行性

在这一步中，应该充分考虑费用，其他约束条件，以及各种可能的副作用的影响，具体可根据5个具体任务来判断河流生态修复目标的可行性。可行性判断如图7-2所示。

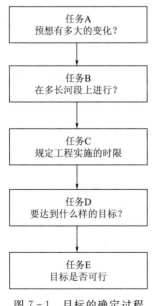

图7-1 目标的确定过程

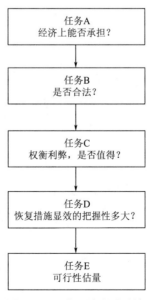

图7-2 目标可行性的判断

（九）制定修复工程的详细计划

已经判断了目标的可行性。所以，应该已经知道要解决哪些水生态问题，采取什么方案，达到什么恢复程度。现在就要对这些总体方案进行细致的考虑，从而达到恢复的目标。

（十）设计修复工程的评估方案

水生态修复往往缺乏对现有工程的评估：鱼类是否增加了？水质是否真的比从前改善了？侵蚀是不是真的比从前减少了？每个生态修复工程都应该有某种形式的评估。否则，你永远不会知道你的工程是否值得，也永远不会知道应该如何改进技术。

（十一）修复工程的组织实施

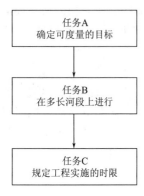

图 7-3 工程组织实施步骤

将修复工程按照其技术特点、时间进度表等分解成不同的任务，并规定每个任务的开始时间和任务负责人，对于修复工程的实施非常必要，因为它迫使你仔细地考虑需要做些什么。这样有助于避免预算超支，让管理更加容易，保持人们的参与性。每项任务的开始都要制成时间表，从而保证顺畅的流程。修复工程的组织实施可以由三个任务组成：首先将工程分解成可度量的目标任务；其次，分析任务具体实施地点；最后，分析任务的难易程度，规定工程实施的时限，并选择承担任务的人选。具体步骤如图 7-3 所示。

（十二）修复工程的实施和评估

只有实施了修复工程，才能使得对河流生态修复目标的蓝图变成现实。在这一步骤中，需要结合运用在评估规划中收集的资料对工程进行正式评估，保证修复工程实施的正确性。

到此，一个河流生态修复工程已经完成了。

河流生态修复的一般步骤如图 7-4 所示，水生态修复的步骤并不是简单地从步骤 1

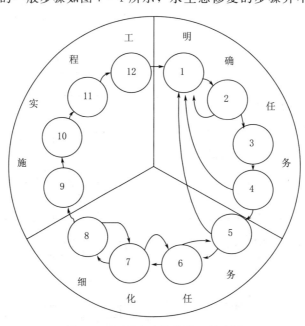

图 7-4 河流生态修复的一般步骤

到步骤 12 顺序进行，而是在每个步骤之后都需要进行"真实性检验"，只有满足条件之后才能进行下一步骤。如果不满足，还需要返回到前面的步骤重新进行。

第二节 水生态健康评价

河湖对人类生活和发展有重要作用，而健康的河湖系统才能发挥其正常的生态功能和社会服务功能。社会迅速发展过程中，人类忽视了河湖本身的承载能力，使河湖出现了许多生态环境问题。对河湖进行健康评价可以维持和发挥其现有生态系统的服务功能，修复受损系统，促进人-水和谐发展。

河湖健康评价可以用于诊断河湖健康状况，指导受损水生态系统的治理、保护和管理。采取有效的指标进行水生态系统健康评价是有效的水生态系统科学管理方法。河湖生态健康评价研究始于英国，最初应用 Trem 生物指数法和 Chanddler 指数法进行水体有机物分析。19 世纪末，欧洲为了解决河湖污染问题，通过水质评价初步判定河湖健康，由水质指标浓度高低来判定水体污染的严重程度；20 世纪 70—80 年代，为了更全面地反映河流生态健康状况，河湖健康的研究逐步由水质延伸到包含多种环境因素的评价，包含水文水利、水生生物等因素。

河湖水生态系统健康评价涉及生物、水文、地理、人文、社会经济等多方面效应，体系复杂，目前尚未形成统一的评价方法，关于水生态系统健康评价的研究也仍在进行。虽然尚不成熟，现有评价方法仍可以在一定程度上为水生态修复技术和管理工作提供方向性指引。

一、河湖健康评价基础理论

（一）河湖水系

河流水系指流域内具有同一归宿的河流所构成的水网系统。湖泊指河流的扩张部分，为大面积内陆死水。河流的外在形态是贯通的，健康的河流都有一个完整贯穿的河流形态，通过与流域内的湖泊湿地沟通串联，形成了丰富多样的河湖水系。河湖水系是自然演进过程中形成的江、河、湖、沼泽、洼地等水体，及经过人工改造形成的水库、渠系、闸堤和运河等水利工程组成的复杂体系。

河湖水系是陆地生态系统和水生态系统之间物质循环、能量流动和信息交流的主要通道，发挥着重要的生态功能。河湖水系也是生物圈物质循环的重要通道，在维持地球的能量平衡、水循环、气候变化和生态发展中具有极其重要的作用，同时也是人类重要的生命支撑系统。其不仅为人类社会提供丰富的淡水资源，同时还具有水产养殖、发电、航运、灌溉、防洪和休闲娱乐等多种社会服务功能，为人类提供重要的支持和保障，也为当地经济发展作出巨大贡献。人类文明和社会的进步，都与河湖水系密不可分。

进入工业文明以来，随着工农业化和城市化进程的加快，全球许多河流、湖泊在水文过程、物理结构、水质、生物多样性和社会服务功能等方面受到了不同程度的破坏和干扰，这严重影响了人类正常的生产和生活。人们大量地砍伐流域内的森林、不合理地利用土地、围垦占用河湖滩地以及不适当地把外来物种引到河湖中。与此同时，人类对水的需求量不断增大，众多河道裁弯取直、水利工程的修建、大量未经处理的工农业及生活污水和垃圾渗滤液直接排入河道，造成世界各国许多河湖的自然结构和生态环境功能受到严重破坏。近百年来人类强烈的干扰使河湖发生的变化，超过了河湖数十万年甚至数百万年自然演进的变化。全球河湖生态系统的严重退化是在向人类对河湖水无限制的挖掘，和对河湖生态环境不科学的管理发出的严重警告。为此，人类开始认真思考与河湖的正确相处关系，进而提出河湖健康的概念，并以此为理论基础开展河湖健康评价。

（二）河湖健康概念

水生态系统健康的内涵至今仍未形成统一定义。20世纪70年代末，"生态系统健康"的概念被提出，但主要集中于对水质和水环境进行评价。Karr认为即使生态系统的功能和结构有所破坏，只要其还具有使用价值且不影响其他与之相联系的系统功能，也可认为此河湖系统是健康的；Constanza提出的生态健康系统概念得到了广泛认同，该理论涵盖了：自我平衡、没有病症、多样性、有恢复力、有活力和能够保持系统组分间的平衡。随着水生态系统健康研究的深入，越来越多的研究者也认为不考虑人类社会、经济和文化因素，对生态系统进行健康评价是不科学的。河湖健康评价不仅要考虑河湖生态学意义上的完整性，还应强调其对人类的生态服务功能的发挥。

综合国内外相关研究成果，水生态健康的内涵大致可以划分为自然属性和社会属性两大类。1972年美国的《水污染防治修正法》中提出的自然属性概念最为典型，将水生态系统健康定义为通过恢复水体的物理、化学和生物完整性，维持水体自然结构和生态功能；Constanza等人将健康的生态系统定义为具有一定自净能力、在受到外界干扰情况下具有一定抵抗力和修复能力，从而可以维持系统稳定性和可持续性的状态。社会属性的提出以1997年美国Meyer的工作为代表，认为健康的水体在维持其自身结构和功能完整性的同时，还要能满足人类生存和发展过程中的社会需求。

随着人类对河湖健康内涵的认识和研究逐渐深入，虽然在其定义上存在一定差异，但始终都是围绕着河湖自身生态系统的完整性和其社会服务价值两方面来探讨。河湖健康不是一个严格的科学概念，而是一种对河湖管理的评价工具，是河湖自然结构、生态环境功能与社会服务功能的协调统一。总体上来说，河湖健康应该是具备与时空保持相对应的自然结构，完善的生态环境功能以及能够持续满足社会服务功能的均衡健康。

首先，河湖健康要保持其自然良好的结构状态。例如河湖从上游至下游、干流至支流有良好的连通性等。河湖水系的连通性可以提高河湖抵御洪涝灾害以及水资源统筹调配的能力。只有河湖在结构合理稳定的基础上，才能保证其各项功能的正常发挥。因此，河湖的自然结构处于合理状态是河湖健康最基本的特征，也是首要表现。

其次，河湖健康还要保证其发挥正常的生态环境功能。包括具有良好的水土资源和水环境状况，基本特征体现在河湖形态、生境及物种的多样化方面。良好的水土资源是指满足水沙平衡、入海水量和生物生境的需求；保证经济鱼类的种群数量可以较好恢复；具有丰富的水生生物和珍稀特有的水生动物。水环境是指自然界中水形成、分布和转化所处的空间环境。良好的水环境首先要满足水功能区达标，即满足人类对水资源的合理开发、利用、节约和保护的需求。其次满足城市水面面积达标，即城市的防洪排涝效益是否符合标准。最后要满足水土流失治理率的达标。河湖的自然生态环境功能为创造人类适宜的生存环境提供基础，同时也会间接或直接影响到人类的生存和发展。

最后，河湖健康应保证其有完善的社会服务功能。包括生活生产服务功能以及观赏游玩服务功能。生活生产服务功能是指满足人类的用水需求；提供充足的水源；保证饮水安全达标；有较好的纳污能力，解决生活和工业上废水排放的问题；发挥河湖发电、灌溉等作用。观赏游玩服务功能指河湖作为景观系统中的重要资源和环境载体，其景观资源能否充分利用。河湖是影响当地景观生态，塑造当地景观特色和加速当地经济发展的重要因素。我国河湖景观众多，如月牙泉风景区、黄果树瀑布风景区、三峡大坝风景区等，为人类献上视觉盛宴的同时也带动了旅游业的发展，极大地促进了人-水的和谐发展。

二、河湖健康评价内容

河湖健康评价内容包括水生态系统的物理、化学指标，生物指标，社会服务功能指标等。

（1）物理、化学指标主要评价河湖水体物理、化学指标，反映河湖水质和水量变化、河势变化、土地利用情况、河岸稳定性及交换能力、与周围水体（湖泊、湿地等）的连通性、河流廊道的连续性等，突出了物理-化学参数对河湖生物群落的直接及间接影响。

（2）生物指标。河湖生物群落具有综合不同时空尺度上各类化学、物理因素影响的能力。面对外界环境条件的变化（如化学污染、物理生境破坏、水资源过度开采等），生物群落可通过自身结构和功能特性的调整来适应，并对多种外界胁迫所产生的累积效应做出反应。

（3）社会服务功能指标包括开发利用率、防洪工程措施达标率、灌溉保证率、通航水深保证率等，它表征了水生态系统可提供社会服务功能的能力。

三、河湖健康评价方法

河流健康状况评价已在国外很多国家开展，从评价内容上，国外河湖健康评价方法大致可分为生物监测法、综合指标评价法和模型预测法。

1. 生物监测法

在河湖生态系统内，任何细小的改变都有可能导致水生生物的种群数量、生理功能和群落结构等发生变化。监测法就是通过监测生物指标的动态变化，来体现河湖的健康状态。水域生物中的细菌、原生动物、藻类、浮游动物、海绵动物、环节动物、轮虫、软体动物、苔藓动物、贝类、昆虫甚至水草等都可以作为选择对象。

该类方法按照不同的生物学层次划分为指示生物法、生物指数法、物种多样性指数法、群落功能法、生理生化指标法5类，利用生物的不同特性来判断河流的健康状况。

（1）指示生物法就是对河流水域生物进行系统调查、鉴定，根据物种的有无来评价系统健康状况。

（2）生物指数法根据物种的特性和出现情况，用简单的数字表达外界因素影响的程度。该方法可克服指示生物法评价所表现出的生物种类名录长、缺乏定量概念等问题。

（3）物种多样性指数法是利用生物群落内物种多样性指数有关公式来评价系统健康程度。其基本原理为：清洁的水体中，生物种类多，数量较少；污染的水体中生物种类单一，数量较多。这种方法的优点在于对确定物种、判断物种耐性的要求不严格，简便易行。

（4）群落功能法是以水生物的生产力、生物量、代谢强度等作为依据来评价系统健康程度。该方法操作较复杂但定量准确。

（5）生理生化指标法应用物理、化学和分子生物学技术与方法，研究外界因素影响引起的生物体内分子、生化及生理学水平上的反应情况，可以评价和预测环境影响引起的生态系统较高生物层次上可能发生的变化。澳大利亚学者采用河流状况指数法对河流生态系统健康进行评价，该评价体系采用河流水文、物理构造、河岸区域、水质及水生生物 5 个方面的 20 余项指标进行综合评价，其结果更加全面、客观，但评价过程较为复杂。

因为鱼类的体形较大，生命周期长，容易识别，且各类鱼类群落食性种类不同，可以反映水体健康状态的变化，由此在实践中多得以应用。选择鱼类为对象的生物指标的方法有鱼类生物完整性指数（F－IBI）与鱼类集合体完整性指数（FAII）等。F－IBI 是通过分析选择鱼类的年龄结构、营养分布、耐污鱼种与敏感鱼类的生存情况、鱼类产生的疾病或其他受损情况，综合评判河湖的健康状况。F－IBI 值与生境状况、水质状况、栖息地环境质量显著相关。此方法主要用于分析河湖健康现状、变化趋势和变化原因。选择鱼类作为河湖健康评价指示对象的优点是，分布广泛、可参考数据多、营养级丰富、易鉴别、被大众所熟知、对压力变化有良好响应且容易列入各类规章制度。缺点是鱼类群落的昼夜活动、季节变化对样品在不同时间采集产生影响；鱼类与其他水生生物相比，对干扰的耐受性更强、趋利避害的活动能力更强，因此对干扰的反应敏感度相对较低。

在评价区域性河湖健康状况时，由于底栖动物稳定性高及在营养结构中地位主要，故常被作为区域性监测指标。早期基于河湖大型无脊椎动物监测的健康状况评价指数主要有计分制生物指数、连续比较指数、特伦特生物指数、河流无脊椎动物预测和分类系统（RIV－PACS）。近年来评价方法得到进一步改进，例如南非计分系统（SASS）、澳大利亚河流评价计划（Aus RivAS）、营养完全指数（ITC）、底栖生物完整性指数（B－IBI）等。底栖动物作为指示物种的优点在于生物多样性高，生活场所相对固定，对干扰的反应比鱼类更敏感。不足在于无脊椎动物通常分类等级较高，难以测定每个物种的作用，同时这些物种中有些可能不适合进行健康评价。

运用浮游生物的物种与数量来组成评价水体状况的重要指标，也有不少应用。其中，较有代表性的包括硅藻生物指数、污水生物指数、藻类丰富度指数、类属硅藻指数（GDI）、污染敏感性指数（IPS）及营养硅藻指数等。浮游生物作为指示物种的优点在于方便采集，分布范围广并且对水环境状况变化的响应敏感，群落更新时间较短，对河湖水化学和栖息地环境质量的变化反应迅速，且群落变化趋势的可预测性较强。浮游生物作为指示物种的不足在于，该类群的物种数量巨大，且对分类的专业技能要求较高，而且由于研究起步较晚，可用的参数较少。

2. 综合指标评价法

综合指标评估法由综合指数法、综合评分法、多元分析法组成，可以简单、快捷地对有效评价河流状况的指标做出选择，及对影响该指标的综合因素的选取，并通过一定的评价标准对观测点生物特征指标等级打分的形式对河流状况进行评价。

综合指标评价法是不同生物组织层次上多个指标的组合，考虑的是河流表征的因子，其使用频率远多于预测模型法，能够及时地反映河流健康状况的变化。是根据评价标准对河流的生物、化学及形态特征指标进行打分，将各项得分累计后的总分作为评价河流健康状况的依据。该方法为不同生物群落层次上的多指标组合，因此能够较客观地反映生态系统变化。综合指标评价法其中一个方向是收集各方面数据来进行评价，包括 IBI、RCE、RHS、RHP、ISC 等。最具代表性的方法为 RCE 评分与溪流状况指数（ISC）方法。RCE 清单涵盖了河岸带完整性、河岸带外土地利用、河岸带宽度、河岸带植被、河道宽/深结构、河道沉积物、河岸结构、河岸侵蚀、石块底质、深潭/浅滩/曲流、河道阻留结构、河床条件、水生植被、木质碎屑、大型底栖动物、鱼类等 16 个指标，将河流健康状况划分为 5 个等级。RCE 评分主要适用于对湿地和农村区域河湖物理、生物指标的评价，适用性欠佳。ISC 方法由河流水文特征、物理结构特征、河岸带状况、水生生物、水质参数 5 个要素构成，共有 19 项指标，通过对澳大利亚维多利亚流域的 80 多条河流的实证研究表明，ISC 方法的结果有助于确定河流恢复的目标、评价河流恢复的有效性，从而引导可持续发展的河流管理。这一方法是对河流各方面特征的综合评价，其结果更加全面、客观，是河流健康状况评价的一种发展方向，见表 7－1、表 7－2。

表 7－1   ISC 指 标 体 系

类　别	详　细　指　标
水文特征	年均流量变化比例、流域渗透状况导致的日流量变化、水电站建设导致的日流量变化
物理结构特征	河岸稳固性、河床稳固性、人工构造对鱼类洄游的影响、河道内自然栖息地
河岸带情况	岸边区域宽度、河流纵向连贯性、结构完整性、外来种植被盖度、本土木本植被的再生情况、死水区情况
水质参数	总磷、浊度、电导率、pH 值
水生生物	Signal、AusRiv AS

表 7－2   ISC 单项及总评分标准

特　征	分　值	总　分	河湖状态
非常接近于参考状态	4	45～50	健康
相对于参考状态有较小改变	3	35～44	好
相对于参考状态有中等改变	2	25～34	一般
相对于参考状态有大的改变	1	15～24	较差
相对于参考状态有严重改变	0	<15	差

ISC 健康分级标准满足以下三条基本要求：标准应在流域范围内具有普遍适用性；标准要与当前的技术经济水平和认知水平相适宜；以此为标尺得出的河湖及水系健康评价结论具有合理性。从河湖健康的内涵出发，在建立水质达标率健康分级标准时，既需要考虑

人类合理开发水资源的需求及满意程度，也应兼顾维持河湖生态系统健康的水质要求，即需要体现水资源开发与生态保护的平衡。

综合指标评价法的另一种评价方向是强调河湖的生态作用。近年来越来越多的研究人员认为，河湖生态过程的完整性也是河流健康的重要表现之一，只是依据物种的分布模式与状态表现并不能完整地表达生态系统的运行机制问题。为更好地评价河湖健康，有关生态过程的典型指标，如有机碳与营养物的动力学机制、受扰后恢复速率等指标的研究在进一步开展。

综合指标法是不同生物组织层次上多个指标的组合，考虑的河湖表征因子远多于生物监测法，能够及时多面地反映河湖健康状况的变化。然而，这种方法也存在如何综合评价一个生态系统的完整性及如何对这些综合指标进行合理解释等问题，评价标准难以确定。而且侧重于水体环境价值的评价，对洪水控制、水土流失及娱乐等方面考虑较少，适用范围受限，精度有所欠佳。如何精准地确定各指标在整个评价系统中所占的权重，是综合指标体系评价方法存在的难点。为了避免片面性和主观性，应当采用适合的技术方法来确定指标权重，如采用层次分析法、因子分析法、熵值法、实证权重法以及神经网络法等，并结合专家评分加以合理确定。

美国环境保护署（EPA）经过近十年的发展和完善，于1999年推出了新版的快速生物监测协议（RBPs），该协议提供了水文泥沙等10个生境指标及河流着生藻类、大型无脊椎动物、鱼类等生物指标的监测及评价方法和标准。此外，在美国中西部产生了一种重要的河流健康评价生物学方法——生物完整性指数法（IBI）。

1992年河流生境调查法RHS（River Habitat Survey）在英国形成，随着其应用范围的不断扩大，英国环保署于2003年对其进行了进一步的完善。RHS在方法上和理论上得到了进一步的完善发展，使之更加适用于中、小型河流生境的评价，可以更好地指导野外调查工作的顺利进行。RHS是既有特定的调查方法同时又涵盖评价方法和评价模型的比较完善和成熟的河流生境调查方法体系，是一个系统的具有一定科学性的河流生境评价工具。RHS作为欧盟水框架指令推荐的标准调查方法也是在现阶段应用范围最广的河流生境评价方法。

英国于1998年提出了"英国河流保护评价系统"，通过调查评价由35个属性数据构成的六大恢复标准（即自然多样性、天然性、代表性、稀有性、物种丰富度以及特殊特征）来确定英国河流的保护价值。此外，还建立了以河流无脊椎动物预测与分类计划（RIVPACS）为基础的河流生物监测系统，通过河流中大型无脊椎动物的存活状况评价河流的健康状况。

澳大利亚政府于1992年开展了"国家河流健康计划（AUSRIVAS）"。监测和评价澳大利亚河流的生态健康状况，评价现行水管理政策及实践的有效性，并为管理决策提供更全面的生态学及水文学数据。澳大利亚自然资源和环境部还开展了溪流状态指数（ISC）研究，采用河流水文学、形态特征、河岸带状况、水质及水生生物五类指标评价河流健康状况。对河流各方面特征的综合评价，其结果有助于确定河流恢复的目标，评价河流恢复的有效性，从而引导可持续发展的河流管理。

南非的水事务及森林部于1994年发起了"河流健康计划"（RHP），该计划选用河流无脊椎动物、鱼类、河岸植被、水质、水文、形态等作为河流健康的评价指标,提供了建立在等级基础上可以广泛应用于河流生物监测的框架,针对河口地区提出以生物健康指数、水质指数以及美学健康指数来综合评估其健康状况。

国际上主要的河流健康评价方法见表7-3。

表7-3　　　　　　　　　　　国际上主要的河流健康评价方法

国家	提出者	评价方法	评价内容	优缺点
美国	EPA (1999)	快速生物评价协议 (RBPs)	河流着生藻类、大型无脊椎动物、鱼类及栖息地。对于河道纵坡不同河段采用不同从参数设置,每一个监测河段等级数值范围为0~20,20代表栖息地质量最高	提供了河流藻类、大型无脊椎动物和鱼类的监测评价方法和标准,在调查方法中包括栖息地目测评估方法,可推广用于其他地区,但是其设定"可以达到的最佳状态"的参照状态比较难以确定,对数据要求较高,需要基于大量的实测数据
美国	Karr (1981)	生物完整性指数 (IBI)	水文情势、水化学情势、栖息地条件、水的连续性以及生物组成与交互作用	当前广泛使用的河流健康状况评价方法之一,可对所研究河流的健康状况作出全面评价。但各指标评分主观性较强,指标地域差异大,缺乏有效的统计评判,对分析人员专业要求较高
英国	Raven (1997)	河流生态环境调查 (RHS)	背景信息、河道数据、沉积物特征、植被类型、河岸侵蚀、河岸带特征以及土地利用	是一种快速评估栖息地的调查方法,适用于经过人工大规模改造的河流,能够较好地将生境指标与河流形态、生物组成相联系,但选用的某些指标与生物的内在联系未能明确,部分用于评价的数据以定性为主,使得数理统计较为困难
英国	Wright (1984)	河流无脊椎动物预测与分类计划 (RIVPACS)	利用区域特征预测河流自然状况下应存在的大型无脊椎动物,并将预测值相比较,从而评价河流健康状况	能较为准确地预测某地理论上应该存在的生物量,但该方法基于河流任何变化都会影响大型无脊椎动物这一假设,具有一定片面性。指标数据要求比较高,需要大量的生物数据及生物与环境变量间关系的研究作基础,在缺少生物数据及相关研究的地区,该方法的使用受到了限制
英国	Boon (1998)	英国河流保护评价系统 (SERCON)	自然多样性、天然性、代表性、稀有性、物种丰富度以及特殊特征,采用了35个特征指标	用于评价河流的生物和栖息地属性及其自然保护价值,是一种综合性评价方法,但需要大范围的资料收集,对于"自然性"的标准也存在很大争议
澳大利亚	Simpson Norris (1994)	澳大利亚国家河流健康计划 (AUSRIVAS)	水文地貌(栖息结构、水流状态、连续性)、物理化学参数、无脊椎动物和鱼类集合体、水质、生态毒理学	能预测河流理论上应该存在的生物量,结果易于被管理者理解,但该方法仅考虑了大型无脊椎动物,未能将水质及生境退化与生物条件相联系

国家	提出者	评 价 方 法	评 价 内 容	优 缺 点
澳大利亚	Ladson (1999)	溪流状态指数 (ISC)	河流水文学、形态特征、河岸带状况、水质及水生物	将河流状态的主要表征因子融合在一起，能够对河流进行长期的评价，其缺陷在于只比较适用于长度为10～30km，且受扰历时较长的农村河流，缺乏对指标动态性变化的反映，其设定的参照系统是真实的原始自然状态河道，选择较为主观，指标数量比较少，不能完全揭示河流存在的健康问题
南非	Rowntree (1994)	河流健康计划 (RHP)	河流无脊椎动物、鱼类、河岸植被带、生境完整性、水质、水文、形态等河流生境状况	较好地用生物群落指标来表征河流系统对各种外界干扰的响应，但在实际应用中，部分指标的获取存在一定困难
		栖息地完整性指数 (IHI)	饮水、水流调节、河床与河道的改变、岸边植被的去除和外来植被的侵入等干扰因素的影响	

综合指标评价法应用广泛而方便，但这种方法也存在如何综合评价一个生态系统的完整性及如何对这些综合指标进行合理解释等问题，评价标准难以确定，因此精度有所欠缺，并且综合评价指数由于权重的主观随意性，在一定的程度上掩盖了单个参数的信息。

3. 预测模型法

这类方法通过把某研究地点实际的生物组成与在无人为干扰情况下该点能够生长的物种进行比较而对河流健康进行评价，预测模型法首先通过选择参考点（无人为干扰或人为干扰最小的样点），建立理想情况下样点的环境特征及相应生物组成的经验模型，通过比较观测点生物组成的实际值（O）与模型推导的该点预期值（E）的比值，即运用O/E比值对其进行评价，比较典型的方法如 AUSRIVAS 和 RIVPACS 等。理论上 O/E 比值可在0～1间变化，比值越接近1则该点的健康状况越好。但是，预测模型法存在一个较大的缺陷，即主要通过单一物种对河流健康状况进行比较评价，并且假设河流任何变化都会反映在这一物种的变化上，如外界干扰发生在系统更高层次上，没有造成物种变化时，这种方法就会失效。因此，一旦出现河流健康状况受到破坏，但并未反映在所选物种的变化上时，就无法反映河流真实状况，具有一定的局限性。

四、我国河湖健康评价方法

国内的河湖健康评价方法大多基于国外已有的成熟体系进行适当的改造，常用的指示物种法有生物完整性指数法、Shannon-Wiener 多样性指数法、BMWP（Biological Monitoring Working Party）计分系统和底栖动物 BI（Biotic Index）指数法，而指标体系法多采用综合健康指数评价法、模糊综合评价法和灰色关联评价法。

国家层面上，我国自20世纪90年代以来在河湖管理中开始重视水生态保护和修复，河湖健康逐渐成为河湖管理的重要目标。水利部先后提出了"维持黄河健康生命""维护健康长江，促进人水和谐""维护河流健康，建设绿色珠江""湿润海河、清洁海河"等管理目标。自 2010 年以来，国家更加重视河湖生态保护，有关河湖生态保护与修复的重要政策、制度及意见明确要求要定期开展河湖健康评价工作。2010 年水利部印发《全国重要河湖健康评估（试点）工作大纲》《全国河流健康评估指标、标准与方法（试点工作用）》及《全国湖泊健康评估指标、标准与方法（试点工作用）》，在全国范围内正式启动了河湖健康评价试点工作，我国的河湖水生态修复也从过去单纯的水质保护扩展到对整个水生态系统的综合保护。为深入贯彻落实中共中央办公厅、国务院办公厅印发的《关于全面推行河长制的意见》（厅字〔2016〕42 号）和《关于在湖泊实施湖长制的指导意见》（厅字〔2017〕51 号）要求，指导各地做好河湖健康评价工作，水利部河湖管理司组织南京水利科学研究院等单位编制了《河湖健康评价指南（试行）》，并于 2020 年 8 月印发。《河湖健康评价指南（试行）》结合我国国情、水情和河湖管理实际，基于河湖健康概念从生态系统结构完整性、生态系统抗扰动弹性、社会服务功能可持续性三个方面建立河湖健康评价指标体系与评价方法，从"盆"、"水"、生物、社会服务功能 4 个准则层对河湖健康状态进行评价，有助于快速辨识问题，及时分析原因，帮助公众了解河湖真实健康状况，为各级河长湖长及相关主管部门履行河湖管理保护职责提供参考。下面主要对《河湖健康评价指南（试行）》中河湖健康评价方法进行简要介绍。

（一）河湖健康评价工作遵循原则

全国河湖健康评价工作应遵循以下原则：

（1）科学性原则。评价指标设置合理，体现普适性与区域差异性，评价方法、程序正确，基础数据来源客观、真实，评价结果准确反映河湖健康状况。

（2）实用性原则。评价指标体系符合我国的国情、水情与河湖管理实际，评价成果能够帮助公众了解河湖真实健康状况，有效服务于河长制湖长制工作，为各级河长湖长及相关主管部门履行河湖管理保护职责提供参考。

（3）可操作性原则。评价所需基础数据应易获取、可监测。评价指标体系具有开放性，既可以对河湖健康进行综合评价，也可以对河湖"盆"、"水"、生物、社会服务功能或其中的指标进行单项评价；除必选指标外，各地可结合实际选择备选指标或自选指标。

（二）河湖健康评估指标体系

河湖健康评估指标体系包括目标层、准则层及指标层三个层次（表 7-4）。目标层为河湖健康，是河湖生态系统状况与社会服务功能状况的综合反映。准则层是影响河湖健康评价的因素，包括"盆"、"水"、生物和社会服务功能。指标层是对准则层进一步的细化，在每个准则层下筛选一些合适的指标组成指标层。以定量为主、定性为辅的方式，对河湖进行健康状况分析。河湖健康评估指标类型分为必选指标与备选指标，其中备选指标可结合实际选择。

表 7-4　　　　　　　　　我国河湖健康评价指标体系

目标层	准则层	指标层		指标类型
		河流	湖泊	
河湖健康	"盆"	河流纵向连通指数	湖泊连通指数	备选指标
		河岸带宽度指数		备选指标

续表

目标层	准则层		指 标 层		指 标 类 型
			河流	湖泊	
河湖健康	"盆"			湖泊面积萎缩比例	必选指标
			岸线自然状况	岸线自然状况	必选指标
			违规开发利用水域岸线程度	违规开发利用水域岸线程度	必选指标
	"水"	水量	生态流量/水位满足程度	最低生态水位满足程度	必选指标
			流量过程变异程度	入湖流量变异程度	备选指标
		水质	水质优劣程度	水质优劣程度	必选指标
				湖泊营养状态	必选指标
			底泥污染状况	底泥污染状况	备选指标
			水体自净能力	水体自净能力	必选指标
	生物		大型底栖无脊椎动物生物完整性指数	大型底栖无脊椎动物生物完整性指数	备选指标
			鱼类保有指数	鱼类保有指数	必选指标
			水鸟状况	水鸟状况	备选指标
			水生植物群落状况	大型水生植物覆盖度	备选指标
				浮游植物密度	必选指标
	社会服务功能		防洪达标率	防洪达标率	备选指标
			供水水量保证程度	供水水量保证程度	备选指标
			河流集中式饮用水水源地水质达标率	湖泊集中式饮用水水源地水质达标率	备选指标
			岸线利用管理指数	岸线利用管理指数	备选指标
			通航保证率		备选指标
			公众满意度	公众满意度	必选指标

（三）河湖健康指标评价方法与赋分标准

（1）河流纵向连通指数。根据单位河长内影响河流连通性的建筑物或设施数量评价，有生态流量或生态水量保障，有过鱼设施且能正常运行的不在统计范围内。河流纵向连通指数赋分标准见表 7-5。

表 7-5　　　　　　　　　　河流纵向连通指数赋分标准表

河流纵向连通指数/（个/100km）	0	0.25	0.5	1	≥1.2
赋分	100	60	40	20	0

（2）湖泊连通指数。根据环湖主要入湖河流和出湖河流与湖泊之间的水流畅通程度评价，按照式（7-1）计算：

$$CIS = \frac{\sum\limits_{n=1}^{N_s} CIS_n Q_n}{\sum\limits_{n=1}^{N_s} Q_n} \qquad (7-1)$$

式中：CIS 为湖泊连通指数赋分；N_s 为环湖主要河流数量，条；CIS_n 为评价年第 n 条环湖河流连通性赋分；Q_n 为评价年第 n 条河流实测的出（入）湖泊水量，万 m^3/a。

环湖河流连通性赋分标准见表 7-6。

表 7-6　　　　　　　　　　　　　环湖河流连通性赋分标准表

连 通 性	阻隔时间/月	年入湖水量占入湖河流多年平均实测 年径流量比例/%	赋　　分
顺畅	0	70	100
较顺畅	1	60	70
阻隔	2	40	40
严重阻隔	4	10	20
完全阻隔	12	0	0

（3）湖泊面积萎缩比例。湖泊面积萎缩比例采用评价年湖泊水面萎缩面积与历史参考年湖泊水面面积的比例表示，按照式（7-2）计算。历史参考年宜选择 20 世纪 80 年代末（1988 年《中华人民共和国河道管理条例》颁布之后）与评价年水文频率相近的年份。湖泊面积萎缩比例赋分标准见表 7-7。

$$ASI = \left(1 - \frac{AC}{AR}\right) \times 100 \qquad (7-2)$$

式中　ASI 为湖泊面积萎缩比例，%；AC 为评价年湖泊水面面积，km^2；AR 为历史参考年湖泊水面面积，km^2。

表 7-7　　　　　　　　　　　　　湖泊面积萎缩比例赋分标准表

湖泊面积萎缩比例/%	≤5	10	20	30	≥40
赋分	100	60	30	10	0

（4）岸线自然状况。选取岸线自然状况指标评价河湖岸线健康状况，它包括河（湖）岸稳定性和岸线植被覆盖率两个方面。

其中河（湖）岸稳定性采用如下公式计算：

$$BS_r = (SA_r + SC_r + SH_r + SM_r + ST_r)/5 \qquad (7-3)$$

式中：BS_r 为河（湖）岸稳定性赋分；SA_r 为岸坡倾角分值；SC_r 为岸坡植被覆盖度分值；SH_r 为岸坡高度分值；SM_r 为河岸基质分值；ST_r 为坡脚冲刷强度分值。

河（湖）岸稳定性指标示意如图 7-5 所示，指标赋分标准见表 7-8。

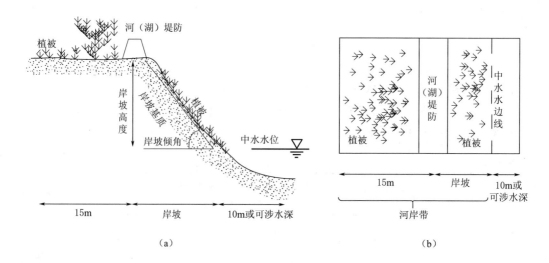

图 7-5 河（湖）岸稳定性指标示意图

（a）岸坡截面示意图；（b）岸坡俯视示意图

表 7-8 河（湖）岸稳定性指标赋分标准表

河湖岸特征	稳 定	基 本 稳 定	次 不 稳 定	不 稳 定
分值	100	75	25	0
岸坡倾角/(°)	≤15	≤30	≤45	≤60
岸坡植被覆盖度/%	≥75	≥50	≥25	≥0
岸坡高度/m	≤1	≤2	≤3	≤5
基质（类别）	基岩	岩土	黏土	非黏土
河岸冲刷状况	无冲刷迹象	轻度冲刷	中度冲刷	重度冲刷
总体特征描述	近期内河湖岸不会发生变形破坏，无水土流失现象	河湖岸结构有松动发育迹象，有水土流失迹象，但近期不会发生变形和破坏	河湖岸松动裂痕发育趋势明显，一定条件下可导致河岸变形和破坏，中度水土流失	河湖岸水土流失严重，随时可能发生大的变形和破坏，或已经发生破坏

岸线植被覆盖率计算公式为

$$PC_r = \sum_{i=1}^{n} \frac{L_{vci}}{L} \frac{A_{ci}}{A_{ai}} \times 100 \tag{7-4}$$

式中：PC_r 为岸线植被覆盖率赋分；A_{ci} 为岸段 i 的植被覆盖面积，km²；A_{ai} 为岸段 i 的岸带面积，km²；L_{vci} 为岸段 i 的长度，km；L 为评价岸段的总长度，km。

岸线植被覆盖率指标赋分标准见表 7-9。

表 7-9   岸线植被覆盖率指标赋分标准表

河湖岸线植被覆盖率/%	说　明	赋　分
0~5	几乎无植被	0
5~25	植被稀疏	25
25~50	中密度覆盖	50
50~75	高密度覆盖	75
>75	极高密度覆盖	100

岸线状况指标分值按下式计算：

$$BH = BS_r \times BS_w + PC_r \times PC_w \qquad (7-5)$$

式中：BH 为岸线状况赋分；BS_r 为河（湖）岸稳定性赋分；PC_r 为岸线植被覆盖率赋分；BS_w 为河（湖）岸稳定性权重；PC_w 为岸线植被覆盖率权重。

河流与湖泊计算方法及赋分相同。

岸线状况指标权重见表 7-10。

表 7-10   岸线状况指标权重表

序　号	名　　称	符　号	权　重
1	河（湖）岸稳定性	BS_w	0.4
2	岸线植被覆盖率	PC_w	0.6

（5）河岸带宽度指数。河岸带是水域与陆域系统间的过渡区域，是河流系统的保护屏障。通常，河槽宽度可以取临水边界线以内河槽宽度，河岸带宽度可取临水边界线与外缘边界线之间的宽度（临水边界线与外缘边界线确定方法参考水利部 2019 年印发的《河湖岸线保护与利用规划编制指南（试行）》），适宜的左、右岸河岸宽度一般均应大于河槽的0.4 倍。这一要求可以通过河岸带宽度指数来反映。河岸带宽度指数是指单位河长内满足宽度要求的河岸长度。其计算式为

$$AW = \frac{L_w}{L} \qquad (7-6)$$

式中：AW 为河岸带宽度指数；L_w 为满足河岸带宽度要求的河岸总长度，m；L 为河岸总长度，m。

对于不同类型的河流，其河岸带宽度发育程度不同，必须区别对待，采用不同的赋分标准，具体参见表 7-11。

表 7-11   河岸带宽度指数赋分标准表

河岸带宽度指数		说　　明	赋　　分
平原、丘陵河流	山区河流		
>0.8	>0.8	河岸带宽度优良	(80，100]
0.7~0.8	0.6~0.8	河岸带宽适中	(60，80]
0.6~0.7	0.45~0.6	河岸带宽度不足	(40，60]

河岸带宽度指数		说　明	赋　分
平原、丘陵河流	山区河流		
0.5~0.6	0.3~0.45	河岸带宽度严重不足	(20, 40]
<0.5	<0.3	河岸带宽度极度不足	[0, 20]

（6）违规开发利用水域岸线程度。违规开发利用水域岸线程度综合考虑了入河排污口规范化建设率、入河（湖）排污口布局合理程度和河（湖）"四乱"状况，采用各指标的加权平均值，违规开发利用水域岸线程度指标权重可参考表 7-12。

表 7-12　　　　　　　违规开发利用水域岸线程度指标权重表

序　号	名　称	权　重
1	入河（湖）排污口规范化建设率	0.2
2	入河（湖）排污口布局合理程度	0.2
3	河（湖）"四乱"状况	0.6

各分项指标计算赋分方法如下：

1）入河（湖）排污口规范化建设率。入河（湖）排污口规范化建设率是指已按照要求开展规范化建设的入河（湖）排污口数量比例。入河（湖）排污口规范化建设是指实现入河湖排污口"看得见、可测量、有监控"的目标，其中包括：对暗管和潜没式排污口，要求在院墙外、入河（湖）前设置明渠段或取样井，以便监督采样；在排污口入河（湖）处立内容规范的标志牌，公布举报电话和微信等其他举报途径；因地制宜，对重点排污口安装在线计量和视频监控设施，强化对其排污情况的实施监管和信息共享。

指标赋分值按照以下公式计算：

$$R_G = N_i / N \times 100 \qquad (7-7)$$

式中：R_G 为入河湖排污口规范化建设率；N_i 为开展规范化建设的入河排污口数量，个；N 为入河湖排污口总数，个。

如出现日排放量>300m³ 或年排放量>10 万 m³ 的未规范化建设的排污口，该项得 0 分。入河（湖）排污口规范化建设率评价赋分标准见表 7-13。

表 7-13　　　　　　　入河（湖）排污口规范化建设率评价赋分标准

入河（湖）排污口规范化建设率	优	良	中	差	劣
赋分	100	[90, 100)	[60, 90)	[20, 60)	[0, 20)

2）入河湖排污口布局合理程度。评估入河湖排污口合规性及其混合区规模，入河（湖）排污口布局合理程度赋分标准见表 7-14。取其中最差状况确定最终得分。

表 7-14　　　　　　　入河（湖）排污口布局合理程度赋分标准表

入河（湖）排污口设置情况	赋　分
河（湖）水域无入河湖排污口	80~100

入河（湖）排污口设置情况	赋　分
1) 饮用水源一级、二级保护区均无入河湖排污口； 2) 仅排污控制区有入河湖排污口，且不影响邻近水功能区水质达标，其他水功能区无入河湖排污口	60～80
1) 饮用水源一级、二级保护区均无入河湖排污口； 2) 河流：取水口上游 1km 无排污口；排污形成的污水带（混合区）长度小于 1km，或宽度小于 1/4 河宽； 3) 湖泊：单个或多个排污口形成的污水带（混合区）面积总和占水域面积的 1%～5%	40～60
1) 饮用水源二级保护区存在入河湖排污口； 2) 河流：取水口上游 1km 内有排污口；排污口形成污水带（混合区）长度大于 1km，或宽度为 1/4～1/2 河宽； 3) 湖泊：单个或多个排污口形成的污水带（混合区）面积总和占水域面积的 5%～10%	20～40
1) 饮用水源一级保护区存在入河湖排污口； 2) 河流：取水口上游 500m 内有排污口；排污口形成的污水带（混合区）长度大于 2km，或宽度大于 1/2 河宽； 3) 湖泊：单个或多个排污口形成的污水带（混合区）面积总和超过水域面积的 10%	0～20

3) 河（湖）"四乱"状况。无"四乱"状况的河段/湖区赋分为 100 分，"四乱"扣分时应考虑其严重程度，扣完为止，河（湖）"四乱"状况赋分标准见表 7-15。

表 7-15　　　　　　　河（湖）"四乱"状况赋分标准表

类　型	"四乱"问题扣分标准（每发现 1 处）		
	一般问题	较严重问题	重大问题
乱采	－5	－25	－50
乱占	－5	－25	－50
乱堆	－5	－25	－50
乱建	－5	－25	－50

（7）生态流量/水位满足程度。对于常年有流量的河流，宜采用生态流量满足程度进行表征。分别计算 4—9 月及 10 月至翌年 3 月最小日均流量占相应时段多年平均流量的百分比，生态流量满足程度赋分标准见表 7-16，取两者的最低赋分值作为河流生态流量满足程度赋分。

表 7-16　　　　　　　生态流量满足程度赋分标准表

（10 月至翌年 3 月）最小日均流量占比/%	≥30	20	10	5	<5
赋分	100	80	40	20	0
（4—9 月）最小日均流量占比/%	≥50	40	30	10	<10
赋分	100	80	40	20	0

针对季节性河流，可根据丰、平、枯水年分别计算满足生态流量的天数占各水期天数的百分比，按计算结果百分比数值赋分。

（8）最低生态水位满足程度。对于某些缺水河流，无法保障全年均有流量，可采用生态水位计算方法。采用近30年的90%保证率年最低水位作为生态水位，计算河流逐日水位满足生态水位的百分比，指标计算结果数即是对照的评分。对于资料覆盖度不高的区域，同一片区可采用流域规划确定的片区代表站生态水位最低值作为标准值。

湖泊最低生态水位宜选择规划或管理文件确定的限值，或采用天然水位资料法、湖泊形态法、生物空间最小需求法等确定。湖泊最低生态水位满足程度赋分标准见表7-17。

表7-17   湖泊最低生态水位满足程度赋分标准表

湖泊最低生态水位满足程度	赋 分
年内日均水位均高于最低生态水位	100
日均水位低于最低生态水位，但3d滑动平均水位不低于最低生态水位	75
3d滑动平均水位低于最低生态水位，但7d滑动平均水位不低于最低生态水位	50
7d滑动平均水位低于最低生态水位	30
60d滑动平均水位低于最低生态水位	0

（9）流量过程变异程度。河流流量过程变异程度计算评价年实测月径流量与天然月径流量的平均偏离程度（宜同时考虑丰水年、平水年、枯水年的差异性），按照式（7-8）和式（7-9）计算。流量过程变异程度赋分标准见表7-18。

$$FDI = \sqrt{\sum_{m=1}^{12}\left[\frac{q_m - Q_m}{\overline{Q}}\right]^2} \tag{7-8}$$

$$\overline{Q} = \frac{1}{12}\sum_{m=1}^{12}Q_m \tag{7-9}$$

式中：FDI 为流量过程变异程度；q_m 为评价年第 m 月实测月径流量，m^3/s；Q_m 为评价年第 m 月天然月径流量，m^3/s；$\overline{Q}$ 为评价年天然月径流量年均值，m^3/s；m 为评价年内月份的序号。

表7-18   流量过程变异程度赋分标准表

流量过程变异程度	≤0.05	0.1	0.3	1.5	≥5
赋分	100	75	50	25	0

（10）入湖流量变异程度。统计环湖河流的入湖实测月径流量与天然月径流的平均偏离程度（宜同时考虑丰水年、平水年、枯水年的差异性），入湖流量变异程度按照式（7-10）、式（7-11）、式（7-12）和式（7-13）计算。入湖流量变异程度赋分标准见表7-19。

$$FLI = \sqrt{\sum_{m=1}^{12}\left[\frac{r_m - R_m}{\overline{R}}\right]^2} \tag{7-10}$$

$$r_m = \sum_{n=1}^{N} r_n \tag{7-11}$$

$$R_m = \sum_{n=1}^{N} R_n \tag{7-12}$$

$$\overline{R} = \frac{1}{12} \sum_{m=1}^{12} R_m \tag{7-13}$$

式中：FLI 为入湖流量变异程度，赋分标准见表 7-19；r_m 为所有入湖河流第 m 月实测月径流量，m^3/s；R_m 为所有入湖河流第 m 月天然月径流量，m^3/s；$\overline{R}$ 为所有入湖河流天然月径流量年均值 m^3/s；r_n 为第 n 条入湖河流实测月径流量，m^3/s；R_n 为第 n 条入湖河流天然月径流量，m^3/s；N 为所有入湖河流数量；m 为评价年内月份的序号。

表 7-19   入湖流量变异程度赋分标准表

入湖流量变异程度	≤0.05	0.1	0.3	1.5	≥5
赋分	100	75	50	25	0

（11）水质优劣程度。水样的采样布点、监测频率及监测数据的处理应遵循《水环境监测规范》（SL 219—2013）相关规定，水质评价应遵循《地表水环境质量标准》（GB 3838—2002）相关规定。

有多次监测数据时应采用多次监测结果的平均值，有多个断面监测数据时应以各监测断面的代表性河长作为权重，计算各个断面监测结果的加权平均值。

水质优劣程度评判时分项指标（如总磷 TP、总氮 TN、溶解氧 DO 等）选择应符合各地河（湖）长制水质指标考核的要求，由评价时段内最差水质项目的水质类别代表该河流（湖泊）的水质类别，将该项目实测浓度值依据《地表水环境质量标准》GB 3838—2002 水质类别标准值和对照评分阈值进行线性内插得到评分值，赋分采用线性插值，水质优劣程度赋分标准见表 7-20。当有多个水质项目浓度均为最差水质类别时，要分别进行评分计算，取最低值。

表 7-20   水质优劣程度赋分标准表

水 质 类 别	Ⅰ、Ⅱ	Ⅲ	Ⅳ	Ⅴ	劣Ⅴ
赋分	[90，100]	[75，90)	[60，75)	[40，60)	[0，40)

（12）湖泊营养状态。应按照《地表水资源质量评价技术规程》（SL 395—2007）的规定评价湖泊营养状态指数。根据湖泊营养状态指数值确定湖泊营养状态赋分，湖泊营养状态赋分标准见表 7-21。

表 7-21   湖泊营养状态赋分标准表

湖泊营养状态指数	≤10	42	50	65	≥70
赋分	100	80	60	10	0

（13）底泥污染状况。采用底泥污染指数即底泥中每一项污染物浓度占对应标准值的百分比进行评价。底泥污染指数赋分时选用超标浓度最高的污染物倍数值，底泥污染状况赋分标准见表 7-22。污染物浓度标准值参考《土壤环境质量农用地土壤污染风险管控标准（试行）》（GB 15618—2018）。

表 7-22　　　　　　　　　　　底泥污染状况赋分标准表

底泥污染指数	<1	2	3	5	>5
赋分	100	60	40	20	0

（14）水体自净能力。选择水中溶解氧浓度衡量水体自净能力，水体自净能力赋分标准见表 7-23。溶解氧（DO）对水生动植物十分重要，过高和过低的 DO 对水生生物均造成危害。饱和值与压强和温度有关，若溶解氧浓度超过当地大气压下饱和值的 110%（在饱和值无法测算时，建议饱和值是 14.4mg/L 或饱和度 192%），此项 0 分。

表 7-23　　　　　　　　　　　水体自净能力赋分标准表

溶解氧浓度/(mg/L)	饱和度≥7.5（≥90%）	≥6	≥3	≥2	0
赋分	100	80	30	10	0

（15）大型底栖无脊椎动物生物完整性指数。大型底栖无脊椎动物生物完整性指数（BIBI）通过对比参考点和受损点大型底栖无脊椎动物状况进行评价。基于候选指标库选取核心评价指标，对评价河湖底栖生物调查数据按照评价参数分值计算方法，计算 BIBI 指数监测值，根据河湖所在水生态分区 BIBI 最佳期望值，按照以下公式计算 BIBI 指标赋分：

$$BIBIS = \frac{BIBIO}{BIBIE} \times 100 \tag{7-14}$$

式中：$BIBIS$ 为评价河湖大型底栖无脊椎动物生物完整性指数赋分；$BIBIO$ 为评价河湖大型底栖无脊椎动物生物完整性指数监测值；$BIBIE$ 为河湖所在水生态分区大型底栖无脊椎动物生物完整性指数最佳期望值。

大型底栖无脊椎动物生物完整性指数赋分标准见表 7-24。

表 7-24　　　　　　大型底栖无脊椎动物生物完整性指数赋分标准表

大型底栖无脊椎动物生物完整性指数	1.62	1.03	0.31	0.1	0
赋分	100	80	60	30	0

（16）鱼类保有指数。评价现状鱼类种数与历史参考点鱼类种数的差异状况，按照式（7-15）计算，鱼类保有指数赋分标准见表 7-25。对于无法获取历史鱼类监测数据的评价区域，可采用专家咨询的方法确定。调查鱼类种数不包括外来鱼种。鱼类调查取样监测可按《水库渔业资源调查规范》（SL 167—2014）等鱼类调查技术标准确定。

$$FOEI = \frac{FO}{FE} \times 100 \tag{7-15}$$

式中：$FOEI$ 为鱼类保有指数，%；FO 为评价河湖调查获得的鱼类种类数量（剔除外来物种），种；FE 为 20 世纪 80 年代以前评价河湖的鱼类种类数量，种。

表 7-25　　　　　　　　　　　鱼类保有指数赋分标准表

鱼类保有指数/%	100	75	50	25	0
赋分	100	60	30	10	0

（17）水鸟状况。调查评价河湖内鸟类的种类、数量，结合现场观测记录（如照片）作为赋分依据，鸟类栖息地状况赋分标准见表 7-26。水鸟状况赋分也可采用参考点倍数法，以河湖水质及形态重大变化前的历史参考时段的监测数据为基点，宜采用 20 世纪 80年代或以前监测数据。

表 7-26　　　　　　　　　　　鸟类栖息地状况赋分标准表

鸟类栖息地状况分级	描　　　述	赋　　　分
好	种类、数量多，有珍稀鸟类	90~100
较好	种类、数量比较多，常见	80~90
一般	种类，数量比较少，偶尔可见	60~80
较差	种类少，难以观测到	30~60
非常差	任何时候都没有见到	0~30

（18）水生植物群落状况。水生植物群落包括挺水植物、沉水植物、浮叶植物和漂浮植物以及湿生植物。评价河道每 5~10km 选取 1 个评价断面，对断面区域水生植物种类、数量、外来物种入侵状况进行调查，结合现场验证，按照丰富、较丰富、一般、较少、无 5 个等级分析水生植物群落状况。水生植物群落状况赋分标准见表 7-27，取各断面赋分平均值作为水生植物群落状况得分。

表 7-27　　　　　　　　　　　水生植物群落状况赋分标准表

水生植物群落状况分级	指　标　描　述	分　　　值
丰富	水生植物种类很多，配置合理，植株密闭	90~100
较丰富	水生植物种类多，配置较合理，植株数量多	80~90
一般	水生植物种类尚多，植株数量不多且散布	60~80
较少	水生植物种类单一，植株数量很少且稀疏	30~60
无	难以观测到水生植物	0~30

（19）浮游植物密度。浮游植物密度是用数目单位表示单位水体中所存在的浮游植物的量，一般用万个/L 为单位。浮游植物密度指标评价根据实际情况选用下列方法：

1）参考点倍数法。以同一生态分区或湖泊地理分区中湖泊类型相近、未受人类活动影响或影响轻微的湖泊，以湖泊水质及形态重大变化前的历史参考时段的监测数据为基点，宜采用 20 世纪 80 年代或以前监测数据。评价年浮游植物密度除以该历史基点计算其倍数，湖泊浮游植物密度赋分标准见表 7-28。

表 7-28　　　　　　湖泊浮游植物密度赋分标准表（参考点倍数法）

浮游植物密度倍数	≤1	10	50	100	≥150
赋分	100	60	40	20	0

2）直接评判赋分法。无参考点时使用此方法，湖泊浮游植物密度赋分标准见表7-29。

表 7-29   湖泊浮游植物密度赋分标准表（直接评判赋分法）

浮游植物密度/(万个/L)	≤40	200	500	1000	≥5000
赋分	100	60	40	30	0

（20）大型水生植物覆盖度。大型水生植物覆盖度评价河湖岸带湖向水域内的挺水植物、浮叶植物、沉水植物和漂浮植物四类植物中非外来物种的总覆盖度，可根据实际情况选用下列方法。

1）参考点比对赋分法。以同一生态分区或湖泊地理分区中湖泊类型相近、未受人类活动影响或影响轻微的湖泊，或选择评价湖泊在湖泊形态及水体水质重大改变前的某一历史时段作为参考点，确定评价湖泊大型水生植物覆盖度评价标准；以评价年大型水生植物覆盖度除以该参考点标准计算其百分比，大型水生植物覆盖度赋分标准见表 7-30。

表 7-30   大型水生植物覆盖度赋分标准表（参考点比对赋分法）

大型水生植物覆盖度变化比例/%	≤5	10	25	50	≥75
说明	接近参考点状况	与参考点状况有较小差异	与参考点状况有中度差异	与参考点状况有较大差异	与参考点状况有显著差异
赋分	100	75	50	25	

2）直接评判赋分法。无参考点时，直接根据浮游植物密度的大小进行赋分，湖泊大型水生植物覆盖度赋分标准见表 7-31。

表 7-31   大型水生植物覆盖度赋分标准表（直接评判赋分法）

大型水生植物覆盖度	>75%	40%~75%	10%~40%	0~10%	0
说明	极高密度覆盖	高密度覆盖	中密度覆盖	植被稀疏	无该类植被
赋分	75~100	50~75	25~50	0~25	0

（21）防洪达标率。防洪达标率用来评价河湖堤防及沿河（环湖）口门建筑物防洪达标情况。河流防洪达标率统计达到防洪标准的堤防长度占堤防总长度的比例，有堤防交叉建筑物的，须考虑堤防交叉建设物防洪标准达标比例，按照式（7-16）计算；湖泊同时还应评价环湖口门建筑物满足设计标准的比例，按照式（7-17）计算。无相关规划对防洪达标标准规定时，可参照《防洪标准》（GB 50201—2014）确定。河流及湖泊防洪达标率赋分标准见表 7-32。

$$FDRI = \left(\frac{RDA}{RD} + \frac{SL}{SSL}\right) \times \frac{1}{2} \times 100 \qquad (7-16)$$

$$FDLI = \left(\frac{LDA}{LD} + \frac{GWA}{DW}\right) \times \frac{1}{2} \times 100 \qquad (7-17)$$

式中：$FDRI$ 为河流防洪工程达标率，%；RDA 为河流达到防洪标准的堤防长度，m；RD 为河流堤防总长度，m；SL 为河流堤防交叉建筑物达标数，个；SSL 为河流堤防交叉建筑物总数，个；$FDLI$ 为湖泊防洪工程达标率，%；LDA 为湖泊达到防洪标准的堤防长度，m；LD 为湖泊堤防总长度，m；GWA 为环湖达标口门宽度，m；DW 为环湖口门总宽度，m。

表 7-32 **河流及湖泊防洪达标率赋分标准表**

防洪达标率	≥95%	90%	85%	70%	≤50%
指标	100	75	50	25	0

（22）供水水量保证程度。供水水量保证程度等于一年内河湖逐日水位（或流量）达到供水保证水位（或流量）的天数占年内总天数的百分比，按照以下公式计算，供水水量保证程度赋分标准见表 7-33，赋分采用区间内线性插值：

$$R_{gs} = \frac{D_0}{D_n} \times 100\%$$ （7-18）

式中：R_{gs} 为供水水量保证程度；D_0 为水位或流量达到供水保证水位或流量的天数，d；D_n 为一年内总天数，d。

表 7-33 **供水水量保证程度赋分标准表**

供水水量保证程度/%	[95, 100]	[85, 95)	[60, 85)	[20, 60)	[0, 20)
赋分	100	[85, 100)	[60, 85)	[20, 60]	[0, 20)

（23）河流（湖泊）集中式饮用水水源地水质达标率。河流（湖泊）集中式饮用水水源地水质达标率指达标的集中式饮用水水源地（地表水）的个数占评价河流（湖泊）集中式饮用水水源地总数的百分比。其中，单个集中式饮用水水源地采用全年内监测的均值进行评价，参评指标取《地表水环境质量标准》（GB 3838—2002）的地表水环境质量标准评价的 24 个基本指标和 5 项集中式饮用水水源地充指标。河流（湖泊）集中式饮用水水源地水质达标率评分对照见表 7-34，计算公式如下：

$$河流（湖泊）集中式饮用水水源地水质达标率 = \frac{达标集中式饮用水水源地个数}{评价河流（湖泊）集中式饮用水水源地总数} \times 100$$ （7-19）

（24）岸线利用管理指数。岸线利用管理指数指河流岸线保护完好程度。按式（7-20）进行赋分。

$$R_u = \frac{L_n - L_u + L_0}{L_n}$$ （7-20）

式中：R_u 为岸线利用管理指数；L_u 为已开发利用岸线长度，km；L_n 为岸线总长度，km；L_0 为已利用岸线经保护完好的长度，km。

表 7-34 **河流（湖泊）集中式饮用水水源地水质达标率评分对照表**

河流（湖泊）集中式饮用水水源地水质达标率/%	[95, 100]	[85, 95)	[60, 85)	[20, 60)	[0, 20)
赋分	100	[85, 100)	[60, 85)	[20, 60]	[0, 20)

岸线利用管理指数包括两个组成部分：

1）岸线利用率，即已利用生产岸线长度占河岸线总长度的百分比。

2）已利用岸线完好率，即已利用生产岸线经保护恢复原状的长度占已利用生产岸线总长度的百分比。

岸线利用管理指数赋分值＝岸线利用管理指数×100。

（25）通航保证率。按年计，通航保证率 N_d 为正常通航日数 N_n 占全年总日数的比例，即

$$N_d = \frac{N_n}{365} \times 100\% \qquad (7-21)$$

式（7-21）中正常通航日数 N_n 为全年内为正常通航的天数，以日计算，可统计全年河湖水位位于最高通航水位和最低通航水位之间的天数。不同级别航道通航保证率赋分标准见表7-35～表7-37，赋分采用区间内线性插值。

表7-35　　　　　Ⅰ、Ⅱ级航道通航保证率赋分标准

通航保证率/%	[98, 100]	[96, 98)	[94, 96)	[92, 94)	[0, 92)
赋分	100	[80, 100)	[60, 80)	[40, 60)	0

表7-36　　　　　Ⅲ、Ⅳ级航道通航保证率赋分标准

通航保证率/%	[95, 100]	[91, 95)	[87, 91)	[83, 87)	[0, 83)
赋分	100	[80, 100)	[60, 80)	[40, 60)	0

表7-37　　　　　Ⅴ～Ⅶ级航道通航保证率赋分标准

通航保证率/%	[90, 100]	[85, 90)	[80, 85)	[75, 80)	[0, 75)
赋分	100	[80, 100)	[60, 80)	[40, 60)	0

（26）公众满意度。评价公众对河湖环境、水质水量、涉水景观等的满意程度，采用公众调查方法评价，其赋分取评价流域（区域）内参与调查的公众赋分的平均值。公众满意度指标赋分标准见表7-38，赋分采用区间内线性插值。

表7-38　　　　　公众满意度指标赋分标准

公众满意度	[95, 100]	[80, 95)	[60, 80)	[30, 60)	[0, 30)
赋分	100	80	60	30	0

（四）河湖健康综合评价

河湖健康评价采用分级指标评分法，逐级加权，综合计算评分。根据准则层内评价指标权重赋分（表7-39），计算评价河段或评价湖区准则层赋分。评价指标赋分权重可根据实际情况确定，必选指标的权重应高于备选指标及自选指标的权重。

表7-39　　　　　河湖健康准则层赋分权重表

目　标　层	准　则　层		权　重
河湖健康	"盆"		0.2
	"水"	水量	0.3
		水质	
	生物		0.2
	社会服务功能		0.3

对河湖健康进行综合评价时，按照目标层、准则层及指标层逐层加权的方法，计算得到河湖健康最终评价结果，计算公式为

$$RHI_i = \sum[YMB_{mw}\sum(ZB_{nw}ZB_{nr})] \qquad (7-22)$$

式中：RHI_i 为第 i 评价河段或评价湖泊区河湖健康综合赋分；ZB_{nw} 为指标层第 n 个指标的权重（具体值按照专家咨询或当地标准来定）；ZB_{nr} 为指标层第 n 个指标的赋分；YMB_{mw} 为准则层第 m 个准则层的权重。

河流、湖泊分别采用河段长度、湖泊水面面积为权重按照式（7-23）进行河湖健康赋分计算：

$$RHI = \frac{\sum_{i=1}^{R_s} RHI_i W_i}{\sum_{i=1}^{R_s} W_i} \qquad (7-23)$$

式中：RHI 为河湖健康综合赋分；RHI_i 为第 i 个评价河段或评价湖泊区河湖健康综合赋分；W_i 为第 i 个评价河段的长度，km，（或第 i 个评价湖区的水面面积，km^2）；R_s 为评价河段（湖泊）数量，个。

河湖健康分类根据评估指标综合赋分确定，采用百分制，分为一类河湖（非常健康）、二类河湖（健康）、三类河湖（亚健康）、四类河湖（不健康）、五类河湖（劣态）。河湖健康分类、状态和赋分范围见表7-40。

表 7-40　　　　　　　　　　河湖健康综合评价分类说明

分　类	状　态	赋　分　范　围
一类河湖	非常健康	$90 \leqslant RHI \leqslant 100$
二类河湖	健康	$75 \leqslant RHI < 90$
三类河湖	亚健康	$60 \leqslant RHI < 75$
四类河湖	不健康	$40 \leqslant RHI < 60$
五类河湖	劣态	$RHI < 40$

第三节　水生态修复技术

一、水质净化技术

污染河流水质净化技术种类繁多，但从技术原理上看，可以将这些技术分为物理净化技术、化学修复技术和生物-生态技术三大类。其中物理净化技术包括底泥疏浚、引水稀释技术、截污技术、河流曝气复氧技术、机械除藻技术等，总的来说，物理净化技术见效快，但工程巨大，耗财耗力，而且不能从根本上解决问题，难以进行大规模治理；化学修复技术包括：化学除藻技术、絮凝沉淀技术、重金属化学固定技术等，该技术主要是靠向底泥中施进化学修复剂，使其与污染物发生化学反应，从而使污染

物易降解或毒性较低，但化学修复技术对环境的破坏较大，并且也容易产生二次污染，一般用于应急措施；生物-生态技术包括：稳定塘技术、人工湿地技术、生态浮床技术、河道生物接触氧化技术等，该技术是利用生态平衡、物质循环的原理和技术方法，对受污染、破坏或胁迫的水体生物生存和发展状态进行改善、改良或恢复、重现，通过对水中污染物进行转移、转化及降解，使水体得到净化的技术。各种技术都具有不同技术、经济特点以及适用条件，客观、系统地分析总结各种技术的特点和使用条件，具有重要的实用价值。

（一）物理净化技术

1. 底泥疏浚

（1）概述。受污染河流或湖泊中的污染物质会随着时间的变化逐渐沉积在底泥中，使底泥中的应用物质增加。这些营养物质主要是一些有机物和氮磷物质，在一定的时候，这些营养物质又会逐渐释放到水体中，使水质恶化，还有可能产生恶臭，而且在水质较好的时候，底泥释放污染物的速度会加快。因此底泥成为水污染的一个内源。底泥疏浚是采用水力或机械方法挖掘水下的土石方，并进行输移处理从而有效地去除污染物，减少底泥中污染物释放的一种工程措施。

（2）底泥疏浚工程的主要步骤。底泥疏浚工程的效果与其方式是分不开的，具体挖泥的深度和面积都要经过一些相应的调查和计算来确定，如果清除深度和面积不当反而会使水质更加恶化。疏浚工程的主要步骤如下：

1）底泥污染情况调查。调查主要包括底泥污染物质状况、底泥的分布情况、底泥的含水率、污染物质释放率、底泥的水环境特点、底泥的微生物特点等。

2）确定底泥疏浚的位置和面积。根据湖泊或河流的实际调查结果及经济情况，将重点施工区选择在淤泥较严重的地区，主要考虑水源地及敏感区等地点。

3）确定底泥疏浚的深度。这个深度需要经过综合的考虑和计算，主要包括湖泊或河流的水质水文特点、底部地理分布情况、底泥的成分和土质、污染物释放系数、水体中生物及其分布特点等。

4）确定底泥疏浚的方法、设备及时间。疏浚的方法有两种：一种是将水抽干，进行底泥的去除，这种方法主要在小型的湖泊中操作；另一种是直接在水中操作，采用挖泥船进行，大多数的清淤挖泥是采用这种方式，需要注意的是避免底泥在水中的扩散造成二次污染。疏浚的设备主要就是挖泥船，应根据不同的情况选择合适的挖泥船，目前应用最广泛的是绞吸式挖泥船，其次还有刮泥机等。清淤挖泥最好选在枯水时节进行操作。

5）确定排泥地点及底泥后期处理。排泥地点应做好防渗处理，底泥应及时处理，以防止造成二次污染。

（3）底泥疏浚的分类。根据疏浚目的的不同，疏浚可分为工程疏浚和环境疏浚，这两种疏浚在疏浚工程目标、生态要求、施工精度、底泥处置和费用等方面是完全不同的，见表7-41。

表 7 - 41   环境疏浚与工程疏浚比较

项 目	环 境 疏 浚	工 程 疏 浚
生态要求	尽可能保留其部分生态特征，为疏浚区生态重建提供条件	无
工程目标	清除存在于底泥中的污染物	增加水体容积，维持航行深度
边界要求	按污染泥层分布确定	底面平坦，断面规则
输挖泥层厚度	较薄，一般小于1m。按内源污染控制和生态恢复要求确定有效疏浚深度	较厚，一般几米到几十米
对颗粒扩散限制	尽量避免扩散及细颗粒物再悬浮	不做限制
施工精度	5～10cm	20～50cm
设备选型	专用设备或经改造的标准设备	专用设备
工程监控	污染物防扩散、堆场余水排放、污染底泥处置等应进行专项分析、严格控制	一般控制
底泥处置	泥、水根据污染性质进行特殊处理	泥水分离后一般堆置
费用	高	低

环境疏浚主要是为治理湖泊富营养化内源污染，其目的包括增大湖泊容量、营养盐控制、有毒物质的去除和水生大型植物控制，其中通过底泥的疏浚去除湖泊底泥所含的污染物，清除湖库高营养盐污染底泥，减少底泥内源污染物向水体的释放，并为水生态系统的恢复创造条件为目的的疏浚最为常见。工程疏浚主要为某种工程的需要如疏通航道、增容、提升排水能力等，疏浚方式较为粗放。环保疏浚的目的是为了清楚污染底泥等影响水生态健康的物质，同时又要尽量提供和保护底栖动物的栖息条件，疏浚精度要求高，在疏浚过程中需要采取措施防止二次污染，并对清除出来的污染底泥进行安全处理处置等。环保疏浚的一个重要特点就是要考虑到为疏浚区水生态系统的重建创造条件。环境疏浚的关键和难点在于如何科学地确定重要的疏浚参数（如疏浚区的位置、有效疏浚深度及污泥量等）。

（4）底泥疏浚工程的设备。疏浚的设备通常有抓斗式挖泥船，这种设备往往容易引起底泥表层成悬浮状态而使部分污染物质释放到水体中；还有绞吸式挖泥船，它是在吸水管的前端安装旋转式的绞刀，用以切割底部的泥沙，在泵的作用下，通过排泥管将底泥抽出，输送到岸边，可以减少对底泥表层的搅动；除此之外还有链斗式挖泥船、铲斗式挖泥船等。在设备的选择时应综合考虑底泥的疏浚量、底泥的处理方式及地点、对环境的影响还有施工条件等，选择合适的疏浚设备。

（5）底泥堆放场地的设计。底泥堆放场地的设计主要包括以下几部分：

1）围埝的设计。应铺设防渗膜，以防止二次污染。

2）泄水口的设计。泄水口是泥浆在处置场中沉淀后排放余水的出口，其作用是控制余水的排放流量，保证污染底泥的沉淀效果。泄水口的形式可采用管式、溢流堰式、泄水闸等。

3）排水沟的设计。排水沟是连接在泄水口处，供余水及雨水排除的通道，排水沟的断面有矩形、梯形、圆形。

　　4）排水的监控与处理。对堆放场地排除的余水应进行严格的监控，如有不达标的余水，应经处理合格后再排放。

　　2. 引水稀释技术

　　（1）概述。引水稀释技术也称为引清调度技术，即通过工程手段调水对污染水体进行稀释。通过引清调度的稀释作用可以有效减少污染物浓度，同时引清调度也可在一定程度上增加水中溶解氧浓度，从而使污染物稀释，微生物活性增加，达到水质修复的目的。

　　引水稀释是向污染的河道或湖泊水体注入未受污染的清洁水体，以达到稀释原水体中营养盐浓度的目的，从而可以在一定程度上降低污染物质的浓度，同时在这个过程中污染物也可以得到扩散和迁移，使水质得到改善。一般所引水中的溶解氧、微生物含量等较高，自净能力较强，在与原水体混合后可以增加整个水体的自净系数，通过微生物的新陈代谢也可以净化水质，而且在引水和原水混合处，由于冲击作用也可以增加水体中的溶解氧浓度，还可以提高微生物的新陈代谢作用。引水稀释的方式有很多，可以通过修筑河道把水引入污染河流，对于一些湖泊也可以直接用管道注入水体。

　　（2）引水稀释的步骤和方法。

　　1）构建连通方案。水系连通方案的设计要考虑周边水环境特征、水情水势、水质水量、现有水利设施的分布及规模等因素。方案的组成要素包括连通形式与范围、饮水水源、目标水域、饮水线路和受水区等。水系连通方案可分为外连通方案和内循环调水方案。外连通方案的主要功能是恢复流域水系的动态联系，构筑水系生态通廊，同时增强水体复氧能力，提高水体透明度、改善水质，为生态恢复与重建提供条件。内循环调水主要是促使河道及连通渠的水体流动，变静水为流水，变死水为活水，变往复流为单向流，增强水体复氧能力，促进水质净化。

　　2）选择引水水源。水源的选择主要按照水质、水量、含沙量以及供水设施、自流条件、污染转移等进行综合比较。在不影响工农业生产和居民生活供水的条件下，应优先选择水质好、水量充足、含沙少的水源。对于资源型缺水地区，要重点考虑采用污水处理厂再生产水作为河道补水水源。

　　3）选择连通渠线。连通渠线的选择要遵循"河程取长、渠程取短"的原则，应尽量减少连通渠道长度、落差及其水能消耗，减少"死水区"。尽可能利用自然落差（包括潮差），因势利导形成自循环水网，降低调水费用。

　　4）设计引水流量。在逐月多年平均的水文条件下建立水质水量综合模型，模拟典型月份不同调水方案实施后的水量、水流流态、水质等的变化过程，分析不同调水方案的水质改善效果。

　　5）选择引水方式。引水方式有丰水期（汛期）调水和枯水期调水。

　　丰水期调水：受降雨及城市行洪排涝的要求，丰水期调水宜采用大流量、短周期的调水方式。丰水期气温高，河流水体含氧量相对较低，易发黑发臭，快速调水能有效消除水体黑臭；高等水生植被度夏困难，快速调水能有效改善水质、降低水温，减少生态修复的风险。

　　枯水期调水：分为冬季调水和春季调水。冬季由于天然降雨的补给较少，河流水位降低，故调水目标为维持河流生态需水量和改善河流水质。春季调水还有引江纳苗的任务，可采用小流量、长周期的调水方式。该方式水温低，水体含氧量相对较高，同时生物活动量相对较少，水体扰动少，水质相对较好，可长期稳定地改善水质；配合导流设施，可抑制藻华的暴发。该方式创造的缓流状态对水生生物的扰动较小，并有利于鱼类的洄游与繁殖。

6）利用已有水利设施工程。水利工程设施是实现环境调水的基础条件。应在充分利用已有水利工程设施（包括水闸和泵站等）的基础上，根据环境调水的要求，进行适量的新建、改建，并优化调度方法，实现水利保障和水质改善的共赢。

3. 截污技术

（1）概述。河流或湖泊中的污染物质大多是通过直接排入和地表径流进入水体的，因此要从根本上减少污染物质的数量，应该从源头出发，控制污染源，进而保护水体。截污就是通过修筑雨水、污水管网或拦截沟渠使污水进入污水处理厂统一处理后再排放，这样会大大降低进入水体污染物浓度，减轻河流或湖泊的负荷，从根本上解决外源污染问题。从源头出发控制污染物，效果好，是水体原位修复中必要的环节，但是其工程量最大，耗资较高。

（2）截污管道的布置形式。从布置形式上分，截污管道大致分为五种形式：沿河流两岸道路敷设截污管道，沿宽广但非河岸边的道路设置截污管道，沿河堤边驳架小管截污管道，沿河堤基础铺设截污管道，利用原有直排式排水管道进行截污。

1）沿河流两岸道路敷设截污管道。此形式是将直排式合流制排水系统改造为截流式合流制排水系统，平行于河流在河岸上敷设截污管道，并在直排合流管出口处设置截流溢流井。晴天时，将污水全部经截流干管截流，经重力流输送至下游污水处理厂进行处理；雨天时，初期雨水与污水一起截流至污水处理厂处理，随着雨水量的增加，当混合污水量超过截流干管的截污能力时，部分混合污水经溢流井溢出排至受纳水体。

这种管道布置形式为截流式合流制排水系统的传统管道布置形式。此形式工程量相对较小，节约投资，见效快，而且这种方式可以在今后管网完善过程中逐步改造为分流制，可满足以后排水系统的发展要求。

2）沿宽广但非河岸边的道路设置截污管道。截污主干管的管径通常在 DN600 以上，埋深较大，对地下土质要求较高，施工作业面较大，所以在污水整体规划时往往会将这些管道安排在主要干道或较为宽广畅通的道路上，方便各方各面支管的接入。

当河流两岸道路较窄或两岸没有道路，而且直排式排水管分布较为集中，排出口数目较少时可以选择在于河流平行而且施工环境较好的、较宽广的、离河流近的道路上敷设截污管，同时在直排式排污口上设置溢流井。个别分散并且量少，难以纳入截污管的排污口可通过自身改造进行分散处理，这种布置方式既可截流污水，又可避免为了在河岸边建污水管而采用拆迁河流两岸建筑物或施工时通过强化不必要的支护等高代价方式来换取截污管的建设。

3）沿河堤边驳架小管截污管道。当河流两岸均没有道路，直排式排水管分散，排出口较多且，管径较小，为了避免河流水体受污染和迁移过多的建筑物，可采用在河堤边架设支架，截污管道敷设并固定于支架之上的管道布置形式。

4）沿河堤基础铺设截污管道。当河流两岸道路突然被某建筑物或构筑物阻挡不能通行时，在河流两岸道路敷设截污式合流管道会被中断。在这种情况下，采用沿河堤基础铺设污水管道的方法可以解决上述问题。这种方法主要是在河堤基础旁边按管道设计标高做好河底基础，然后将截污管铺设于新建基础之上，管道再用钢筋混凝土包裹保护，并在管道两边砌筑检查井，这样就可把中断的截污合流管道连接起来。

这种方法一般适用于阻挡长度不大，污水管上下游标高均符合河堤基础结构要求，而且管道两边可砌筑检查井的情况。否则就会造成管道堵塞，管理困难或形成倒虹吸管的后果，施工时亦要估计河岸线宽度要求，不能盲目缩窄河道。

5）利用原有直排式排水管道进行截污。在截污管道施工时，经常会遇到施工环境恶劣，土质条件差，无法开展施工的情况。遇到这些情况，应区别对待。如果这些地方原有直排式排水管道的建设比较合理，施工质量好，坡度较小，可以利用原有直排式排水管道截流污水，让污水截流到临近新建截污管道内，并在排出口设置溢流井。

这种方法施工简单，投资小，见效快，影响也小。但其施工质量会受到原有排水管道质量的影响。因为原有排水管道大多采用混凝土管，接口较多，管道渗漏问题会随时间不断加重，从而造成地下水污染，存在一定的风险，严重的甚至会影响整个截污系统的运行。

4. 河流曝气复氧技术

（1）概述。曝气复氧技术包括河流的充氧曝气和湖泊（包括景观水体）的深层曝气。其通常是指对水体进行人工曝气复氧，是一个通过曝气设备将空气中的氧强制向水体中转移的过程。曝气复氧技术可以提高水中的溶解氧含量，使水体保持好氧状态，从而保障水生生物的生命活动及微生物对有机物的氧化分解有足够的溶解氧，同时搅拌水体可以达到水体循环的目的，可防止水体黑臭现象的发生。此外，曝气充氧还能加强池内的微生物与有机物和溶解氧接触，从而保证水体中的微生物在有充足溶解氧情况下，对污水中的有机物进行氧化分解，进一步缓解水体污染的情况。

河道曝气复氧技术是根据河流受到污染后缺氧的特点，人工向水体中连续或间歇式地充入空气（或纯氧），加速水体复氧过程，提高水体的溶解氧含量，恢复和增强水体中好氧微生物的活力，使水体中的污染物质得以净化，从而改善河流的水质。河道曝气复氧技术是充分利用天然河道和河道已有建筑就地处理污水的一种方法。此方法综合了曝气氧化塘和氧化渠的原理，即采用推流式和利用曝气复氧的方式实现液气的完全混合，从而有利于提高水体的自净能力，同时，也有利于液体混合和污泥絮凝。

（2）分类。河流曝气复氧技术主要有跌水曝气复氧技术和人工曝气复氧技术两类。

1）跌水曝气复氧技术。跌水曝气复氧是利用水在下落过程中与空气中的氧化接触而实现复氧，包括天然跌水曝气和人工跌水曝气。城市中的河流一般都没有明显的自然高差，所以城市河流水环境修复一般可结合景观建设，依靠人工抬高一侧水位进行不同程度的跌水曝气。

跌水曝气复氧的途径：一是在重力作用下，水滴或水流由高处向低处自由下落的过程中充分与大气接触，大气中的氧溶解到水中，形成溶解氧；二是在水滴或水流以一定的速度进入跌水区液面时会对水体产生扰动，强化水和气的混掺产生气泡，在其上升到水面的过程中，气泡与水体充分接触，将部分氧融入到水中形成溶解氧。

2）人工曝气复氧技术。河流受到耗氧有机物污染后，水体溶解氧被耗氧有机物消耗，水体出现缺氧，危害水生态系统，严重时河水黑臭。人工曝气复氧技术采用各种强化曝气技术，人工向水体中充入空气（或氧气），加速水体复氧，以提高水体的溶解氧浓度水平，恢复和增强水体中好氧微生物的活力，使水体中的污染物质得以净化，从而改善河流水质。

（3）河流曝气复氧技术的形式。根据需曝气河流水质改善的要求（如消除黑臭、改善水质、恢复生态环境）、河流条件（包括水深、流速、河流断面形状、周边环境等）、河段功能要求（如航运功能、景观功能等）、污染源特征（如长期污染负荷、冲击式污染负荷等）的不同，河流人工曝气复氧技术可采用固定式充氧技术和移动式充氧技术两种不同形式。

1）固定式充氧技术：在需要曝气增氧的河段上安装固定的曝气装置。固定式充氧站可采用不同的曝气形式。

2）移动式充氧技术：移动式充氧平台可以根据需要自由移动，这种曝气形式的突出优点是可以根据曝气河流污染状况、水质改善程度，机动灵活地调整曝气设备的位置和运行，从而达到经济、高效的目的。

（4）曝气充氧设备分类与特性。当前国内外工程已经应用的曝气复氧设备种类较多。从充氧所需的氧源来分，有纯氧曝气与空气曝气设备。按工作原理来分，又可以分为鼓风机-微孔布气管曝气系统、纯氧-微孔管曝气系统、叶轮吸气推流式曝气器、曝气复氧船、太阳能曝气机、水下射流曝气设备、叶轮式增氧机等。河道人工曝气可以单独使用，也可以与其他微生物技术、植物净化技术、接触氧化工艺等组合使用。表7-42显示了各种主要曝气充氧设备的主要特性比较。

表 7-42　　　　　　　　　　曝气充氧设备的主要特性比较

曝气设备类型	组　成	优　点	缺　点	适用范围
鼓风机-微孔布气管曝气系统	鼓风机＋微孔布气管	充氧速率较高25%～35%（5m水深）；在城市污水处理中应用广泛	安装工程量大，维修困难，对航运有一定的影响；鼓风机房占地面积大，运行噪声较大	城郊不通航河流
纯氧-微孔布气管曝气系统	氧源＋微孔布气管	占地面积小，运行可靠，无噪声；安装方便，不易堵塞；氧转移率高15%（1m水深）～70%（5m水深）	对航运有一定的影响，投资大	不通航河流
纯氧-混流增氧系统	氧源＋水泵＋混流器＋喷射器	氧转移率高70%左右（3.5m水深）；可安置在河床近岸处，对航运的影响较小	投资高	既可用固定式充氧，也可移动式充氧
叶轮吸气推流式曝气器	电动机＋传动轴＋进气通道＋叶轮	安装方便、调整灵活；漂浮在水面，受水位影响小；基本不占地；维修简单方便	叶轮易被堵塞缠绕；影响航运；会在水面形成泡沫，影响水体美观	不通航河流
水下射流曝气	潜水泵＋水射器	安装方便；基本不占地；运行噪声小	维修较麻烦	不通航河流
叶轮式增氧机	叶轮＋浮筒＋电动机	安装方便；基本不占地	会产生一定的噪声；外表不美观	多用于渔业水体，水深较浅的水体

5. 机械除藻技术

（1）概述。随着工业的发展，水体污染日益加剧。水体污染的一个重要表现就是夏季藻类暴发生长，水质急剧恶化。特别是死藻和超量铝引发的各种疾病已成为一大公害。研究有效的除藻技术，已经成为提高水质、缓解水体富营养化的一个亟待解决的问题。一般来说，机械除藻技术是一种除藻的直接手段。

（2）分类。机械除藻技术即用机械化手段去除水中藻类的技术，包括机械捞藻法、气浮除藻法、超声波除藻法及遮光技术等方法，不同机械除藻技术的流程各不相同。

1）机械捞藻法。机械捞藻法就是将藻类从湖泊中移出，一般应用在蓝藻富集区，采用固定式除藻设施和除藻船对区域内湖水进行循环处理，有效清除浮藻层。机械捞藻法包括固定式抽藻、移动式抽藻、流动式除藻及人工围捕打捞等机械清除物理措施。采用机械方法清除蓝藻水华，能直接大量地清除湖面的蓝藻，可以作为蓝藻大面积暴发时的应急措施，且无明显负面影响。

2）气浮除藻法。气浮除藻法技术是利用水在不同压力下溶解度不同的特性，在加压或者负压条件下使水中产生微气泡，微气泡与藻体充分接触并附着于藻体，带动藻体缓慢上升浮至水面，进而机械收集、分离藻和水，达到除藻的目的。气浮技术在含藻水源水预处理中得到广泛的应用，技术成熟可靠，该项技术主要适用于新鲜蓝藻的去除。

3）超声波除藻法。超声波除藻是利用高强度的超声波破坏藻类细胞。超声波除藻技术主要是利用特殊频率的超声波所产生的振荡波，作用于水藻外壁并使之破裂、死亡，以达到消灭水藻、平衡水环境生态的目的。

（二）化学修复技术

1. 化学除藻技术

化学除藻技术是控制藻类生长的快速有效方法，在治理湖泊富营养化中已有应用，也可作为严重富营养化河流的应急除藻措施。常用的化学除藻剂有硫酸铜 $CuSO_4$、西玛三嗪等。混凝剂通常配合除藻剂同时使用，常用混凝剂有聚丙烯酰胺（PAM）、氧化铁（$FeCl_3$）等。化学除藻技术操作简单，可在短时间内取得明显的除藻效果，提高水体透明度，值得注意的是，除藻剂具有副作用，应根据水体的功能要求慎重使用。

但化学除藻技术不能将氮、磷等营养物质清除出水体，不能从根本上解决水体富营养化问题。而且除藻剂的生物富集和生物放大作用对水生态系统可能会产生负面影响，长期使用低浓度的除藻剂还会使藻类产生抗药性。因此，除非应急和健康安全许可，化学除藻技术一般不宜采用。

2. 絮凝沉淀技术

水体中的磷是水体富营养化的一个关键控制因子，絮凝沉淀技术对于控制河流内源磷负荷，特别是河流底泥的磷释放，有一定的效果。絮凝沉淀技术是向水体投加铝盐、铁盐、钙盐等药剂，使之与河水中溶解态磷形成不溶性固体转移到底泥中。

常用的药剂有 $CaCO_3$、$Ca(OH)_2$、$Al_2(SO_4)_3$、$FeCl_3$、明矾等。河流底泥的磷释放除了与磷的存在形态有关，还与温度、底泥的微生物活动、溶解氧浓度水平、pH 值、泥水界面的扰动状况密切相关。有研究表明升高温度、厌氧状态、酸性或碱性环境能促进底泥磷释放。因此从化学固磷的角度，还应控制河流的 pH 值处于中性。

3. 重金属化学固定技术

河流底泥中的重金属在一定条件下会以离子态或某种结合态进入水体，化学固定技术就是将重金属结合在底泥中，抑制重金属的释放，从而降低其对河流生态系统的影响。

调高 pH 值是将重金属结合在底泥中的主要化学方法。在较高 pH 值环境下，重金属会形成硅酸盐、碳酸盐、氢氧化物等难溶性沉淀物。加入碱性物质将底泥的 pH 值控制在 7～8 可以抑制重金属以溶解态进入水体。常用的碱性物质有石灰、硅酸钙炉渣、钢渣等，施用量的多少，应视底泥中重金属的种类、含量及 pH 值的高低而定，但施用量不应太多，以免对水生态系统产生不良影响。

（三）生物-生态修复技术

1. 稳定塘技术

（1）概述。稳定塘技术又称氧化塘或生物塘，是一种利用天然净化能力对污水进行处理的构筑物，其净化过程与自然水体的自净过程相似。通常是将土地进行适当的人工修整，建成池塘并设置围堤和防渗层，依靠塘内生长的微生物来处理污水。

污水在稳定塘内滞留期间，水中的有机污染物通过好氧微生物的代谢活动被氧化，或经过厌氧微生物的分解而达到稳定化。好氧微生物代谢所需的溶解氧由稳定塘水面的大气复氧作用以及水体中藻类的光合作用提供，也可根据实际情况设置曝气装置人工供氧。稳定塘的建造要因地制宜，充分利用河流周边的地形和空间，根据需要可设防护围堤和防渗层。

（2）分类。稳定塘按照占优势的微生物种属和相应的生化反应，可分为好氧塘、兼性塘、曝气塘和厌氧塘四种类型。

1）好氧塘。好氧塘是一种主要靠塘内藻类的光合作用供氧的氧化塘。它的水深较浅，一般在 $0.3～0.5m$，阳光能直接射透到池底，藻类生长旺盛，加上塘面风力搅拌进行大气复氧，全部塘水都呈好氧状态。好氧塘工作原理如图 7-6 所示。

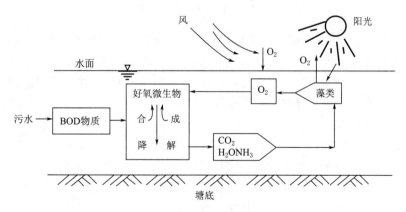

图 7-6　好氧塘工作原理示意图

按照有机负荷的高低，好氧塘可分为高速率好氧塘、低速率好氧塘和深度处理塘。高速率好氧塘用于气候温暖、光照充足的地区处理可生化性好的工业废水，可取得 BOD 物质去除率高、占地面积少的效果，并副产藻类饲料。低速率好氧塘是通过控制塘深来减小负荷，常用于处理溶解性有机废水和城市二级处理厂出水。深度处理塘（精致塘）主要用于接纳已被处理到二级出水标准的废水，因而其有机负荷很小。

2）兼性塘。兼性塘的水深一般在 1.5～2m，塘内好氧和厌氧生化反应兼而有之。在上部水层中，白天藻类光合作用旺盛，塘水维持好氧状态，其净化能力和各项运行指标与好氧塘相同；在夜晚，藻类光合作用停止，大气复氧低于塘内耗氧，溶解氧急剧下降至接近于零。在塘底，由可沉固体和藻、菌类残体形成了污泥层，由于缺氧而进行厌氧发酵，称为厌氧层。在好氧层和厌氧层之间，存在着一个兼性层。

兼性塘是氧化塘中最常用的塘型，常用于处理城市一级沉淀或二级处理出水。在工业废水处理中，常在曝气塘或厌氧塘之后作为二级处理塘使用，有的也作为难生化降解有机废水的贮存塘和间歇排放塘（污水库）使用。由于它在夏季的有机负荷要比冬季所允许的负荷高得多，因而特别适用于处理在夏季进行生产的季节性食品工业废水。兼性塘工作原理如图 7-7 所示。

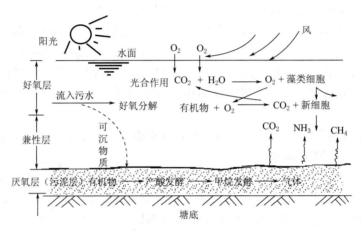

图 7-7　兼性塘工作原理示意图

3）曝气塘。为了强化塘面大气复氧作用，可在氧化塘上设置机械曝气或水力曝气器，使塘水得到不同程度的混合而保持好氧或兼性状态。曝气塘有机负荷和去除率都比较高，占地面积小，但运行费用高，且出水悬浮物浓度较高，使用时可在后面连接兼性塘来改善最终出水水质。可分为好氧曝气塘（完全混合曝气塘）和兼性曝气塘（部分混合曝气塘）。曝气塘工作原理如图 7-8 所示。

4）厌氧塘。厌氧塘的水深一般在 2.5m 以上，最深可达 4～5m。当塘中耗氧超过藻类和大气复氧时，就使全塘处于厌氧分解状态。因而，厌氧塘是一类高有机负荷的以厌氧分解为主的生物塘。其表面积较小而深度较大，水在塘中停留 20～50d。它能以高有机负荷处理高浓度废水，污泥量少，但净化速率慢、停留时间长，并产生臭气，出水不能达到排放要求，因而多作为好氧塘的预处理塘使用。厌氧塘工作原理如图 7-9 所示。

以污水中有机污染指标 BOD（生化需氧量，Biochemical Oxygen Demand）表征，以上四类氧化塘的主要性能见表 7-43。

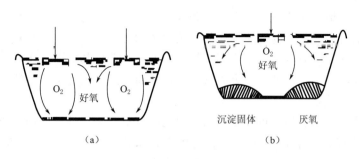

图 7-8 曝气塘工作原理示意图

(a) 好氧曝气塘；(b) 兼性曝气塘

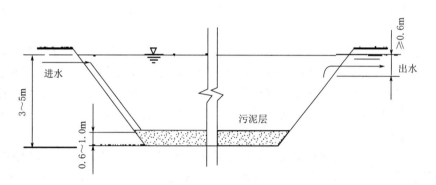

图 7-9 厌氧塘工作原理示意图

表 7-43 四类氧化塘的主要性能

塘　　型	好氧塘	兼性塘	曝气塘	厌氧塘
典型 BOD 负荷/[g/(m²·d)]	8.5～17	2.2～6.7	8～32	16～80
常用停留时间/d	3～5	5～30	3～10	20～50
水深/m	0.3～0.5	1～2	2～6	2～5
BOD_5 去除率/%	80～95	50～75	50～80	50～70
出水中藻类浓度/(mg/L)	＞100	10～50	0	0
主要用途及优缺点	一般用于处理其他生物处理的出水。出水中水溶性 BOD_5 浓度低，但藻类固体去除受到限制	常用于处理城市原污水及初级处理、生物滤池、曝气塘或厌氧池出水。运行管理方便，对水量、水质变化的适应能力强，是氧化塘中最常用的池型	常接在兼性塘后，用于工业废水处理。易于操作维护，塘水混合均匀，有机负荷和去除率较高	用于高浓度有机废水的初级处理，后接好氧塘可提高出水水质。污泥量少，有机负荷高。但出水水质差，并产生臭气

表 7-43 中各项性能均受控于阳光辐射值、温度、养料及毒物等多种因素。因此，其具体数值也因纬度高低、气象条件和水质状况的不同而异。

2. 人工湿地技术

（1）概述。湿地是介于陆地生态系统和水生态系统之间的一种过渡类型，因而兼具水生和陆生生态的特点，显著的边缘效应使其结构和功能更复杂多样，在蓄洪防旱、调节气候、控制土壤侵蚀、促淤造陆、净化环境污染等方面起着极其重要的作用。湿地是地球之肾，能滞留和降解污染物，吸纳多余的营养物，从而达到净化污水的目的，是自然环境中自净能力很强的区域之一。

人工湿地是人工建造的、可控制的和工程化的湿地系统，其设计和建造是通过对湿地自然系统中的物理、化学和生物作用的优化组合来进行废水处理的。人工湿地是指通过模拟天然湿地的结构与功能，选择一定的地理位置与地形，根据人们的需要人为设计与建造的湿地。美国著名的湿地研究、设计与管理专家 Hammer 等在其著作《人工湿地生活、工业和农业废水》一书中将人工湿地定义为：一个为了人类的利用和利益，通过模拟自然湿地，人为设计与建造由饱和基质、挺水与沉水植被、动物和水体组成的复合体。

（2）组成。人工湿地一般都由以下结构单元构成：底部的防渗层；由填料、土壤和植物根系组成的基质层；湿地植物的落叶及微生物尸体等组成的腐质层；水体层和湿地植物（主要是根生挺水植物）。在潜流型湿地中正常运行情况下不存在明显的水体层，但是在水力坡度设计不合理或基质层发生堵塞时，潜流型湿地中也会出现自由水面型湿地的某些特征，如部分地区形成位于基质层以上的水体层。

（3）类型。人工湿地的类型主要取决于植物类型和水力特征。根据湿地植物的类型，可以把湿地处理系统分为浮水大型植物湿地、挺水大型植物湿地、沉水植物系统。按照水在人工湿地中流动的方式（流态），一般可将人工湿地分为表面流湿地（FSW）、潜流湿地（SFW）和垂直流湿地（VFW），其基本特征的比较见表 7-44。

表 7-44　　　　　　表面流、潜流、垂直流人工湿地基本特征的比较

项　　目	表面流人工湿地（FSW）	潜流人工湿地（SFW）	垂直流人工湿地（VFW）
水流方式	表面漫流	基质间水平流动	垂直纵向流动
构造及控制管理	构造简单，控制简单	构造较复杂，控制较复杂	构造复杂，控制较复杂
处理效果	较差	较好	好
占地面积及构造费用	占地面积很大，费用低	占地面积大，费用较高	占地面积小，费用高
季节气候影响	很大	较小	较小
卫生状况	夏季有恶臭、蚊蝇滋生问题	良好	较好

1）表面流人工湿地。是指污水在基质层表面以上，从池底进水端水平流向出水端的人工湿地。它由浅盆地，土壤或其他支撑植物根系生长的介质以及控制水深的构筑物组成。水面在地表面以上，植物露出水面，扎根于土壤中，水流基本覆盖地表的表面流人工湿地更像是自然湿地，能够用于水处理，为野生动物提供栖息地，同时也具有美学价值。在表面人工流湿地中，表层含氧充足，而水层下部和基质则为厌氧层。处理雨水，矿业废水和农业污水常用表面流人工湿地。表面流人工湿地也被称作自由表面流人工湿地。它的优势在于投资和运行费用低，操作和维护简便。主要缺点是占地面积比较大。

表面流人工湿地在流态上与自然湿地最为相似。在表面流人工湿地中，污水（或污染的河水、湖水）在湿地表面漫流，湿地表面的水深较浅，水流中携带的污染物或在池中沉淀（类似于沉淀池），或被湿地植物的水下茎叶上的生物膜吸附和降解，一部分水流在下渗过程中，污染物被湿地基质及其中的微生物通过过滤、吸附、转化等作用进一步净化。这种人工湿地的负荷率低、净化效果差，在夏季易滋生蚊蝇、产生臭味等，处理效果受温度影响较大，在寒冷地区冬季湿地池表面易发生结冰等问题，但投资少、操作简单、运行费用低。

2）潜流人工湿地。是指污水在基质层表面以下，从池底进水端水平流向出水端的人工湿地。潜流人工湿地的污水在基质层表面以下水平流动，基质层表面以上看不到水流。采取这种流态或布水方式，一方面可充分利用基质层的吸附、过滤作用以及基质表面和植物根系的生物膜的净化功能，另一方面植物光合作用将氧输送到基质层，强化了微生物的净化作用。潜流人工湿地的水力负荷和污染物负荷比表面流人工湿地高，因此其占地相对较少。由于基质层的保温作用，这类人工湿地对污染物的净化效果受气温影响相对较小。另外，潜流还使得湿地表面避免了污水的长期浸泡，所以其夏季卫生状况较好。但潜流人工湿地构造比较复杂，对基质材料的要求较高，因此其投资要比表面流人工湿地的高。污水在进入潜流人工湿地前需要进行有效的预处理，特别是要降低进水的悬浮物和溶解性有机物的浓度和负荷，否则将导致湿地床的堵塞和随之造成的湿地净化效能的下降。

3）垂直流人工湿地。是指污水从人工湿地表面垂向流过基质床的底部或从底部垂直向上流向表面，使污水得以净化的人工湿地形式。垂直流人工湿地的水流在湿地床中由上而下（下行池）或由下而上（上行池）做竖向流动，类似于水处理中的砂滤池和生物滤池。这种人工湿地的布水、集水系统复杂，水流阻力较大，因此对基建和动力的要求较高，造价和运行费用也随之上升。但垂直流人工湿地可以更加有效地发挥基质层的吸附和过滤能力，也促进氧的输移和硝化细菌的增殖，因此其出水水质较好。

3. 生态浮床技术

（1）概述。生态浮床又称生态浮岛、人工浮床或人工浮岛，是运用无土栽培技术，综合现代农艺和生态工程措施对污染水体进行生态修复或重建的一种生态技术。具体是在受污染河道中，用轻质漂浮高分子材料作为床体，人工种植高等水生植物或经过改良驯化的陆生植物，通过植物强大的根系作用削减水中的氮、磷等营养物质，并以收获植物体的形式将其搬离水体，从而达到净化水质的效果。另外种植植物后构成微生物、昆虫、鱼类、鸟类等自然生物栖息地，形成生物链，进一步帮助水体恢复，生态浮床主要适用于富营养化及有机污染河流。

生态浮床能有效去除水体污染，抑制浮游藻类的生长，其原理为：①植物吸收营养物质；②许多浮床植物根系分泌物抑制藻类生长；③遮蔽阳光，抑制藻类生长；④根系微生物降解污染。与其他水处理方式相比，生态浮床技术更接近自然，具有更好的经济效益。同时生态浮床的建设、运行成本较低。

（2）生态浮床的分类。人工生态浮床是绿化技术与漂浮技术的结合体，其类型多种多样，通常按其功能主要分为消浪型、水质净化型和提供栖息地型三类，浮床的平面形状有正方形、三角形、长方形和圆形等多种。生态浮床根据水和植物是否接触分为湿式与干式。湿式生态浮床可再分为有框和无框两种，因此在构造上生态浮床主要分为干式浮床、有框湿式浮床和无框湿式浮床三类。

干式浮床的植物因为不直接与水体接触，可以栽种大型的木本、园林植物，构成鸟类的栖息地，同时也形成了一道靓丽的水上风景。但又因为干式生态浮床的植物与水体不直接接触，所以发挥不了水质净化功能，一般只作为景观布置或是防风屏障使用。

有框湿式浮床一般用 PVC 管作为框架，用聚苯乙烯板等材料作为植物种植的床体。湿式无框浮床用椰子纤维缝合作为床体，不单独加框。无框型浮床在景观上则显得更为自然，但在强度及使用时间上比有框式较差。从水质净化的角度来看，湿式有框浮床应用广泛。

（3）生态浮床的组成。常用的典型湿式有框架型生态浮床一般由框架、浮体、基质、固定装置和植物等组成。

1）框架是人工生态浮床的"外壳"，对保持浮床的外形和足够的结构强度十分关键，还可以控制植物在一定范围内生长。在风大浪急的水体中应用生态浮床时，框架的外形设计和构建材料的选择尤其重要。目前应用的生态浮床框架一般由木材、竹材、塑料管或废旧轮胎等加工而成。竹排（筏）浮床适用于风大浪高的河湖中应用，且具有良好的消浪功能，便于水生态系统的重建和恢复。

2）浮体又称浮子，其主要功能是保证浮床在水体中有足够的浮力，不至于下沉。由泡沫塑料加工而成的浮板、浮筒都是良好的浮体材料。

3）基质用于固定植物，同时要保证植物根系生长所需的水分、氧气条件及能作为肥料载体，因此基质材料要具有弹性足，固定力强，吸附水分、养分能力强，不腐烂，不污染水体，能重复利用等特点，而且要能具有较好的蓄肥、保肥、供肥能力，保证植物直立与正常生长。目前使用较多的基质为海绵、椰子纤维、陶粒等，可以满足上述的要求。

4）固定装置的设置目的在于防止各个浮床单元因相互碰撞而散架，同时保证浮床不被风浪带走。固定装置也有很多类型，如重物型、船锚型和桩基型等。重物、船锚、桩基与浮床之间的连接绳应有一定的伸缩长度，以便浮床随水位变化而上下浮动。在风大浪高的水体中，桩基与浮床之间一般用钢丝绳连接以提高固定强度。现在趋向各浮床单元之间留一定的间隔，相互间用绳索连接，这种做法不仅有利于浮床维护（清理垃圾、管理植物），而且其生境多样性也更加丰富，便于多种生物的生长繁衍。

5）植物是浮床生物群落及其净化水质的主体，"适生"是浮床植物择用的基本原则。在我国江南地区，美人蕉、空心菜、水芹菜、芦苇、水花生、水葫芦、水龙、水稻、水竹、鸢尾、黑麦草、香根草、慈姑等都可以作为浮床植物，这些植物是当地水体或滨岸带的适生种，具有生长快、生物量大、根系发达、观赏性好等特点，兼具一定的经济价值，使得浮床成为名副其实的"水上植物园"。

人工生态浮床中的构件往往具有多种功能，即"一物多能"。例如圆木、毛竹、塑料管、废旧轮胎，它们既是框架又是浮体；基垫除了为植物提供生长点外，还兼具浮体作用。有时还需要再浮床的底部（水下）加装球形填料、悬浮填料、组合填料等生物膜载体，以提高微生物量，强化水质的净化效果。

4. 河道生物接触氧化技术

（1）概述。生物接触氧化技术是一种高效的生物膜法处理工艺，实质是对天然河流中所发生的生物过程的一种强化，它根据天然河床上附着的生物膜的净化作用及过滤作用，人工填充滤料或载体，供细菌絮凝生长，形成生物膜，进而达到净化河水的效果。其特点是在池内设置填料，池底曝气对污水进行充氧，并使池体内污水处于流动状态，以保证污水与污水中的填料充分接触，避免污水与填料接触不均。在溶解氧和碳源都充足的条件下，微生物迅速繁殖，生物膜逐渐增厚、成熟，污水与生物膜广泛接触，在生物膜上微生物的新陈代谢作用下，污染物得到去除，污水得到净化。生物膜生长至一定厚度后，填料壁的微生物会因缺氧而进行厌氧代谢，产生的气体及曝气形成的冲刷作用会造成生物膜的脱落，并促使新生物膜的生长，此时，脱落的生物膜将随出水流出池外，在随后的二沉淀池中沉淀。

（2）结构。接触氧化池是由池体、填料、支架、曝气装置、进出水装置以及排泥管道等部件所组成的。接触氧化池的核心部分为填料区，填料是生物膜的载体，直接影响污水处理效果，载体可应用碎石、炉渣、塑料等粒状填料，也可应用波纹板、软性纤维、蜂窝等填料。

目前，接触氧化池有不同的形式结构，国内一般采用池底均布曝气方式的接触氧化池。这种接触氧化池的特点是直接在填料底部曝气，在填料上产生上向流，生物膜受到气流的冲击、搅动，加速脱落、更新，使生物膜经常保持较高的活性，而且能够避免堵塞。此外，上升气流不断地与填料撞击，使气泡反复切割，增加了气泡与污水的接触面积，提高了氧的转移率。

（3）分类。常用于净化河流的生物接触氧化技术有砾间接触氧化法、沟渠内接触氧化法、薄层流法和伏流净化法等。

砾间接触氧化法是根据河床生物膜净化河水的原理设计而成，通过人工填充的砾石，使水与生物膜的接触面积增大数十倍，甚至上百倍。水中污染物在砾间流动过程中与砾石上附着的生物膜接触、沉淀，进而被生物膜作为营养物质而吸附、氧化分解，从而使水质得到改善。

沟渠内接触氧化法是在单一排水功能的河道内填充各种材质、形状和大小的接触材料，如卵石、木炭、沸石、废砖块、废陶、石灰石以及波板、纤维或塑料材质的填料等，具有净化效果好、便于管理的特点。

薄层流法是使河面加宽，水流形成水深数厘米的薄层流过生物膜，使河流的自净作用增强数十倍。河流自净主要通过附着在河床及水生植物上的生物膜以达到净化有机污染物的目的。薄层流法着眼于此，采用增大生物膜的附着面积，以减少单位生物膜的处理水量而提高河床的自净能力。具体方法是增加河面的宽度使水深变浅，增大河流与河床的接触面积，工程建设可使河流的净化能力达到原来的数倍到十多倍。该方法的缺点是需要进行大规模的工程建设并涉及用地问题，同时还要确保以前的水流量并不使河流的景观及生态系统受不良影响等，因此，确定使用此方法时，有必要做充分的地形调查和环境评估等工作。

伏流净化法主要利用河床地下的渗透作用和伏流水的稀释作用来净化河流的。所谓伏流，即从河床向地下渗入、沿地下水脉流动的地下水流。经泥沙过滤后的伏流水水质相对良好。伏流净化法是将伏流水用水泵抽出并送回河流，以降低地下水位来促使地下水加速渗透，该方法可被看作一种缓速过滤法（微生物膜过滤），整个河床是一个大的过滤池，由河床上附着的生物膜构成缓速过滤池的过滤膜，污染的河水经过滤膜的过滤作用缓慢地向地下扩散，成为清洁的地下水。用于稀释的伏流水就是渗入地下的清洁水，人为用泵提升到地面来稀释河流，使河流的自净作用进一步增强。

二、水动力提升技术

（一）理论基础

1. 水环境容量理论

（1）基本概念。水环境容量是指某一水环境单元在给定的环境目标下所能容纳的污染物的量。在《全国水环境容量核定技术指南》中的定义为：在给定水域范围和水文条件，规定排污方式和水质目标的前提下，单位时间内该水域最大允许纳污量，称作水环境容量。水环境容量的确定是水污染削减的依据。

河流的水环境容量可用函数关系表达为

$$W = f(C_0, C_N, x, Q, q, t) \tag{7-24}$$

式中：W 为水环境容量，用污染物浓度乘以水量表示，也可用污染物总量表示；C_0 为河水中污染物的原有浓度，mg/L；C_N 为水环境质量目标，mg/L；x 为距离；Q 为河流流量；q 为排放污水的流量；t 为排放污水的时间。

（2）分类。根据不同的方式，水环境容量可分为以下几种：

1）按机理分类，水环境容量可分为稀释容量和自净容量。稀释容量是指在污水和天然水体混合的过程中，天然水对污染物有一定的稀释能力，污染物浓度由高到低，当污染物通过水体物理稀释作用而达到水质目标时所能容纳的污染物的量称为稀释容量。自净容量是指水体通过物理、化学、生物等作用对污染物所具有的降解的量，这两种容量相互独立可以分别计算。

2）按水环境目标分类，水环境容量可分为自然水环境容量和管理水环境容量。自然水环境容量是指以污染物在水体中的基准值为水质目标，此时水体的允许纳污量就为自然水环境容量。

自然水环境容量反映水体污染物的客观性质，即反映水体以不造成对水生态和人体健康的不良影响为前提下对物污染物容纳的能力。它与人们的意愿无关，不受人为社会因素影响，反映了水环境容量的客观性。

管理水环境容量是指以污染物在水体中的标准值为水质目标，则水体的允许纳污量称为管理水环境容量。

管理水环境容量反映以满足人为规定的水质标准为约束条件，它不仅与自然属性有关，而且与技术上能达到的治理水平及经济上能承受的支付能力有关，显然这个意义上的水环境容量正是我们所指的管理水环境容量。

3）按污染物分类，水环境容量可分为有机物环境容量和重金属环境容量。有机物环境容量是指环境单元对有机物所能容纳的量。在实际计算中，常选用具有代表性的有机物指标，如 COD、BOD、酚等，计算各自的环境容量。有机物环境容量又可分为易降解和难降解有机物环境容量。

（3）水环境容量计算。水环境容量是由水环境系统结构决定的，表征水环境系统的一个客观属性，为了计算水环境容量，研究人员提出了很多水环境容量计算模型。

1）零维水质模型。零维水质模型的建立需要在河流水体呈完全混合状态的前提下进行，对于河流，零维水质模型也可看作河流稀释模型。

符合零维模型概化的条件之一，如下：①河水自然流量与污水流量之比大于 10～20；②忽略污水进入水体的混合带的距离。

稀释混合方程如下：

$$C = \frac{C_\alpha Q_\alpha + C_\beta Q_\beta}{Q_\alpha + Q_\beta} \tag{7-25}$$

式中：C 为完全混合的水质浓度，mg/L；C_α、C_β 分别为设计水质浓度、设计排放浓度，mg/L；Q_α、Q_β 分别为上游来水、污水设计流量，m^3/s。

对于概化为零维问题，纳污量计算公式如下：

$$W = C_0(Q_\alpha + Q_\beta) - C_\alpha Q_\alpha \tag{7-26}$$

式中：W 为纳污量，g/L；C_0 为控制断面水质标准，mg/L。

2）一维水质模型。适用一维水质模型的河流需都具备以下几个条件：①河流中的宽浅河段；②污染物能快速均匀混合，混合时间基本可忽略不计；③在断面的横向上，污染物浓度基本不变，不考虑污染物在横向和垂向的浓度梯度。

假如污染物在均匀河流中只进行一级降解反应，污染物的降解可化为一维均匀稳态水质模型，则

$$\frac{\partial C}{\partial t} + u\frac{\partial C}{\partial x} = D\frac{\partial^2 C}{\partial x^2} - KC \tag{7-27}$$

式中：x 为沿河水流向的纵坐标，即河段长度，m；u 为河水纵向流速，m/s；C 为完全混合的水质浓度，mg/L；D 为河流纵向扩散系数，m^2/s；K 为污染物衰减系数，1/d。

当污染物输入量、断面流速以及河流纵向扩散系数不随时间的变化而变化时，即 $\frac{\partial^2 C}{\partial x^2} = 0$，得常微分方程如下：

$$\frac{\partial^2 C}{\partial x^2} - \frac{u}{D}\frac{\partial C}{\partial C} - \frac{K}{D}C = 0 \tag{7-28}$$

忽略纵向扩散系数 D，则可得

$$u\frac{\partial C}{\partial x} = -KC \tag{7-29}$$

解析得

$$C = C_0 \exp\left(-K\frac{x}{u}\right) \tag{7-30}$$

式中：C 为控制断面的浓度，mg/L；C_0 为起始断面的浓度，mg/L；K 为污染物降解系

数，1/d。

单点源排放纳污量的公式为

$$W=31.536\left[(Q_0+q)C_1\exp\left(\frac{kx}{86400u}\right)-C_1Q_0\right] \tag{7-31}$$

式中：W 为纳污量，t/a；q 为排污口流量，m^3/s；Q_0 为河水流量，m^3/s；C_1 为水质标准，mg/L。

3）二维水质模型。对于模拟研究的河段较短或宽度较大时，污染物在宽度方向上形成较大的浓度差时，需考虑横向和纵向的模拟，必须建立二维水质模型，模型的方程如下：

$$u\frac{\partial C}{\partial x}+v\frac{\partial C}{\partial y}=D_x\frac{\partial^2 C}{\partial x^2}+D_y\frac{\partial^2 C}{\partial y^2}-KC \tag{7-32}$$

式中：x 为沿河水流向的纵坐标；y 为垂直 X 轴的横向坐标；u 为河水纵向流速，m/s；v 为河水横向流速，m/s；C 为完全混合的水质浓度，mg/L；D_x、D_y 分别为纵向、横向扩散系数，m^2/s；K 为污染物综合降解系数，1/d。

2. 生态需水理论

（1）基本概念。从研究进程看，国内外对生态需水的研究已经有了几十年的历程，但有关生态需水的概念到目前还没有得到统一。由于研究的角度和重点不同，各研究学者根据研究对象的具体情况对生态需水进行了不同的定义。

国外较早出现的是关于河道枯水流量的研究，将枯水流量定义为"在持续干旱的天气下河流中水流的流量"。1993 年，Covich 最早提出了生态需水的概念，即保证恢复和维持生态系统健康发展所需的水量。1998 年，Gleick 提出了基本生态需水（Basic Ecological Water Requirement）概念，即为天然生境需要提供一定质量和一定数量的水。Hughes（2001）指出，生态需水是确保河流、河口、湿地以及蓄水层等在设定的生态条件下保持稳定可持续的水量与水质要求。2001—2005 年，加拿大水资源利用与供应研究计划中定义生态需水量为：维持现有生态系统或生态功能区域的满足一定水质要求的适宜水量。

我国将广义生态环境用水定义为"维持全球生物地理生态系统水分平衡所需用的水，包括水热平衡、水沙平衡、水盐平衡等"；狭义的生态环境用水定义为"为维护生态环境不再恶化并逐渐改善所需要消耗的水资源总量"。《河湖生态需水评估导则（试行）》（SL/Z 479—2010）指出，生态需水是指将生态系统结构、功能和生态过程维持在一定水平所需要的水量，指一定生态保护目标对应的水生态系统对水量的需求。

（2）分类。

1）按照生态环境需水量的基本特征和表现，可将其分为生态需水量和环境需水量。生态需水量的研究对象多侧重于生物群落，是为了解决生态问题，主要考虑依赖于水而生存的动物、植物、微生物所消耗的水量。环境需水量的研究对象则侧重于自然环境，是专门为解决环境问题，如治理污染、保护水环境景观等所需要的水量。

2）按照生态需要和实际用水，可将其分为生态需水和生态用水。生态需水是从生态系统自身需求的角度来说的，是生态系统自身固有的属性，其水量配置是合理的可持续的。生态用水概念是我国学者汤奇成于 1989 年在分析新疆塔里木盆地水资源与绿洲建设问题时首次提出来的。其强调某种生态水平下或某种生态系统平衡条件下的实际使用水量。该水量是可以人为控制的，即生态用水量可能由于水资源的短缺小于其对应的生态需水量，也可能由于水资源丰沛或不合理利用大于生态需水量，但生态需水量是生态用水的依据。

3）按照生态系统利用水资源的方式，可将其分为生态储水和生态耗水。生态系统对获得的水资源，一部分用于消耗，另一部分则存储起来；前者称为耗水，后者称为储水。从理论上讲，需水包括储水与耗水两部分；但从水量平衡与水资源配置时间的角度来看，只要满足耗水就可满足生态系统的需求。

4）按照人类对水源的控制能力，可将其分为可控生态需水和不可控生态需水。前者是指非地带性植被所在系统天然生态保护与人工建设消耗的径流量；后者指地带性植被所在系统天然生态保护与人工建设消耗的降水量。

5）按照生态系统形成的原动力，可将其分为天然生态需水和人工生态需水。

6）按照生态系统的组成，可将其分为绿色植物需水、动物需水和维持无机环境的生物地理平衡所需的水分。

7）按照生态系统所处的空间位置，可将其分为河道内生态需水和河道外生态需水。这是目前比较通行的一种分类方法。河道内生态需水可包括河流、湖泊与河口生态需水等，河道外生态需水包括河道外湿地、陆地植被、地下水和城市生态需水等。

8）按照地理景观的角度，可将其分为水域或陆地生态需水。其中，水域包括河流、湖泊和湿地生态需水；陆地主要指植被和城市生态需水。

（3）计算方法。研究生态需水，关键是估算生态系统对水的需求量，有了具体量的计算才能为水资源管理提出实用性的建议。到目前为止，生态需水的研究仅仅才经历了几十年的历程，但是计算方法很多，Tharme 从全球的角度总结得出大概有 200 多种方法，分别分布在约 44 个不同的国家和地区。本书从流域角度考虑，主要总结河流生态需水的计算方法。

常用的河流生态需水计算方法主要包括水文学方法、水力学方法、生境模拟法、综合法、环境功能设定法等五类，见表 7-45。

表 7-45　　　　　　　　　　常用的河流生态需水主要计算方法

计算方法	方法描述	典型方法	优　点	缺　点	适用范围
水文学方法	以河流水文数据为基础，由水文指标直接获取历史流量中年天然径流量的百分数作为河流生态需水量的推荐值	Tennant 法、Texas 法、7Q10 法、RVA 法、NGPRP 法、基本流量法	不需要现场测定数据，操纵性简单，考虑指标少，揭示其统计特性	没有明确考虑栖息地、水质、水温等因素，未考虑流量丰、枯年变化和季节变化以及河段形状的变化	评价河流水资源开发利用程度或用于优先度不高的河段以研究河道流量推荐值
水力学方法	根据河道水力参数，如宽度、深度、流速和湿周等确定河流所需流量	湿周法、R2-Cross 法	只需要简单现场测量，不需要详细物种-生境关系数据，数据容易获得；可与其他方法相结合使用	不能体现季节变化，通常不能用于确定季节性河流流量；易受河床形态影响，误差较大	小型河流或者流量及形状相对稳定的河流，不能用于季节性河流

计算方法	方法描述	典型方法	优　点	缺　点	适用范围
生境模拟法	由流量-栖息地健康关系确定栖息地流量，基于生物原则，为水生生物提供一个适宜的物理生境	IFIM法、PHAB-SIM法、Basque法、CASMIR法等	在水力学法基础上考虑水量/水质、流速和水生物种，生物与流量相结合，更具说服力	所需的生物资料难以获取，且实施过程需要大量人力、物力，不适合于快速使用	适用于有较详尽定量化生物资料支持的河流、小型和轻污染的河流
综合法	综合研究流量、泥沙运输、河床形状与河岸带群落关系，河道流量满足生物保护、栖息地维持、泥沙沉积、污染控制和景观维护等功能	BBM法、整体评价法	综合考虑了专家小组意见和生态整体功能，强调河流是一个生态系统整体	需要大量人力、物力、财力及大量数据资料，同时必须有专家意见以及公众参与等	需要大量生态资料、相关学科专家小组、现场调查和公众参与等
环境功能设定法	根据河流的生态环境功能，将河流生态需水划分为几个部分，然后按一定的原则将其进行整合		维持生态系统健康，全面考虑各生态需水，以满足一定生态目标，思路清晰，理论性强		适用于环境标准和生态保护目标比较明确的河流

（二）水动力优化

1. 流态与水环境的关系

流态与水环境的关系主要体现在以下几个方面：

（1）河流系统的特点是水体的不断运动和更新。水流速快冲刷作用强，物质输移能力就强。由于河流的流动特性，如果发生水污染，一方面污染物会随着水流迁移，减少污染物在当地的累积和危害；另一方面上游发生的水污染在水流作用下很快会影响到下游地区，从而扩大了污染的影响范围。

（2）污染物稀释则是流态影响水环境的另一个因素，通过稀释，能够快速降低污染物质在河流中的浓度，从而降低其在河流中的危害程度。河流的稀释能力和效果取决于河流的水力推流和扩散能力，所以在实施稀释过程中，要判断污水流量和河流流量的比例，河流沿岸的生态状况，可调水量以及河流水力负荷允许的变化幅度等。

（3）提升河流溶解氧水平，维持河流的自净能力，也是河流流态影响河流水环境的一个非常重要的影响因素。河水流动的过程，相当于不断曝气的过程。河流流速越快，水体的大气复氧能力越强。根据研究，水体大气复氧系数是流态的函数，其表达式如下：

$$k_a = C \frac{u_x^n}{h^m} \tag{7-33}$$

式中：k_a 为水体大气复氧系数，1/d；u_x 为水体流速，m/s；h 为平均水深，m；m、n 为经验系数。

（4）大气中的氧气不断向水体中扩散，可以使水体中溶解氧浓度维持在一定的水平，一方面为鱼类等水生动物提供必需的生境，另一方面增加水体中好氧生物的活性，提升水体对污染物的自净能力。同时流水还可以冲刷带走可能沉积的污染物，避免这些污染物在河流中的堆积并形成二次污染。所以，在流速较大的河流系统中水环境质量和生态系统都呈现较良好的状态。

2. 水系沟通与结构优化

受自然因素与人为活动共同作用，城市河流的形态和连通关系也在逐渐演变。自然因素主要是区域水文条件、地形地貌和土壤特征等。如平原河网地区的城市河流，上游来水及本地降水丰富，地势平缓，受上游来水、本地径流以及下游水位顶托等相互作用，会出现不均匀淤积和冲刷，从而也引起河道形态的自然演化。城市河流形态和连通关系变化的最重要因素为人为因素，如城市河道的疏浚、传统城市河道整治中常用的裁弯取直，以及城镇化背景下的建房和修路引起的河流填埋、改道和部分侵占等，均会很大程度地改变原有城市河道的形态结构和连通关系，使城市河流流态出现死水区、滞留区、缓流区、束水区。

改善城市河流流态为城市水环境整治的主要手段，而水系的沟通和结构优化是河流（尤其是平原河网河流）流态改善的基础。在实际工作中，一般通过实地调研、现状流速监测，找到水系连通性阻水节点，开展优化沟通水系的物理性工程措施。

为了定量表达复杂水系的水体流态时空特征，可以建立河网水动力学-水质模型，选择影响水动力条件的边界参数，进行模拟运行，科学地识别城市河流的死水区、滞留区、缓流区、束水区及其对水环境的影响。

在上述水系结构解析的基础上，通过水系沟通或河道节点改造工程措施，避免死水河段的出现，保障水体的连通性，优化河流流场分布，改善河流水动力条件，增强河网的污染物自净能力。

3. 水体推流与动力学调控

对于地处地势平缓区域的河流水系，由于上下游水位差小且不稳定、水动力学条件不佳，再加上城市河流中闸坝的隔断，这些城市水体多为滞流或者缓流水体。为改善这些城市滞流或者缓流水体的水体流态，增加水体局部微循环，可以有针对性地采取水体推流技术实现。

水体推流设备可以与曝气系统结合，在进行局部造流、加快水体流动的同时，保持河道有充足的溶解氧，也为河道生物群落的生存和繁衍创造条件。

常用的水体推流设备有叶轮吸气推流式曝气机、水下射流曝气机、潜流推流器、远程推流曝气设备等。

4. 闸坝调度与水动力调控

（1）概述。为了改善城市河流的流态，恢复河流水环境，建立人水和谐的生态河道，可以优化城市河流的闸坝调度方式，在满足人类对水资源利用需要的同时，进行城市河流的水动力调度，优化河流水体流态。

最早进行闸坝调度改善河道水质的是日本，而在国际上更多的是利用水闸控制河道流量来确保河道的水质目标，通过闸坝调度使得水体流动起来，提高水体自净能力，改善水质。如美国俄勒冈州的威拉米特河流治理就充分利用水库调度，改变下泄流量，改善了水质。通过调整闸坝的调度运行方式，恢复、增强水系的连通性，包括支干流的连通性、河流湖泊的连通性等，保证水闸下游有维持河道基本功能的流量，保持河流具有一定自净能力的水量，防止河流断流、河道萎缩和维持河流水生生物繁衍生存。

城市河流的闸坝调度方式的优化，要充分考虑城市河流水利工程设施的类型和运行方式的差异，充分利用水动力调控设施设备，如水闸、泵等，以流态优化和水环境改善为目标，实现城市河流整体水动力条件的调控。

（2）闸泵生态调控的基本原则。

1）以满足人类基本需求为前提。凡事以民生为重，人类修建闸坝的初衷就是为了维护人类基本生计，保护人类生命财产安全，因此闸坝的生态调度也首先应考虑满足人类的基本要求。

2）以河流的生态需水为基础。河流生态需水是闸坝进行生态调度的重要依据，闸下泄水量，包括泄流时间、泄流量、泄流历时等应根据下游河流生态需水要求进行泄放。为了保护某一个特定的生态目标，合理的生态用水比例应处在生态需水比例的阈值区间内。

3）遵循生活、生态和生产用水共享的原则。生态需水只有与社会经济发展需水相协调，才能得到有效保障；生态系统对水的需求有一定的弹性，所以在生态系统需水阈值区间内，结合区域社会经济发展的实际情况，兼顾生态需水和社会经济需水，合理地确定生态用水比例。

4）以实现河流健康生命为最终目标。闸坝生态调度既要在一定程度上满足人类社会经济发展的需求，同时也要考虑满足河流生命得以维持和延续的需要，其最终的目标是维护河流健康生命，实现人与河流和谐发展。

三、栖息地构建技术

栖息地（Habitat）一词最先是由美国生态学家 Grinnel J 提出的，即生物出现的环境空间范围，一般指生物居住的地方，或是生物生活的地理环境。对于栖息地的定义不同专家有不同的解释，其中最为广泛流传的是1971年美国生态学家 Eugene P Odum 提出的，即栖息地是指生物生活的地方，亦是整个群落占据的地方，主要由理化的或非生物的综合因子形成，因而一个生物或一群生物（种群）的栖息地包括其他生物以及非生物性的环境，它可以说是维持生物整个或者部分生命周期中正常生命活动所依赖的各种环境资源的总和。

2007年我国学者张冰指出栖息地是所有具有生命的生物体存在的基本要求，是构成物种存活和繁殖不可缺少的成分。2011年重新修订的《中华人民共和国野生动物保护法》中将栖息地定义为：栖息地是野生动物集中分布、活动、觅食的场所，是野生动物赖以生存的最基本条件，也是生态系统的重要组成部分。

申国珍认为野生动物栖息地是指能为特定的野生动物提供生活必需条件的空间单位，包括与野生动物共同生活的所有物种的群落，是野生动物个体、种群或群落完成整个生命过程的场所。野生动物的各种行为、种群动态及群落结构都与其栖息地分不开。

鱼类栖息地是指鱼类能够正常生活、生长、觅食、繁殖以及进行生命循环周期中其他重要组成部分的环境总和。包括产卵场、索饵场、越冬场以及连接不同生活史阶段水域的洄游通道等。影响鱼类生存的因素包括非生物因素和生物因素。非生物因素主要包括：微生境因素（水深、流速、基质、覆盖物），中生境因素［河道形态（深潭、浅滩、急流等）］，大生境因素（水质、水温、浊度和透光度等）。生物因素主要包括：食物链的组成和食料种类丰度等。

鱼类栖息地主要由水体、湖泊底质、滨水植物、驳岸等元素构成，因此，鱼类栖息地的构建策略主要从水域、生态驳岸、滨水植物群落、洄游廊道四方面进行。

（一）水域构建

1. 水深设计

河湖中有生存着丰富的鱼类品种，不同鱼类生存活动对水体的深度有着不同的要求，见表 7 - 46。

表 7 - 46 　　　　　　　　**淡水河湖中不同鱼类生存活动对水深的要求**

生活水深	鱼 类 名 称
0～1.0m	所有幼鱼、宽鳍鱲、餐条、红鳍鲌、银飘、中华鳑鲏、高体鳑鲏、彩石鲋、无须鳔、彩副鳔、大鳍刺鳑鲏、越南刺鳑鲏、斑条刺鳑鲏、短须刺鳑鲏、麦穗鱼、细纹颌须鮈、泥鳅、光泽黄颡鱼、青鳉鱼、黄鳝、圆尾斗鱼、刺鳅
1.0～2.0m	胭脂鱼、鳡鱼、赤眼鳟、翘嘴红鲌、戴氏红鲌、蒙古红鲌、细鳞斜颌鲴、鳊鱼、鲢鱼、白鲫、蛇鮈
2.0～3.0m	青鱼、草鱼、鳍鱼、长春鳊、团头鲂、三角鲂、银鲴、逆鱼、刺鲃、厚唇鱼、鲤鱼、唇鳍、花鳍、似刺鳊鮈、华鲮、银色颌须鮈、乌鳢、月鳢、鲫鱼、鳜鱼、黄颡鱼
3.0m 以上	鳗鲡、胡子鲇、鲇鱼、长吻鮠、松江鲈鱼

同时，为了保证鱼类拥有充足的食物源，水深的设计不仅要满足各种鱼类的需求，还要满足不同水生植物的水深要求（表 7 - 47），这样才能保证各类型水生植物的生存空间，为鱼类提供充足的饵料植物与生物。

表 7 - 47 　　　　　　　　**不同水生植物对水深的要求**

适宜水深	水 生 植 物 名 称
常水位以上	野荞麦、斑茅、蒲苇
<0.3m	菖蒲、风车草、水葱、花叶芦竹、落羽杉、池杉、水杉、泽泻、窄叶泽泻、花叶芦苇、花叶香蒲、荧蔺、蜘蛛兰、灯心草、香菇草、节节草、砖子苗、石菖蒲
<0.6m	萍蓬草、千屈菜、石龙芮、菰、花叶水葱、香蒲、黄菖蒲、水毛花、藨草、梭鱼草、慈姑、水葱、芦竹、芦苇、再力花
<1.0m	水罂粟、睡莲、荷花、芦苇
<2.0m	黑藻、苦草、菹草、荇菜、菱

2. 底质设计

对于鱼类来说，湖底底质是其赖以生存的基础之一，不仅可以为其提供栖息场所、防止敌害，而且可以提供营养来源（如植物、其他小的生物等）。另外，水生动物的分布，在很大程度上与底质结构、稳定程度、类型以及其所含有的营养物质类型和数量有着密切的关系，受这些因素的制约。渗透性的底泥可为水生植物提供生存空间的同时也有利于微生物的生存；不同粒径砾石自然组合形成的底质，是鱼类产卵的良好场所。根据底质的材料和大小的不同，可以将水体的底质分为岩石型、砾石型、木质型、砂质型以及黏土与淤泥型等。底质的颗粒大小、稳定程度、表面构造和营养成分等都对底栖动物有很大的影响。因此，为了鱼类的产卵及其饵料生物的生存，湖泊底质的设计改善亦是鱼类栖息地修复必不可少之举。第一，需要对湖泊进行定期的清淤。湖泊由于其静水的特性，一般容易淤积泥沙，久积的泥沙会降低水深，从而对湖泊生态系统产生消极影响。第二，清淤过后的湖底，我们需要做一些改善处理：对于沙质的湖底，我们可以局部铺撒一些不等粒砾石；对于淤泥质湖底，要先局部铺撒一些沙土，然后再铺撒一些不等粒砾石。第三，对于湖底我们仍需保证一定比例的原有底质，沙土或淤泥。因为这些底质是河蚌及其他甲壳类动物栖息藏身之处，而这些动物对于维持湖泊生态系统的稳定必不可少。第四，在日本的河道整治中，有一种做法是将直径 0.8～1.0m 大小的自然石经排列埋入河床造成深沟和浅滩，形成鱼礁，营造有利于鱼类等生长的河床。第五，要严禁杜绝为了保水、清洁等原因对湖底进行硬化处理或铺设塑料防渗膜，它会使湖泊鱼类及其他生物丧失栖息地，失去生态功能。

3. 岸线设计

岸线设计应尽量避免平直，凹凸变化的水岸线能够创造各种类型的水域环境，为鱼类提供丰富多变的栖息场所。岸线转弯、凹入处形成的隐湾可为鱼类创造很好的庇护条件，水湾处形成的水流也可为鱼类提供丰富的食物源；岸线凸出的地方又可为人类提供亲水、赏景的空间；同时曲折的岸线加大了水陆接触面，可以增加雨水排放路径及水体净化效果。

（二）生态驳岸构建

1. 概述

驳岸是连接水生态系统和陆地生态系统的交错缓冲带，是景观的一种边界，它特定的形态结构和功能作用，对维持水陆交错地带生态系统的动态平衡有着重要的意义。生态驳岸是指通过使用植物或植物与土木工程和非生命植物材料的结合，减轻坡面及坡脚的不稳定性和侵蚀，同时实现多种生物的共生与繁殖。

生态驳岸具有以下作用：

首先，生态驳岸是水生态系统与陆地生态系统之间生态流（物质流、水流、能量流、物种流）流动的通道。

其次，生态驳岸起着过滤和障碍作用。驳岸犹如细胞膜，对于横穿水陆景观单元的能量、有机体、水和营养物质等生态流起着过滤作用。驳岸的障碍作用主要指：岸边植物树冠能够降低空气中的悬浮颗粒和有害物质，从而达到进化空气的作用；地被植物则能够降低地表径流流速、吸收和拦阻地表径流及其中的杂质、沉积侵蚀物，拦截吸附在沉积物上的 N、Ca、P 和 Mg 等。另外，护岸带的泥土、生物及植物根系等能够降解、吸收和截留来自高处地下水中携带的大量营养物质和农药。

最后，生态驳岸还具有生境作用。驳岸的生境作用主要是由于其特有的结构、水陆交错的特殊环境以及洪、旱交替的特征创造了许多丰富的小生境，为大量动植物提供了生存空间。例如，岸边的浅草滩可为鱼类提供产卵场，岸带中丰富的水生植物及碎屑可为鱼类提供丰盛的饵料，复杂的交错带结构是鱼类理想的庇护所，而近岸平缓的水流是幼鱼十分青睐的活动场所。

2. 分类

生态驳岸的类型有很多种，从不同的角度有不同的划分方法。

（1）按照水体断面形状分类，生态驳岸可分为立式驳岸、斜式驳岸和阶梯式驳岸。

1）立式驳岸。这种驳岸一般用在当水体与陆地的平面差距很大，或者是由于建筑面积受限制，没有充分的空间，而不得不建造的驳岸。立式驳岸一般能够起到较好的抗洪作用，但缺点就是亲水效果较差。

为了避免立式驳岸出现比较生硬的形式，对于已经修建好的立式驳岸应当加以改造，通过利用植被绿化来弥补视觉上的单调感，增设多级亲水平台，增加层次感。对于光秃、过高的直墙让河道显得压抑和狭长，可通过设计各种类型的种植槽，栽种水生植物，与攀藤类的植物相呼应，从而在色彩上产生变化，使得直墙有了新生命的感觉。

2）斜式驳岸。斜式驳岸能更加使人容易接触到水面，亲水性强，安全系数也比较高。但是这种斜式驳岸的建造必须有足够的间距。但是简单地使用天然石材并不能取得好的效果，如果采用浆砌石块的驳岸对生物毫无意义；为便于植物生长，在石块间留有一定缝隙，但缝隙过大会使缝隙间的土壤容易干燥，反而不利于植物生长；此外，大量使用与河道特征不相符的巨石会使景观不和谐。

在建设生态河道驳岸的施工中，经常使用天然石材，这使鱼类可以在石缝间隙栖息，植物也能在石缝间生长，有利于自然驳岸的形成。除了使用天然石材，固定石材的材料也很重要，例如采用混凝土进行了固定，使得巨石缝隙间极为干燥，植物无法生长，生物也无法生存。因此在进行施工时要选择当地的石块，并要替动植物着想，如考虑到鱼虾的生息，水面下的石头间要留有足够的空隙；为便于植物生长，坡面上的石缝要填土。

3）阶梯式驳岸。阶梯式比斜式驳岸来说更易亲水，经过人工修建，居民们可以在台阶上远观，也可以接触水体，感受体验水的温暖，这种驳岸形式能极大地满足居民们对于水的心理需求。但是这种驳岸形式可能会引起在平台上积水，比较容易滑倒，安全系数低。

对于阶梯式驳岸我们可以留出一道行走，其他可以对其进行植被覆盖，如果对混凝土驳岸不进行任何处理，驳岸上永远不会有植物生长，对混凝土进行覆土的话，就能绿化驳岸，但这需要占用一定的河道横断面，同时，考虑到覆土的稳定性，坡度不能太大。如果在河道横断面积小、坡度陡的驳岸上覆土并非易事。因此，水体与建筑间距≥5m、坡度较小时比较适用，如图7-10所示。

（2）按照材质的分类，生态驳岸可分为自然原型驳岸、自然型驳岸、人工自然驳岸。

1）自然原型驳岸。自然原型驳岸的做法通常采用固土植物来保护河堤及生态。在生态驳岸建设过程中，主要措施之一就是在河道驳岸上合理的引入草本植物和木本植物等，

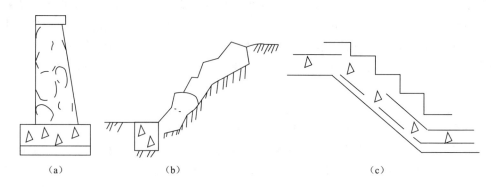

图 7-10 生态驳岸

(a) 立式驳岸；(b) 斜式驳岸；(c) 阶梯式驳岸

这一方法无论在国内还是在国外都被广泛使用，植被的作用主要体现在植物根系对驳岸起到稳定作用，改善河道栖息地、减少对水生动植物生存环境的破坏，同时降低造价。

2) 自然型驳岸。对于较陡、冲刷较严重的城市河道堤岸，在坡脚可以采用浆砌片石或木桩护底或单层石块格宾网箱，以增强堤岸抗洪能力。其上筑一定坡度的土堤，种植植被，实行乔灌草相互结合设计，利用其发达的根系来稳固驳岸。

可以就近取材，选择木桩、卵石等天然材料，这样能更好地融入自然。在一些防冲能量要求较高的河段，可以就近选择石材，石料堆砌出动感，使得驳岸显得自然。为了改善河水的自净能力，维护水生态环境，在石料之间的间隙须有些河道生物、苔藓和草本植物的生长。这就要求石料间隙保持一定的孔隙率，酸碱程度环境必须满足植物生长的要求。

3) 人工自然驳岸。对于防洪要求较高，而且腹地较小的河段，可采取台阶式的分层处理。该驳岸形式基本上保持了自然坡岸的通透性及水陆之间的水文联系。在水体与建筑间距较小的地方建造台阶式人工自然驳岸，即在自然型驳岸的基础上，再用钢筋混凝土等材料确保抗洪能力。

(3) 按照人工干扰因素分类，生态驳岸可分为非结构型驳岸和结构型生态驳岸。

1) 非结构型驳岸。非结构型驳岸是指按照自然界水岸的作用模式，利用天然材料形成接近自然的缓坡护岸。主要有自然型生态驳岸及生物工程驳岸两种。

自然型生态驳岸是指不仅种植植被还采用天然石材、木材护底，以增强驳岸的抗洪能力，如在坡脚采用石笼、木桩或浆砌石块等护底，其上筑有一定坡度的土，斜坡种植植被，实行乔灌草结合，稳固驳岸。

城市河道生态驳岸设计中应根据具体需要和社会、环境综合效益选择应用，以求得工程投入的最小化和生态效益最大化。

生物工程型生态驳岸是将生物工程技术应用到驳岸技术当中，从而起到固土、保护水资源和周边生态环境的作用。生物工程技术主要致力于驳岸植被形成之前，当驳岸坡度超过自然安息角或是驳岸条件比较差时，需要对其进行人工处理，运用自然界可降解源生物材料通过堆叠等形式来阻止土壤的流失。当这些原生纤维材料慢慢降解直到最终回归自然。生物材料的遗留更不会影响到城市河道驳岸的整体美观。

现在常采用生物或以生物为辅助手段，对填土、坡面、驳岸和急流进行保护，特别是植物和石头相互结合的驳岸结构施工法较为有效。

2）结构型生态驳岸。结构型生态驳岸带有较多的人工痕迹，有固定的结构模式。一般有刚性和柔性两种类型，刚性结构指的是采用硬质材料，柔性结构指的是按照力学原则运用木材、石材、土工织物及水泥、混凝土等材料结合植物种植形成的驳岸，包括混凝土构件驳岸、干砌石块驳岸、木桩驳岸、金属笼等。一方面石材、混凝土等材料的硬度高，能抵抗较强的水流冲蚀保证驳岸的安全稳定；另一方面驳岸材料之间有许多的空隙和缝隙，有利于植物的根系生长，并有利于水陆之间的能力交换。

柔性结构适用于各种坡度的驳岸，生态性能良好，但高度不宜太大，一般低于3m，当高于3m时，可采用台阶式，化整为零。刚性结构驳岸主要用于冲刷力度大的河段，其生态功能较差。

（三）滨水植物群落构建

1. 概述

植物作为滨水环境中最活跃、最关键的因子，具有十分重要的生态意义，因此滨水植物群落的配置是鱼类栖息地构建的重要环节。植物对鱼类的影响主要有直接影响和间接影响两个方面。直接影响主要有：①植物能够给一些草食性鱼类提供食物源，如茭白、菹草、聚草、苦草、水花生等都是鱼类喜食的植物。②稳定的植物群落能够为鱼类提供栖息、庇护与产卵的场所，如黄颡鱼、大银鱼、鲤鱼等都是在水草丛中产卵的。间接影响主要表现在：①水生植物能够为鱼类的饵料生物，如浮游动物、底栖动物等提供食物源和栖息场所。②水生大型植物具有非常重要的生态功能，如维持湖泊的清水稳态、介导湖泊水域的氮磷生物地球化学循环、稳定底质和调节底质营养释放、保持水土、减消雨洪、阻止城市污水进入湖泊等，从而为鱼类提供一个健康、可持续的生存环境。

2. 植物种类选择

基于鱼类栖息地修复的城市湖泊公园在植物种类选择上应注重以下几个方面：

（1）优先考虑本土化植物。植物选择过程中应根据本地的气候特征、土壤条件、水文状况等选择适应本地生长的乡土植物，这样不仅能够形成生态良好、美观的景观，还能减少大量的养护管理费用。

（2）注重净化污水型植物的运用。湖泊多为静水，水流交换周期长，故生态环境非常脆弱，水体极易被污染。因此要尽量选择净化功能强的植物种类。

（3）选择部分可为鱼类提供食物源及产卵场的植物。植物是鱼类栖息地的重要组成部分，它们可为鱼类提供食物源、产卵场、庇护所及遮阴等，因此在植物的配置中结合有益于鱼类栖息修复的植物种类，可以达到既美观又生态实用的效果。

（4）注重植物的观赏特性。注重植物的花、叶、枝、色、香、韵等丰富变化，合理搭配，必要时也可适当引进一些姿态优美、极具观赏价值的植物，以形成具有丰富变化、四季可赏的湿地植物景观。

3. 群落配置形式

滨水植物群落可选择的植物种类多样，根据驳岸形式，通过搭配可以形成丰富多样的群落类型。各类型群落对鱼类的栖息具有不一样的功能。滨水区常见的群落类型配置模式有如下几种。

（1）复合型植物群落。这种群落类型常见与自然式生态驳岸中。由水岸伸向湖心，形成乔-灌-草-挺水植物-浮叶（水）植物-沉水植物组成的群落带。根据植物对水深的不同要求，选择合适的植物种类，经过合理的搭配，形成层次丰富，物种多样化的生境空间，为各类水生动物提供生存空间。丰富的生物群落集聚于此，形成了鱼类的天然索饵场。同时，这种类型的群落是鱼类日常栖息与产卵的好地方，婀娜多姿的垂柳、春花植物粉花绣线菊、夏花植物梭鱼草与具有乡土秋景的芦苇及蒲苇，经过组合能够为湖滨带来优美的风光，满足人们赏景的需求。常见的复合植物群落有：

1）复合植物群落一：常水位以上：无患子、构树、樱花、栀子、木芙蓉、伞房决明；0~0.3m：泽泻；0.3~2.0m：香蒲、芦竹、水罂粟、菹草。

2）复合植物群落二：常水位以上：香樟、苦楝、中华胡枝子、接骨草；0~0.3m：紫叶美人蕉；0.3~2.0m：空心莲子草、茭白、槐叶萍、苦草、马来眼子菜。

3）复合植物群落三：常水位以上：乐昌含笑、柿树、紫穗槐、云南黄馨；0~0.3m：石菖蒲、节节草；0.3~2.0m：慈姑、藨草、荇菜、浮萍、茨藻、金鱼藻。

（2）湿生林地植物群落。湿生林地也是公园中常见的群落建植模式，这种植物群落夏天能形成良好的林荫，降低水温，为鱼类提供避暑的场所。林木掉落的枯枝能汇集落叶及其他废弃物，为鱼类提供躲避天敌的地方。同时枯枝落叶所产生的有机腐屑也是鱼类的优良饵料。可建植的湿生林地群落有水杉林地群落、池杉林地群落、落羽杉林地群落、南川柳林地群落、旱柳林地群落、乌哺鸡竹林地群落等。

（3）草本植物群落。草本植物群落是选用一种或几种水生植物，大片种植，使之形成具有一定规模的建群种。这种类型的群落不但能够形成优美的风景，还能提高良好的鱼类栖息地。高密度群落所形成的相对阴湿的环境是很多其他水生动物生存的环境，浮游动植物、水生昆虫、螺蛳等富集于此，是鱼类的天然粮仓。水草区还可以遮挡阳光的照射使水体温度较低，又有较好的光合作用增加氧气，是夏季鱼类理想的庇护、嬉戏场所。常见的如芦苇群落、荻群落、香蒲群落、水稻群落、荷花群落、水烛群落等，如图7-11所示。

（4）滨水疏林草地植物群落。疏林草地主要是为了满足公园中人们游赏休憩功能而建的。可以在草坪种植一棵或数棵观赏性良好、夏季具有良好遮阴效果的大乔木，如香樟、朴树、悬铃木等。草坡入水的地方，为了增加美观度，也为了给鱼类提供能亲近的环境，通常草皮入水处铺设卵石或砾石，形成多孔隙环境，或者再种植一些水生植物，如水生鸢尾、水葱等，创造鱼类栖息环境。

（四）洄游廊道构建

1. 概述

许多鱼类的繁殖、索饵以及越冬等生命行为需要在不同的环境中完成，具有在不同水域空间进行周期性迁徙的习性，我们称之为洄游。洄游是鱼类在漫长的进化中形成的适合于生态系统特点的生活习性，是一种主动、定向、集群的周期性运动，随着鱼类生命周期各个环节而转移，每年重复进行。

（a）

（b）

图 7-11　草本植物群落
（a）芦苇群落；（b）荷花群落

洄游不仅仅指江海洄游，还包括不同尺度的区域性迁徙，如有些种类为完成产卵、觅食、育肥等生活史而进行的江湖洄游和在不同江段之间的迁移，这些行为对鱼类维持自身种群和所处生态系统的稳定都是十分重要的。如果这些过程被打断，将对生物多样性和生态系统构成威胁。因此，开展鱼类洄游通廊的恢复工作，是保护和恢复河流生态系统生物多样性，维护河流生态系统正常结构和功能，缓解人类活动对河流生态系统胁迫的重要措施。

2. 分类

依据不同洄游目的，鱼类洄游可划分为生殖洄游、索饵洄游和越冬洄游。依据鱼类生活史阶段栖息场所及其变化，可将鱼类洄游划分为海洋性鱼类洄游、过河口性鱼类洄游和淡水鱼类洄游。其中过河口性鱼类的洄游又可分为生活在海洋而洄游到河流产卵的鱼类的溯河洄游，如鲑科的鲑属和大马哈鱼属等的洄游，和生活在淡水洄游到海洋产卵的鱼类的降海洄游，如鳗鲡属的洄游。淡水鱼类的洄游发生在淡水中，又称江湖洄游，如我国四大家鱼的洄游。

3. 鱼类洄游廊道恢复方法

鱼类洄游通道的恢复主要有三种方式：直接拆除水工建筑物、修建过鱼设施和河湖闸口生态调度。目前，对于不能拆除的水工建筑物，为减缓其对鱼类的阻断作用，应重点开展过鱼设施设计建设关键技术研究。

过鱼设施主要类型有鱼道、鱼闸、升鱼机、集运渔船等。我国已建过鱼设施主要为鱼道，目前还没有其他过鱼设施类型。鱼道多采用隔板式，通常在鱼道中设置隔板将上下游水位差分为若干级，利用消能减速以及控制水流流量和缩短鱼道长度等措施来创造适合于鱼类上溯的流态。按隔板过鱼孔的形状及位置，可将鱼道分为溢流堰式、淹没孔口式、竖缝式和组合式四种。国内主要采用淹没孔口式、竖缝式和组合式三种。

淹没孔口式主要依靠水流扩散来消能，孔口布置在鱼道的中低层，适用于需要一定水深的中、大型鱼类。为了控制适当的流速和流态，相邻隔板上的孔口采取交叉布置的形式，取得了很好的效果。

竖缝式鱼道一般用于通过大、中型鱼类，且常用于施工期及天然障碍处过鱼。我国采用双侧导竖式的有斗龙港闸鱼道、瓜州闸鱼道、上庄水库鱼道等。国内较多采用的是堰和竖缝、孔口和竖缝、孔口和堰的组合等。

国内通过多年的研究和应用，认为在导竖式鱼道两侧布置竖缝消能效果较单侧布置竖缝更好，水流流态对称，紊动较小，但鱼类的休息空间变小，可能加快它们的疲劳，因此，每隔一段距离设立休息池。

4. 闸口生态调度

过鱼设施设计、建设的关键技术包括鱼类生态调查和鱼类行为特性评估，过鱼地点的确定及过鱼设施的选择，过鱼设施工程设计参数确定（设计运行水位和设计流速、进口布置、设施主要尺寸、出口结构、过鱼设施的附属设备），过鱼试验及过鱼效果监测评价等。生态调度关键技术重点研究湖泊闸口多目标生态调度技术。

在湖泊出入水口处，要确保湖泊与上下河道的自然连通性，通过自然式驳岸设计，配以水生与陆生植物，创造自然过渡的连续坡道，为鱼类的生殖、索饵等洄游创造近自然条件。

四、水生生物恢复设计

生物多样性（Biodiversity）是人类社会赖以生存和发展的基础，是一个描述自然界多样化程度的内容广泛的概念，包括地球上所有动物、植物、微生物物种和他们所拥有的基因，以及所形成的生态过程和所有的生态系统。

我国境内河流、湖泊、水库众多，淡水水生生物资源较丰富，种类繁多。轮虫类有348种，淡水桡足类206种，枝角类162种，淡水鱼类大约800个种或亚种，约占已知种数的40％。根据已调查的淡水藻类，蓝藻门色球藻纲253种，占该纲已知80％；绿球藻双星藻科347种，占已知种40％，鞘藻属和毛藻属301种、81变种和33个变型。水生维管束植物和大型藻类有437个种与变种。

对于一个流域的水生态系统，良好的水生物系统是由千差万别的生物物种所组成的，这些生物通过自身的生命活动，吸收和利用上游来水中的营养物质，使水体水质得以改善。缺失某种生物，就会造成食物链的残缺，对水体其他生物生存产生威胁，进而影响整体水质安全。因此，维持水生物多样性，是提高水体自净能力、改善水质的先决条件，我们必须加以重视。

（一）水生植物恢复技术

1. 概述

植物是构成河流生态系统的最基本元素之一，从河流中心向两岸依次分布着水生-湿生-中生植物，一般都具有需水量高、要求肥力强、耐水淹的生态学特性，同高等植物有明显的区别。水生大型植物在水污染治理中可以发挥多种作用。通过自身生长代谢可大量吸收氮、磷等营养物质，同时一些物种还可富集重金属或吸收、降解某些有机污染物。水生植物通过促进微生物的生长代谢，使水中大部分可生物降解有机物得到降解，同时抑制藻类的生长，从而控制水体富营养化。

2. 分类

水生植被修复包括人工强化自然修复和人工重建水生植被两种途径。

人工强化自然修复是指通过调控河流、湖泊的环境以促进河流、湖泊水生植被的自然恢复；人工重建水生植被是指对已经丧失自动恢复水生植被功能的河流、湖泊，通过生态工程途径重建水生植被。重建水生植被并不是简单的"种植水草"，也不是恢复遭到破坏前的水生植被，而是在已被改变的河流、湖泊环境条件的基础上，根据河流、湖泊的现实需要，依据系统生态学以及群落生态学理论，重新设计和建设全新、能够稳定生存的水生植被和以水生植被为核心的湖泊良性生态系统。

3. 水生植被修复的优化设计

在水生植被恢复中，物种和群落是恢复的主体，因此，物种和群落的选择是水生植物恢复成败的关键因素之一。因此，合理优化群落配置是提高效率，形成稳定并可持续利用的生态系统的重要手段。

（1）先锋物种的选择。先锋物种的选择是指在对水生植物的生物学特性、耐污性研究以及对氮、磷等营养盐去除能力研究与光补偿点研究的基础上，筛选出具有一定耐污性并能适应水体水质现状的物种作为恢复的先锋物种，同时为水生植物的群落的恢复提供建群物种。

（2）物种选择原则。①本土性原则：尽量优先考虑原有物种，避免引进外来物种，以减少不可控因素。②适应性原则：所选择的物种对河流、湖泊流域气候水文条件应具有较好的适应能力。③可操作性原则：所选择的物种应具有较强的繁殖和竞争能力，栽培较易，并具有管理、收获方便等优点，且有一定的经济利用价值。④强净化能力原则：所选物种应具有较强的氮、磷等营养盐的吸收能力。

根据以上基本原则，在广泛调查的基础上，并结合原有水生生物种类，进行先锋物种的选择。近年来，国内外对水生植物的生理生态特性研究以及其在河流、湖泊治理中的研究为物种的选择提供了条件。

（3）群落的配置。群落配置是指通过人为设计，跟环境条件和群落特性按一定的比例在空间分布和时间分布方面进行安排，使欲恢复重建的植物群落高效运行，达到恢复目标，即净化水质，形成稳定可持续利用的生态系统。群落配置主要包括以下两方面的内容：①水平空间配置。水平空间配置是指在不同的受污染的流域或湖区上配置不同的植物群落。根据不同的目标，配置的植物群落可以分为生态型植物群落和经济型植物群落。前者的主要目标是治理水污染，净化污水，恢复生态系统，其注重的是群落的生态效益，建群物种一般具有耐污去污能力强、生长快、繁殖能力强、环境效益好等特点；后者的主要目标是推动流域经济的发展，顺应地方的发展要求，其注重的是经济效益的发挥，建群物种一般具有经济价值高，且具有一定的社会效益和经济效益等特点。在进行水生植被恢复时，应同时考虑生态学和经济学的原则，尽量做到两全。②垂直空间配置。水深对水生植物的生长和分布有一定的影响，一些植物群落分布在浅水区（如苦草群落）。因此，在进行群落的配置时，需考虑不同植物群落对水深的要求。在进行群落配置时应从岸边至中心，随着水深的增加分别选用不同生长型和生活型的植物。

4. 恢复水生植被的技术途径

水生植被的恢复应是从无到有、从有到优、从优到稳定的发展过程，其包含了水生植被与环境的相互改造、相互适应和协同发展。没有人为协助的条件下，要完成这一发展过程至少需要十几年甚至是几十年，人工恢复水生植被则通过利用不同生态型和生活型的水生植物在适应和改造环境能力上的差异，建造出人为辅助的种类更替系列，并且在尽可能短的时间内完成这些演替过程。

（1）浮叶植物的恢复。浮叶植物具有比较强的水质适应能力，它的繁殖器官通常比较粗壮，如种子、营养繁殖芽体、根状茎、块茎等，其储存了充足的营养物质，当春季萌发时能够供给幼苗生长直至到达水面。浮叶植物的叶片大多漂浮于水面，可直接从空气中接受阳光的照射，因而对水体水质和透明度的要求不严，可直接进行目标种的种植。浮叶植物的种植方式有多种，如移栽营养体、撒播种子、扦插根块茎等。但哪一种种植方式最为简捷有效，可根据所选中植物的繁殖特性来决定。

（2）挺水植物的恢复。挺水植物的恢复一般不需要任何的演替过程，可在直接确定目标植被的空间分布和种类组成后直接进行种植。如芦苇、香蒲等挺水植物为宿根性多年生植物，可通过地下根块茎进行繁殖。这些植物在早春季节发芽之后进行带根移栽，成活率最高。在水深较浅的地段也可移栽较高的种苗，其原则是种苗移栽后，必须有1/3以上挺出水面。

（3）沉水植物的恢复。沉水植物不同于浮叶植物和挺水植物，由于它生长期的大部分时间都没于水下，因此它对水深和水下光照条件的要求较高。沉水植物的恢复是水生植被恢复的重点，同时也是难点。在进行沉水植物的恢复时，应根据水体沉水植被恢复的分布现状、水质现状、底质等，选择不同生态学特性下的先锋种进行种植。先锋种的选择原则为：首先，在沉水植被几乎绝迹、光效应差的次生裸地上，应选择光补偿点低、耐污的种类；其次，当底质较硬时，应选择易于扎根的种类。

（二）水生动物恢复技术

1. 概述

多样性的水生动物在水中形成完整的生物链，与水生植物互相依赖，互相作用，形成了平衡的生态系统，使水体中的污染物质不断地消耗和降解，水体得以自净。水生动物在水体净化中的作用重要，水生动物是维持河流生态系统健康必不可少的组成部分。

水生动物包括浮游动物、底栖动物和水生脊椎动物。水污染必然对水生态系统的结构、功能产生影响，使其不能进行正常的物质循环和能量流动。开展水生动物的污染生态学和恢复生态学研究已引起了国内外学者的普遍关注，这方面的研究无论在生态学基本理论还是在环境保护及实际生产上都具有极其重要的意义。

2. 水生动物群落构建方式

水生动物群落构建方式通常包括顶级动物群落构建、滤食性水生动物种群构建、食碎屑鱼类的引进等。

（1）顶级动物群落构建。根据水体的生态环境条件和鱼类组成特点，选择合适的物种，特别是先锋物种。因地制宜确立顶级消费者物种群落的构建模式，利用顶级生物的下行效应改善水质、维持良好生态环境。

（2）滤食性水生动物种群构建。依据水体生态环境条件和浮游生物生长情况，结合滤食性水生动物的基础生物学特性，确定滤食性水生动物的放养种类、数量、规格和方式。目前常用的滤食性水生动物主要有鲢鱼、鳙鱼等。

（3）食碎屑鱼类的引进。依据有机碎屑的资源量，引种增殖食碎屑鱼类，并保持适宜的种群数量。

3. 恢复水生动物的技术途径

（1）底栖动物恢复。影响底栖动物的主要因素包括底质、流速、水深、营养元素、水生植物等。底质主要为底栖动物提供沉积物碎屑和栖息环境，而流速、水深等影响底栖动物以及碎屑的分布。营养元素通过影响食物和水环境条件影响底栖动物，水中适量的总氮、总磷和有机物增加均有助于底栖动物的增长，而水体中的有机物含量过高将导致底泥溶解氧含量过低，从而影响底栖动物的生长。因此，对上述因素进行研究，采取必要的控制措施，将上述因素降低到底栖动物能够接受的范围内，从而逐步实现底栖动物的恢复。

（2）鱼类恢复。河流生态系统破坏严重，导致鱼类的栖息环境，繁殖条件等破坏，使得鱼类灭绝，即使水环境条件恢复，鱼类恢复也需要采取必要的人工措施进行强化。

首先，恢复河流生态系统的物理环境，包括河流水文、水动力学特性以及物理化学特性等；其次，根据河流中的土著鱼种，采取人工放养或者自然恢复的措施，促进鱼类繁殖和建立比较适宜的生物链，从而实现鱼类的恢复。

（3）生物操纵技术。1975 年美国明尼苏达大学的 Shapiro 及其同事首先提出了"生物操纵"的概念，生物操纵又称食物网操纵，是以食物链网理论和生物的相生相克关系为基础，通过改变水体的生物群落结构来达到改善水质、恢复生态系统平衡的目的。通常情况下是通过对水生生物群落结构及其栖息地的一系列调节和改变，增强其中的某些相互作用，通过操作促使浮游植物生物量的下降。不过在使用生物操纵技术时，必须注意如何维持食物链改变后系统的稳定性。

生物操纵技术通常可分为经典生物操纵和非经典生物操纵两类。

1）经典生物操纵。经典生物操纵的主要原理是调整鱼群结构，促进滤食效率高的植食性大型浮游动物（特别是枝角类）种群的发展，从而控制藻类的过度生长进而降低藻类生物量，提高水体透明度，改善水质。

这种方法就是通过放养食鱼性鱼类，以此壮大浮游动物种群，利用浮游动物对浮游植物的捕食来抑制藻类的生物量。其核心包括两方面：大型浮游动物对藻类的摄食及其种群的建立。

浮游动物作为浮游植物的直接捕食者，其在藻类上的"下行效应"对于调节藻类种群结构有重要作用。目前常采用的浮游动物为大型溞、轮虫或浮游甲壳类，能有效控制浮游植物的过量生长，减少多种藻类的数量，但是对藻类群落结构影响较小。

摄食藻类的大型浮游动物种群的建立目前主要有两种方法：放养食鱼性鱼类来捕食浮

游动物食鱼性鱼类或者直接捕杀浮游动物食鱼性鱼类；为避免生物滞迟效应，在水体中人工培养或直接向水体中投放浮游动物。

但是水生食物网链的营养关系并不如想象中的那么简单，要保持浮游动物食鱼性鱼类和浮游动物种群的稳定存在一定难度。过分强调对藻类的去除，使得大型浮游动物（如枝角类）的食物来源减少，也使得其种群也无法保持稳定。

经典生物操纵理论在应用中所面临的一个困境就是浮游植物的抵御机制。由于增加了对可食用藻类的捕食压力，不可食用的藻类逐渐成为优势，特别是一些丝状藻类（如颤藻）和有害蓝藻（如微囊藻）等。一方面，蓝藻的个体较大，能达到数百微米，这导致浮游动物对其无法食用或摄取率较低，而且蓝藻的营养价值较绿藻低，有些还能释放毒素抑制其他水生动物的生长发育。另一方面，由于缺少捕食压力以及其他藻类的竞争压力，蓝藻数量快速增长，会逐渐形成蓝藻水华。因此，经典生物操纵理论在治理蓝藻水华中未能取得良好的效果。

2）非经典生物操纵。基于世界各地报道的一些经典生物操纵技术失败的案例以及浮游物无法有效控制富营养化湖泊中的蓝藻水华的事实，出现了非经典的生物操纵理论。非经典生物操纵就是利用有特殊摄食特性、消化机制且群落结构稳定的滤食性鱼类来直接控制水华，其核心目标定位是控制蓝藻水华。

在非经典生物操纵应用实践中，鳙鱼、鲢鱼以人工繁殖存活率高、存活期长、食谱较宽以及在湖泊中种群容易控制等优点成为最常用的种类。鳙鱼、鲢鱼易消化的主要食料是硅藻。金藻、隐藻和部分甲藻、裸藻等，黄藻类的黄丝藻及大部分绿藻和蓝藻等也是常见的摄食消化种类，并且其对蓝藻毒素有较强的耐性。

目前常用且简单的办法是在水体中因地制宜地投放一些鱼虫、红蚯蚓等，也投放一些河蚌、黄蚬、螺丝等底栖动物并促使其生长繁殖；同时，放养和鲫鱼、旁皮鱼、穿条鱼、鲢鱼、鳙鱼等野生鱼类，逐步地建设和修补水中生物链，形成生物的多样性。

参 考 文 献

［1］　徐艳洪，于鲁冀，吕晓燕，等．淮河流域河南段退化河流生态系统修复模式［J］．环境工程学报，2017，11（1）：143-150.

［2］　程卫帅．水生态修复工程的风险管理框架［J］．华北水利水电大学学报，2017，38（3）：42-46.

［3］　温文杰．浅谈水生态修复及其应用［J］．广东化工，2016，43（16）：123-133.

［4］　许珍，陈进，殷大聪．河流生态功能退化原因及修复措施分析［J］．人民珠江，2016，37（6）：16-19.

［5］　李晋．河流生态修复技术研究概述［J］．地下水，2011，33（6）：60-62.

［6］　徐洪文．水生植物在水生态修复中的研究进展［J］．中国农学通报，2011，27（3）：413-416.

［7］　朱海生，何勇，王永平，等．新沟河典型支沟生态修复方案研究［J］．人民珠江，2017，38（11）：1-5.

［8］　董哲仁．河流生态恢复的目标［J］．中国水利，2004（10）：6-10.

［9］　马新萍．流域生态修复技术探讨［J］．地下水，2011，33（6）：68-69.

［10］　逢勇，朱伟，王华，等．滨江水体水质改善、生态修复理论及应用［M］．北京：科学出版社，2008.

［11］　董哲仁．试论河流生态修复规划的原则［J］．中国水利，2016（13）：11-13，21.

［12］　董哲仁．河流生态系统研究的理论框架［J］．水利学报，2009，40（2）：129-137.

［13］　钱璨，黄浩静，曹玉成．河道水质强化净化与水生态修复研究进展［J］．安徽农业科学，2011，45（34）：44-46.

［14］　郭卿学．松花江水生态修复的目标及原则探讨［J］．水利科技与经济，2013，19（4）：16-17.

［15］　中国21世纪议程管理中心．城市河流生态修复手册［M］．北京：社会科学文献出版社，2008.

［16］　庞博，徐宗学．河湖水系连通战略研究：理论基础［J］．长江流域资源与环境，2015，（s1）：138-145.

［17］　袁茜．山地城市河流与湖库健康度评价研究［D］．重庆：重庆大学，2014.

［18］　董哲仁．河流健康的内涵［J］．中国水利，2005（4）：15-18.

［19］　徐宗学，庞博．科学认识河湖水系连通问题［J］．中国水利，2011，（16）：13-16.

［20］　傅春，刘杰平．河湖健康与水生态文明实践［M］．北京：中国水利水电出版社，2016.

［21］　张凤玲，刘静玲，杨志峰．城市河湖生态系统健康评价：以北京市"六海"为例［J］．生态学报，2005，25（11）：3019-3027.

［22］　曹欠欠，王兴科．河流健康评价标准研究：以贾鲁河流域郑州段为例［J］．环保科技，2013，19（5）：11-15.

［23］　孙雪岚，胡春宏．关于河流健康内涵与评价方法的综合评述［J］．泥沙研究，2007（5）：74-80.

［24］　杨丽萍．河流健康评价关键指标的确定与验证［D］．昆明：云南大学，2012.

［25］　何梁，陈艳，陈俊贤．河流健康评价研究现状与展望［J］．人民珠江，2013，4（6）：1-4.

［26］　刘焱序，彭建，汪安，等．生态系统健康研究进展［J］．生态学报，2015，35（18）：5920-5930.

［27］　周上博，袁兴中，刘红，等．基于不同指示生物的河流健康评价研究进展［J］．生态学杂志，2013，32（8）：2211-2219.

［28］　陈凯，于海燕，张汲伟等．基于底栖动物预测模型构建生物完整性指数评价河流健康［J］．应用生态学报，2017，28（6）：1993-2002.

［29］　张艳会，杨桂山，万荣荣．湖泊水生态系统健康评价指标研究［J］．资源科学，2014，36（6）：1306-1315.

［30］　赵彦伟，杨志峰．河流健康：概念、评价方法与方向［J］．地理科学，2005，25（1）：119-124.

［31］　涂敏．基于水功能区水质达标率的河流健康评价方法［J］．人民长江，2008，39（23）：130-133.

［32］　张柱．河流健康综合评价指数法评价袁河水生态系统健康［D］．南昌：南昌大学，2011.

［33］　王国胜，徐文彬，林亲铁，等．河流健康评价方法研究进展［J］．安全与环境工程，2006，13（4）：14-17.

［34］　熊文，黄思平，杨轩．河流生态系统健康评价关键指标研究［J］．人民长江，2010，41（12）：7-12.

［35］　庞治国，王世岩，胡明罡．河流生态系统健康评价及展望［J］．中国水利水电科学研究院学报，2006，4（2）：151-155.

［36］　Townsend C R，Riley R H．Assessment of river health：accounting for perturbation pathways in physical and ecological space [J]. Freshwater Biology, 2010, 41 (2): 393 - 405.

[37] 杨文惠, 严中民, 吴建华. 河流健康评价的研究进展 [J]. 河海大学学报 (自然科学版), 2005 (11): 607 - 611.

[38] 张赛赛, 高伟峰, 孙诗萌, 等. 基于鱼类生物完整性指数的浑河流域水生态健康评价 [J]. 环境科学研究, 2015, 28 (10): 1570 - 1577.

[39] 戈锋, 叶春, 冯冠宇, 等. 基于熵权综合健康指数法的太湖湖滨带水生态系统研究 [J]. 内蒙古师大学报 (自然科学汉文版), 2010, 39 (6): 623 - 626.

[40] 滑丽萍, 郝红, 李贵宝, 等. 河湖底泥的生物修复研究进展 [J]. 中国水利水电科学研究院学报, 2005, 3 (2): 124 - 129.

[41] 丁文锋, 孙燕. 环境水生态修复的概念、特点及其应用 [J]. 北京水务, 2006 (1): 46 - 47, 60.

[42] 董哲仁, 刘蓓, 曾向辉. 受污染水体的生物: 生态修复技术 [J]. 水利水电技术, 2002, 33 (2): 1 - 4.

[43] 王耘, 程江, 黄民生. 上海城区中小河道黑臭水体修复关键技术初探 [J]. 净水技术, 2006, 25 (2): 6 - 10, 23.

[44] Barbosa M C, Almoida Mdssd. Dredging and disposal of fine sediments in the state of Rio de Janeiro, Brazil [J]. Journal of Hazardous Materials, 2001, 85 (1 - 2): 15 - 38.

[45] 钟成华, 郑建军, 李杰. 水体污染原位修复技术导论 [M]. 北京: 科学出版社, 2013.

[46] 颜吕宙, 范成新, 杨建华, 等. 湖泊底泥环保疏浚技术研究展望 [J]. 环境污染与防治, 2004, 26 (3): 189 - 192.

[47] 孟顺龙, 裘丽萍, 陈家长, 等. 污水化学沉淀法除磷研究进展 [J]. 中国农学通报, 2012, 28 (35): 264 - 268.

[48] 贾海峰, 等. 城市河流环境修复技术原理及实践 [M]. 北京: 化学工业出版社, 2017.

[49] 武涛, 刘彬彬. 上海市黑臭河道治理技术应用研究 [J]. 工业安全与环保, 2010, 36 (3): 27 - 29.

[50] 张璐, 周利. 超声波除藻技术的研究现状与展望 [J]. 市政技术, 2014, 32 (6): 94 - 97.

[51] 李静会, 高伟, 张衡, 等. 除藻剂应急质量玄武湖蓝藻水华实验研究 [J]. 环境污染与防治, 2007, 29 (1): 60 - 62.

[52] 尹平河, 赵玲, 李坤平, 等. 缓释铜离子法去除海洋原甲藻赤潮生物的研究 [J]. 环境科学, 2000, 21 (5): 12 - 16.

[53] 李孟. 絮凝投药控制技术在黄河处理中的应用研究 [J]. 武汉工业大学学报, 1998, 20 (4): 38 - 39.

[54] 卢磊, 高宝玉, 许春华, 等. 聚合铝基复合絮凝剂用于城市纳污河道废水处理 [J]. 环境科学, 2007, 28 (9): 2035 - 2040.

[55] 李勇, 王超. 城市浅水型湖泊底泥磷释放的环境因子影响实验研究 [J]. 江苏环境科技, 2002, 15 (4): 4 - 6.

[56] 余光伟, 雷恒毅, 刘广立, 等. 重污染感潮河道底泥释放特征及其控制技术研究 [J]. 环境科学学报, 2007, 27 (9): 1476 - 1484.

[57] 郭观林, 周启星, 李秀颖. 重金属污染土壤原位化学固定修复研究进展 [J]. 应用生态学报, 2005, 16 (10): 1990 - 1996.

[58] 刘家宏, 王浩, 秦大庸, 等. 山西省水生态系统保护与修复研究 [M]. 北京: 科学出版社, 2014.

［59］ 黄民生，陈振楼. 城市内河污染治理与生态修复：理论、方法与实践 ［M］. 北京：科学出版社，2010.

［60］ 杨佩瑾. 人工湿地技术的概述及应用实例 ［J］. 科技创新导报，2009（31）：112 – 113.

［61］ 王宝贞，王琳. 水污染治理新技术：新工艺、新概念、新理论 ［M］. 北京：科学出版社，2004.

［62］ 张峰华，王学江. 河道原位处理技术研究进展 ［J］. 四川环境，2010，29（1）：100 – 105.

［63］ 杜鑫，张维佳，徐乐中. 微污染水源水预处理技术：生物接触氧化法 ［J］. 中国科技信息，2008（17）：20 – 21.

［64］ 曹刚. 河流水环境容量价值研究 ［D］. 西安：西安理工大学，2000.

［65］ 张永良、刘培哲. 水环境容量综合手册 ［M］. 北京：清华大学出版社，1991.

［66］ 肖洒. 长江宜昌段某一级支流水质评价及水环境容量计算 ［D］. 武汉：华中科技大学，2016.

［67］ Smakhtin V U. Low flow hydrology：a review ［J］. Journal of Hydrology，2001，2004（3 – 4）：147 – 186.

［68］ Gleick P H. Water in crisis：a guide to the world's fresh water resources. ［M］. New York：Oxford University Press，1993.

［69］ Gleick P H. Water in Crisis：Paths to Sustainable Water Use ［J］. Ecological Application，1998，8（3）：571 – 579.

［70］ Hughes D A. Providing hydrological information and data analysis tools for the determination of the ecological in – stream flow requirements for South African Rivers ［J］. Journal of Hydrology，2001，241（1 – 2）：140 – 151.

［71］ 王根绪，刘桂民，常娟. 流域尺度生态水文研究评述 ［J］. 生态学报，2005，25（4）：892 – 903.

［72］ 钱正英，张光斗. 中国可持续发展水资源战略研究综合报告及各专题报告（第一卷）［M］. 北京：中国水利水电出版社，2001.

［73］ 中华人民共和国水利部，SL/Z 479—2010 河湖生态需水评估导则（试行）［S］. 北京：中国水利水电出版社，2011.

［74］ 汤洁，余孝云，林年丰，等. 生态环境需水的理论和方法研究进展 ［J］. 地理科学，2005，25（3）：367 – 373.

［75］ 马乐宽，李天宏. 关于生态环境需水概念与定义的探讨 ［J］. 中国人口、资源与环境，2008，18（5）：168 – 173.

［76］ 张丽. 水资源承载能力与生态需水量理论及应用 ［M］. 郑州：黄河水利出版社，2005：34 – 37.

［77］ 汤奇成. 塔里木盆地水资源和绿洲建设 ［J］. 自然资源，1989（6）：28 – 34.

［78］ 陈丽华，王礼先. 北京市生态用水分类及森林植被生态用水定额的确定 ［J］. 水土保持研究，2001，8（4）：161 – 164.

［79］ 徐志侠，王浩，董增川，等. 河道与湖泊生态需水理论与实践 ［M］. 北京：中国水利水电出版社，2005.

［80］ Tennant D. L. Instream flow regimens for fish，wildlife，recreation and related environmental resources ［J］. Fisheries，1976，1（4）：6 – 10.

［81］ Jr R C M，Bao Y. The Texas method of preliminary instream flow assessment ［J］. Rivers，1991，2（4）：295 – 310.

［82］ Caissie D，El Jabi N，Bourgeois G. Instream flow evaluation by Hydrologically – based and habitat preference（Hydrobiological）techniques ［J］. 1998，11（3）：347 – 363.

［83］ Richter B D，Baumgartner J V，Powell J，et al. A method for assessing hydrologic alteration within ecosystems ［J］. Conservation Biology，1996，10（4）：1163 – 1174.

[84] Palau A，Alcazar J. The basic flow：analternative approach to calculate minimum environmental instream flows ［C］//2nd international symposiumon habitat hydraulics. Quebe City，1996.

[85] Gippel，Christopher J，Stewardson michael J. Use of wetted perimeter in defining minimum environmental flows ［J］. Regulated rivers：research & management，1998，14 (1)：53 - 67.

[86] Mosely M P. The effect of changing discharge on channel morphology and instream uses and in a braide river，Ohau River，New Zealand ［J］. Water Resources Researches，1982 (18)：800 - 812.

[87] Statzner B，Muller R. Standard hemispheres as indicators off low characteristics in Lotic Benthos Research ［J］. Freshwater Biology，1989，21 (3)：445 - 459.

[88] Stalnaker C B，Lamb B L，Henriksen J，et al. The instream flow incremental methodology：a primer for IFIM ［M］. USA：National Ecology Research Center，International Publication，1994.

[89] Docampo L，Bikuna B G. The basque method for determining instream flows in Northern Spain ［J］. Rivers，1995，6 (4)：292 - 311.

[90] Jorde K. Ecological evaluation of instream flow regulation based on temporal and spatial variability of bottom shear stress and hydraulic habitat quality ［C］//Proceedings of the 2nd international symposium on habitat hydraulics，Quebec City，1996.

[91] Arthington A H，King J M，Keefee J H，et al. Development of an holistic approach for assessing environmental flow requirements of river in ecosystem ［C］//Water Allocation for the Environment. Armindale：The Centre for Policy Research C. University of New England，1992：69 - 76.

[92] King J，Louw D. Instream flow assessments for regulated rivers in South Africa using the Building Block Methodology ［J］. Aquatic Ecosystem Health& Management，1998，1 (2)：109 - 124.

[93] Grinnell J. Field tests of theories concerning distributional control ［J］. American Naturalist，1917，51：115 - 128.

[94] EUGENE P. ODUM. 生态学基础 ［M］. 孙儒泳，钱国祯，林浩然，等译. 北京：人民教育出版社，1981.

[95] 张冰. 美国濒危物种法栖息地保护制度 ［J］. 牡丹江师范学院学报（自然科学版），2007 (3)：43 - 44.

[96] 周怀东，彭文启. 水污染与水环境修复 ［M］. 北京：化学工业出版社，2005.

[97] 申国珍. 大熊猫栖息地恢复研究 ［D］. 北京：北京林业大学，2002.

[98] Best J L. Sediment transport and bed morphology at river channel confluences ［J］. Sedimentology，1988，35 (3)：481 - 498.

[99] 潘玲玲. 基于鱼类栖息地修复的浙江省城市湖泊公园设计研究 ［D］. 杭州：浙江农林大学，2013.

[100] 刘瑛，高甲荣，冯泽深，等. 利于河溪生物栖息环境生态工程述评 ［J］. 水土保持研究，2008，15 (2)：258 - 259.

[101] 王银东，熊邦喜，陈才保，等. 环境因子对底栖动物生命活动的影响 ［J］. 浙江海洋学院学报，2005，24 (3)：253 - 257.

[102] 戚振宁. 基于生态可持续发展下城市河道整治措施分析 ［J］. 中国水运，2011，11 (1)：142 - 143.

[103] 刘欣慧. 大理市西洱河生态驳岸研究 ［D］. 昆明：西南林学院，2008.

[104] 伊澄清. 内陆水——陆地交错带的生态功能及其保护与开发前景 ［J］. 生态学报，1995，15 (3)：351 - 335.

[105] 王庆锁，冯宗炜，罗菊春．生态交错带与生态流 [J]．生态学杂志，1997，16（6）：52-58．

[106] 丁丽泽．城市河道生态驳岸评价与设计应用——以宁波江东区河道为例 [D]．杭州：浙江工业大学，2012．

[107] 杨富亿，胡国宏，张悦．松嫩平原菹草资源及其渔业利用 [J]．资源科学，1993（6）：39-47．

[108] Duarte C M. Sea grass depth limits [J]. Aquatic Botany，1991，40（4）：363-377.

[109] Scheffer M，Berg M V D，Breukelaar A，et al. Vegetated areas with clear water in turbid shallow lakes [J]. Aquatic Botany. 1994，49（2）：193-196.

[110] 严国安，马剑敏，邱东茹，等．武汉东湖水生植物群落演替的研究 [J]．植物生态学报，1997，24（4）：24-32．

[111] Jeppesen E，Søndergaard M，Christoffersen K，et al. The Structuring Role of Submerged Macrophytes in Lakes [M]. Germany：Springer-Verlag，1998：423.

[112] Nogueira F，Esteves F D A，Prast A E. Nitrogen and phosphorus concentration of different structures of the aquatic macrophytes Eichhornia azurea Kunth and Scirpus cubensis Poepp & Kunth in relation to water level variation in Lagoa infernao（Sao Paulo，Brazil）[J]. Hydrobiologia，1996，328（3）：199-205.

[113] Pluntke T，Kozerski H P. Particle trapping on leaves and on the bottom in simulated submerged plant stands [J]. Hydrobiologia，2003，506（1）：575-582.

[114] Li E H，Li W，Liu G H，et al. The effect of different submerged macrophyte species and biomass on sediment resuspension in a shallow freshwater lake [J]. Aquatic Botany，2008，88：121-126.

[115] Salgado J，Sayer C，Carvalho L，et al. Assessing aquatic macrophyte community change through the integration of palaeolimnological and historical data at Loch Leven，Scotland [J]. Journal of Paleolimnology，2010，43（1）：191-204.

[116] Carpenter S R，Lodge D M. Effects of submersed macrophytes on ecosystem processes [J]. Aquatic Botany，1986，26：341-370.

[117] 常剑波，陈永柏，高勇，等．水利水电工程对鱼类的影响反减缓对策 [C]//中国水利学会．中国水利学会2008学术年会论文集．北京：中国水利水电出版社，2008．

[118] 胡望斌，韩德举，张晓敏，等．长江流域鱼类洄游通道恢复对策研究 [J]．渔业现代化，2008，35（3）：52-55，58．

[119] 胡望斌，韩德举，高勇，等．鱼类洄游通道恢复：国外的经验及中国的对策 [J]．长江流域资源与环境，2008，17（6）：898-903．

[120] 章继华，何永进．我国水生生物多样性及其研究进展 [J]．南方水产，2005，1（3）：69-72．

[121] 赵卫琍．浑河（抚顺段）水生生物多样性及资源管理 [J]．环境科学与管理，2006，31（1）：11-13．

[122] 陈宜瑜．中国生物多样性保护与研究进展 [C]//第五届全国多样性保护与持续利用研讨会论文集．北京：气象出版社，2004．

[123] 梅洪，赵先富，郭斌，等．中国淡水藻类生物多样性研究进展 [J]．生态科学，2003，22（4）：356-359，365．

[124] 樊世明．引滦水利用水生生物修复和改善应注意的几个问题分析 [J]．海河水利，2017（s1）：34-36．

第八章

河流生态系统管理机制

完善的水生态系统管理机制是水生态系统保护与修复工作开展的重要基础和保障。本章主要介绍了水生态空间管控机制、强化流域综合整治机制、水生态补偿机制和河长制监管机制的内涵、内容、保障措施等。

第一节　水生态空间管控机制

水生态空间管控机制是国土空间开发保护制度与空间规划体系制度在水生态空间的具体落实，也是生态文明制度体系的重要组成部分。构建水生态空间管控机制是健全生态文明制度体系、落实生态文明体制改革总体方案、推进生态文明建设的重要举措。

一、水生态空间管控

（一）水生态空间

水是生命之源、生产之要、生态之基，水生态空间是生态空间的关键组成部分，是生态文明建设的根本基础和重要载体。与水有关的生态空间简称为水生态空间（Aquatic Ecosystem Space），是为各类生物（包括人类）提供水文生态过程的空间，也直接为人类提供水生态服务或生态产品，以及保障水生态服务或生态产品正产供给的重要生态空间。

以全国主体功能规划为主要依据，将水生态空间功能分类划分为以下三个区：

（1）禁止开发区（涉水生态保护红线区）：生态空间范围内具有特殊重要生态功能、必须严格保护、禁止一切与生态功能保护无关的开发建设活动的涉水区域。

（2）限制开发利用区（涉水生态、保护黄线区）：水资源水环境承载能力较弱，或人类经济活动对水生态空间主导功能影响较大的区域。

（3）水安全保障引导区（涉水生态、保护蓝线区）：水资源水环境承载能力较强，具备进一步开发利用水资源或保障防洪安全而布局重大水利基础设施工程的区域。

（二）水生态空间管控

水生态空间管控是国土空间管控的重要组成和基础保障。统筹考虑《生态文明体制改革总体方案》，《关于加强资源环境生态红线管控的指导意见》等文件的要求，将水生态空间管控界定为：划定并严守水资源利用上限、水环境质量底线、水生态保护红线，强化水资源水环境和水生态红线指标约束，将与水有关的各类经济社会活动限定在管控范围内，并为水资源开发利用预留空间。具体包括：依据水资源禀赋条件、水资源承载状况、河流生态用水需求、经济社会发展需要等因素，确定水资源用水总量控制指标为水资源消耗的

"天花板"，将满足河道内生态需水作为水资源开发利用的底线；将江河湖泊水功能水质达标率作为水环境质量底线；根据涵养水源、保持水土、调蓄洪水、管理岸线岸带、保护水生生物多样性、保持河道和河口稳定性等要求，划定水生态保护红线。

二、水生态空间管控的内容

（一）水资源、水环境承载能力调查评价

水资源、水环境承载能力的现状分析与评价是水生态空间管控的基础。首先需要了解相关行业开展国土空间管控的基本情况，采用与其相一致的基础数据；以土地利用总体规划数据为基础，叠入水利部门的规划数据，对规划范围采用的水系、土地类别等图斑进行一致性处理，建立水生态空间管控规划数据库。其次，开展水生态空间基础信息调查评价，全面摸清各类水生态空间的本底状况、被挤占状况等；开展水资源、水环境承载能力评价，核算水资源承载负荷成果；根据承载能力和承载负荷成果，分别评价水量和水质要素承载状况和综合承载状况，提出评价成果。

（二）水生态空间管控需求分析

在现状评价基础上，以问题为导向，开展水空间管控需求分析。一是要以国土空间规划确定的"三线三区"为基础，统一协调相关部门空间管控要求，提出与国土空间管控单元相适应的水生态空间管控要求。二是从有度有序利用水资源、加强节水型社会建设角度出发，提出制定区域用水总量控制和水量分配方案，安排重要断面、重要河湖、湿地及河口基本生态需水，控制水资源开发程度，形成有利于水资源节约利用的空间开发格局的需求。三是从加大水资源保护力度、改善水环境质量角度出发，提出核定水域纳污容量和入河湖排污总量，确定水功能区水质达标率和重要饮用水水源地水质达标率，促进建立以水域纳污能力倒逼陆域污染减排的综合治污和保护模式的需求。四是从加强水生态保护和修复、维护河湖健康生命的角度出发，提出划定水资源保护、水域岸线管理、洪水调蓄场所、水土保持重点预防等水生态红线范围，推动水生态保护与修复措施落到实处的需求。五是从实现水治理体系和治理能力现代化的角度出发，提出构建水生态空间管控制度，完善水生态空间监测体系等行业能力建设的需求。

（三）水生态空间管控布局

水生态空间管控布局与其生态功能密切相关，水生态空间管控以水生态系统服务功能为基础，在考虑重要水生态功能区、水生态环境敏感区和脆弱区保护的前提下，还要预留适当的水资源利用空间和水环境容量空间，布局重大水利基础设施和民生供水项目。

水生态空间管控布局充分考虑水功能区划、水土保持区划、岸线利用管理分区的要求。针对水生态空间构成要素的用途管制需求，提出水生态空间禁止开发区、限制开发区、水资源利用引导区的空间布局。对于水生态空间管控布局与其他行业划分的生态功能布局存在不协调、水生态空间自身各功能分区之间存在不协调的，以用途管制要求高的功能区域确定布局范围。

水生态空间布局成果总体上采用禁止开发区（红线区）、限制开发区（黄线区）、水资源利用引导区（蓝线区）的形式表达；其中，河流、岸线等采用禁止开发区（红线区）、限制开发区（黄线区）、水资源利用引导区（蓝线区）的线性方式表达；以各类区、线、重点说明等元素绘制成水生态空间管控布局总图及相关支撑图件，编制必要的空间区块、

线性说明等。

（四）水生态空间管控指标

水生态空间管控指标确定要符合区域的水生态空间功能管控需求，要与相关行业提出的生态红线等空间管控指标相协调，同时要具备能考核等可操作性。

水资源总量控制指标。不同区域可依据水资源承载能力评价成果，设置地表水、地下水利用总量控制指标。考虑为河湖留足生态环境用水的要求，在水资源总量控制指标中纳入"河湖生态环境用水保障指标"。进一步按照水资源消耗总量和强度双控要求，设置用水总量、万元 GDP 用水量、万元工业增加值用水量等控制指标；为保护重要河湖、湿地及河口基本生态需水要求，可设置重要断面生态基流、重要敏感性保护对象的生态需水量或水位等控制指标。

水环境质量控制指标。水环境质量控制主要通过两方面实现，一方面是对入河污染物总量的控制，另一方面是水功能区限制纳污的控制。综合考虑可操作性等，水环境质量控制指标可采用水功能区达标率、集中式饮用水水源地水质达标率等作为控制指标。不同地区还可根据水环境质量控制管理的具体实际情况设置其他相应控制指标。

水域空间管控指标。水域空间包括河流、湖泊、湿地及一些对维护水生态系统健康稳定起着关键作用的特定区域。针对河流的防洪安全、供水安全、生态安全功能，设置相应防洪标准确定的设计水面线或堤防保护线，河道岸线长度，水生生物种子资源保护区、洄游通道、重要鱼类"三场"保护河段长度或面积等控制指标。湖泊、湿地等可根据功能保护需求，设置水位或面积等控制指标。

陆域水源涵养及洪水调蓄区管控指标。陆域水源涵养空间对水循环过程有重要的影响，主要包括水源地水源涵养保护区、重要敏感目标的水源涵养区、水土保持重点预防区等。其控制指标按划定的水源地涵养区、保护区面积及相关管理范围线确定管控指标。

（五）水生态空间管控措施

立足我国不同地区水生态环境禀赋条件、经济社会发展的区域差异性，以及水生态空间功能的差异性和水生态空间管控的不同需求，根据不同区域的管控特点，有针对性地提出差别化的管控措施。

对水生态禁止开发区的水源涵养区、饮用水水源地保护区、重要水生生物自然保护区、水土流失重要预防区等，提出封育修复、生态移民、退耕还林，开展饮用水水源地保护区划界和隔离防护，实施重要水域水生生物关键栖息地生境功能修复和增殖放流等管控措施。

对水生态限制开发区的饮用水水源地准保护区、水产种质资源保护区、洪水调蓄区、河滨带保护蓝线区、水土保持红线区、水文化遗产保护红线区、重要水利工程保护区及水利风景区等，提出饮用水水源地准保护区的污染源控制及开发利用限制等措施；划定水生态重点保护和保留河段，实施限制开发管控措施；洪水调蓄区和河滨带保护蓝线区挤占和退化水生态空间恢复和重建管控措施。

对于水资源利用引导区域，贯彻绿色发展理念，依据环境质量底线和资源利用上限，坚守最严格水资源管理制度限制纳污红线，在水资源和水环境承载能力评价的基础上，以改善水环境质量为核心，结合规划部门产业发展相关规划和环保部门的水污染防治规划等，提出严格限制污染物入河总量管控措施，预留适当的发展空间和水环境容量空间。

为加强资源利用引导区生态修复，针对由于不合理开发建设活动等导致的水生态空间被挤占、萎缩和水生态环境受损退化区域，提出保护、修复、空间置换等管控措施。联合有关部门合理调整建设项目布局，提出退还和修复被挤占水生态空间措施；必要时，结合海洋部门海岸线的管控要求，提出河流入海口空间的生态空间置换管控措施。

（六）水生态空间管控制度

围绕构建产权清晰、责任明确、激励约束并重、系统完整的水生态空间管控制度体系的总体要求，从水资源、水环境、水生态红线管控三大方面入手，探索机制体制创新，提出由健全水生态空间管控法规、落实总量强度双控的最严格水资源管理制度、水生态空间管控准入制度、河湖管理制度，以及水生态空间管控绩效评价考核和责任追究制度、水资源有偿使用和水流生态补偿机制等构成的水生态空间管控制度等。水生态空间管控制度体系框架如图 8-1 所示。

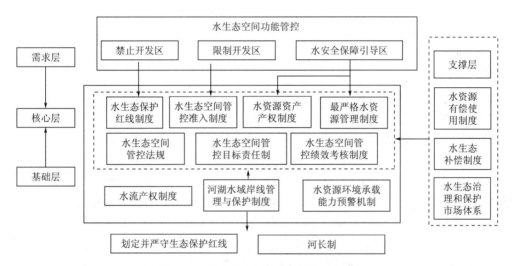

图 8-1　水生态空间管控制度体系框架

三、建立水生态空间管控机制

水生态空间管控机制是国土空间开发保护制度与空间规划体系制度在水生态空间的具体落实，也是生态文明制度体系的重要组成部分。构建水生态空间管控机制是健全生态文明制度体系、落实生态文明体制改革总体方案、推进生态文明建设的重要举措。

（一）建立健全法律法规体系，明确水生态空间管控的法律定位

依照全面依法治国、强化依法治水的要求，以现有流域规划和区域规划、综合规划和专项规划相结合的水利规划体系为基础，系统梳理已有水生态空间管控相关的各类法律法规、部门规章、技术规范，与国家实施主体功能区战略、健全空间规划体系、探索空间规划立法的部署相衔接，研究出台国家层面水生态空间管控相关法律法规。一方面，对水生态空间管控规划立法，通过法定程序明确和规范规划的性质、定位、内容、编制程序、实施、审批、法律责任等基本要求；确定规划之间的衔接，明确水生态空间管控规划与空间

规划体系的关系，与经济社会发展规划、城乡规划、土地利用总体规划，以及农业、林业、环保等各级各类规划之间的关系，确保规划体系的统一衔接。另一方面，对水生态空间管控工作立法，明确水生态空间管控的体制机制，依法确定水生态空间管控的责任主体、管控内容、沟通协调机制、监督考核机制、奖惩机制等。

（二）建立水生态保护红线制度，严格水生态空间禁止开发区保护

按照《关于划定并严守生态保护红线的若干意见》，围绕水生态空间禁止开发区的管控，加快建立健全水生态保护红线制度。国家层面尽快出台水生态红线划定的技术指南，确定水域、岸线、饮用水水源保护区、洪水调蓄区、水土保持功能区、水源涵养区等几类水生态空间红线划定的范围与技术要求、与其他生态保护红线的衔接、各类图层的叠置、边界处理等基本要求。在水生态空间管控立法基础上，加快出台专门针对水生态保护红线的专项法律法规，明确水生态保护红线范围内严禁一切形式的开发建设活动，对已建设项目进行综合评估，提出项目保留、整改、迁出等措施，对不符合水生态保护红线保护要求的工业企业、农村居民点等采取逐步关停、搬迁；强化水生态保护红线的规划约束作用，将水生态红线的管控要求纳入经济社会发展规划及相关专项规划中，通过规划环评对规划的生产、生活空间布局的环境合理性进行论证，将水生态保护红线作为区域空间开发的底线，并据此强化建设开发的边界管制。加强水生态保护红线的监测与监管，加快推进水生态保护红线监测核算制度建设，建立水生态保护红线管控责任制，健全监督体系。

（三）建立水生态空间准入制度，强化限制开发区用途管制

按照《国务院关于实行市场准入负面清单制度的意见》《关于规划环境影响评价加强空间管制、总量管控和环境准入的指导意见（试行）》等相关要求，围绕水生态空间限制开发区的管控需求，建立严格的水生态空间准入制度。在水生态空间限制开发区划定的基础上，在规划层面，将限制开发区的管控要求作为规划区域行业环境准入负面清单的否定性指标和优化规划的基本依据，引导规划布局等与水生态空间管控要求相适应。对于规划拟发展的行业或规划生产建设用地不满足水生态空间管控要求的，将规划拟发展的行业列入环境准入负面清单，按照"优先保障生态空间，合理安排生活空间，集约利用生产空间"的原则，对规划空间布局进行优化调整。在建设层面，严格建设项目水生态空间准入管控，在水生态空间限制开发区内严禁有损生态功能、对生态环境有污染影响的开发建设活动，制定水生态空间环境准入负面清单，出台水生态空间限制开发区域内禁止准入及限制准入的行业清单、工艺清单、产品清单等环境负面清单。

（四）健全水资源资产产权制度，支撑水安全保障网络体系建设

在最严格水资源管理制度用水总量控制、江河水量分配方案等工作基础上，统筹考虑流域、区域水资源规划相关要求，遵循公平性、安全性、可持续性原则，按照水资源综合利用一盘棋部署思路，均衡协调上下游、左右岸发展需求，制定水权分配方案，加快推进初始水权分配，确定不同区域取用水总量和权益，并强化水权分配方案法律地位。在区域初始水权分配的基础上，结合区域实际取用水情况和未来用水需求预测，按供用水结构进一步分解到最小分配单元或各用水户，让水资源使用与收益的权利落实到取用水户，开展水资源使用权确权登记。按照农业、工业、服务业、生活、生态等用水类型，完善水资源使用权用途管制制度。

以区域层面依法分配的水权为根本前提，基于现状和未来不同时期供水能力与用水户初始水权分配、供水安全保障要求之间的差距，依法取得科学部署水资源开发利用、完善供水基础设施的许可。统筹考虑区域水资源空间分布和经济社会发展布局情况，并与生态红线划定充分衔接，需求与许可相结合，依法强化水安全保障区在区域空间开发利用中的定位，明确水安全保障区与其他行业空间管控之间的关系。明确在区域空间规划中，优先在水安全保障引导区内为供水设施建设预留空间、严禁挤占预留空间的约束性要求，为健全区域供水基础设施网络体系、提升区域水安全保障能力提供有力的支撑。

（五）深化最严格水资源管理制度，优化水资源开发利用格局

在水安全保障引导区，落实水资源消耗总量强度双控，进一步深化最严格水资源管理制度，强化用水总量控制，将其作为约束和引导区域水资源开发的依据，优化重大水利工程布局，保障水资源可持续利用。健全重大规划水资源论证制度，促进经济社会发展与水资源条件相适应。进一步加强建设项目水资源论证，严格取水许可审批管理。对新增取用水户，严格执行水资源论证制度，通过后批准取水许可，取水工程验收后发放取水许可证。实施地下水开采总量和水位双控。逐步制定行业及用水产品用水效率指标体系，加强用水定额和计划管理。健全完善节水制度和节水激励机制，采取法律、经济、技术和工程等综合措施，全面推进全社会节水工作。开展水效领跑者引领行动计划，建立重点用水户监控名录，推行合同节水管理。深入实施水污染防治行动计划，以水功能区为重点，实施水功能区分级分类管理。制定入河湖排污口布局优化实施安排，严格按照河湖水环境承载能力控制入河湖污染物，建立健全新建、改建和扩建排污口管理制度。

（六）建立目标责任制度，完善水生态空间管控约束机制

在水生态空间功能类型与管控分区的基础上，按照管控需求，提出分区分类水生态空间管控指标体系，确定各类水生态空间的管控指标。按照"确保生态功能不降低、面积不减少、性质不改变"的要求，确定水生态保护红线管控目标。进一步统筹考虑水生态空间分布情况和各地实际情况，与各级土地利用总体规划、城乡规划及其他规划充分对接，通过省级层面与市级、县级行政区层面充分协调平衡，制定水生态空间管控指标分解方案，将管控目标分解落地。与河长制等工作相结合，将水生态空间管控措施落实、指标控制、预期目标实现、政策措施配套、修复治理开展等纳入政府领导任期目标管理，细化各级水生态空间管控工作任务，分解到人，明确任务实施路径，严格控制管理范围内建设用地规模，实行同级各部门联动和省、市、县各级之间联动。

（七）建立健全考核奖惩制度，形成水生态空间管控激励机制

根据各地资源禀赋差异、生态功能定位、水生态空间管控需求等，研究出台各级水生态空间管控考核办法，将分级分类的水生态空间管控指标作为考核指标体系，并把水生态空间保护成效、水生态管控目标、水生态保护红线目标实现等纳入生态文明建设目标考核体系，作为各级党政干部考核的重要内容。在生态文明目标考核的总框架下，研究出台专门针对水生态空间管控考核、水生态保护红线考核的等级划分、考核结果处理等指导文件，报请党中央、国务院审定。以河长制为重要抓手，强化流域水生态空间与水生态保护红线的空间用途管控，纳入流域相关河长考核体系。出台水生态空间管控奖惩办法，以生态补偿机制建设、水资源有偿使用制度建设、水生态治理与保护市场体系建设等工作为支撑，对考核等级为优秀、水生态空间管控工作成效突出的地区，给予通报表扬，并充分运用财政手段，给予相应的奖励；对考核等级为不合格的地区，进行通报批评，并约谈其党政主要负责人，提出限期整改要求；对水生态空间管控不力、责任事件多发地区的党政主要负责人和相关负责人，按照《党政领导干部生态环境损害责任追究办法（试行）》等规定，进行责任追究。

第二节 强化流域综合整治机制

一、流域综合整治的内涵

流域是指地表水和地下水天然汇集的区域，水资源按流域构成一个统一体。每条河流都有自己的流域，一个大流域可以按照水系等级分成数个小流域，小流域又可以再分成更小的流域。流域是特殊的自然地理区域，同一流域往往流经多个不同的行政区，而一个行政区也可能包含多个不完整的流域。流域是具有层次结构和整体功能的复合系统，流域水循环不仅构成了社会经济发展的资源基础，同时也是诸多水问题和生态问题的共同症结所在。因此，以流域为单元对水资源与水环境实施统一管理，已成为目前国内外公认的科学原则。流域综合整治一般是指从流域整体利益出发，以政府为主导，社会协同、公众参与的多主体互动合作的多中心治理格局。从治理内容看，流域综合整治是一项复杂的系统工程，涉及上下游、左右岸、不同行政区和行业，内容十分广泛。

二、流域综合整治的内容

强化流域综合整治从以下几个方面展开。

（一）加强水资源保护

落实最严格水资源管理制度，严守水资源开发利用控制、用水效率控制、水功能区限制纳污三条红线，强化地方各级政府责任，严格考核评估和监督。实行水资源消耗总量和强度双控行动，防止不合理新增取水，切实做到以水定需、量水而行、因水制宜。坚持节水优先，全面提高用水效率，水资源短缺地区、生态脆弱地区要严格限制发展高耗水项目，加快实施农业、工业和城乡节水技术改造，坚决遏制用水浪费。严格水功能区管理监督，根据水功能区划确定的河流水域纳污容量和限制排污总量，落实污染物达标排放要求，切实监管入河湖排污口，严格控制入河湖排污总量。

（二）加强河湖水域岸线管理保护

严格水域岸线等水生态空间管控，依法划定河湖管理范围。落实规划岸线分区管理要求，强化岸线保护和节约集约利用。严禁以各种名义侵占河道、围垦湖泊、非法采砂，对岸线乱占滥用、多占少用、占而不用等突出问题开展清理整治，恢复河湖水域岸线生态功能。

（三）加强水污染防治

落实《水污染防治行动计划》，明确河湖水污染防治目标和任务，统筹水上、岸上污染治理，完善入河湖排污管控机制和考核体系。排查入河湖污染源，加强综合防治，严格治理工矿企业污染、城镇生活污染、畜禽养殖污染、水产养殖污染、农业面源污染、船舶港口污染，改善水环境质量。优化入河湖排污口布局，实施入河湖排污口整治。

（四）加强水环境治理

强化水环境质量目标管理，按照水功能区确定各类水体的水质保护目标。切实保障饮用水水源安全，开展饮用水水源规范化建设，依法清理饮用水水源保护区内违法建筑和排污口。加强河湖水环境综合整治，推进水环境治理网格化和信息化建设，建立健全水环境风险评估排查、预警预报与响应机制。结合城市总体规划，因地制宜建设亲水生态岸线，加大黑臭水体治理力度，实现河湖环境整洁优美、水清岸绿。以生活污水处理、生活垃圾处理为重点，综合整治农村水环境，推进美丽乡村建设。

（五）加强水生态修复

推进河湖生态修复和保护，禁止侵占自然河湖、湿地等水源涵养空间。在规划的基础上稳步实施退田还湖还湿、退渔还湖，恢复河湖水系的自然连通，加强水生生物资源养护，提高水生生物多样性。开展河湖健康评估。强化山水林田湖系统治理，加大江河源头区、水源涵养区、生态敏感区保护力度，对三江源区、南水北调水源区等重要生态保护区实行更严格的保护。积极推进建立生态保护补偿机制，加强水土流失预防监督和综合整治，建设生态清洁型小流域，维护河湖生态环境。

（六）加强执法监管

建立健全法规制度，加大河湖管理保护监管力度，建立健全部门联合执法机制，完善行政执法与刑事司法衔接机制。建立河湖日常监管巡查制度，实行河湖动态监管。落实河湖管理保护执法监管责任主体、人员、设备和经费。严厉打击涉河湖违法行为，坚决清理整治非法排污、设障、捕捞、养殖、采砂、采矿、围垦、侵占水域岸线等活动。

第三节　水生态补偿机制

一、水生态补偿的内涵

水生态补偿的内涵是指以保护水生态系统服务功能、促进人水和谐为目的，运用财政、税费、市场等手段，调节水生态保护相关利益方的经济利益关系，以公平分配相关各方的责任和义务，并实现生态环境与经济社会发展良性循环的一种机制。

从水生态主体功能保护与修复角度出发，水生态补偿具体含义是：为保障水生态系统的水生态服务功能（如生态调节、提供产品等）可持续，避免人类活动对其产生干扰，水生态系统服务功效下降、衰退甚至丧失，水生态功能区的保护者为了修护、维持水生态系统服务功能所需付出的代价。

从保证水资源使用权合理流转角度出发，水生态补偿具体含义是：在水资源使用权初始分配完成后，为了发挥市场在资源配置中起决定作用，通过建立水权交易市场，水权受让方向水权转让方付出的获取水资源使用权的成本。

二、水生态补偿的框架体系

（一）水生态补偿范围与补偿内容

基于水生态补偿的内涵和补偿要求，水生态补偿范围的确定主要涉及与水相关的各方损益共同体。补偿范围确定的原则首先要考虑水生态空间使用和功能保护的产责权利等关系，也要考虑水生态功能保护与维护的具体需要。

1. 水生态补偿范围确定原则

产责权利统筹性原则。在确定生态补偿范围时，要首先明确水资源的产权、使用权的归属关系；其次在统筹公正、公平的前提下，按照"谁开发谁保护、谁受益谁补偿"的总体要求，明确水资源开发利用责任和义务；依据相关规划和有关技术标准，划定水域、岸线、水源涵养、水土保持等功能区划，明确水生态功能分区用途和管理要求，落实水生态环境保护责任；坚持统筹协调，围绕水资源开发利用与保护过程中的损益关系，厘清相关方的利益关系。

生态保护系统性原则。在确定补偿范围时，根据生态文明体制改革总体方案要求，牢固树立山水林田湖草是一个生命共同体的理念；按照生态功能的整体性、系统性及其内在规律，统筹考虑自然生态各要素，对水域、岸线、水源涵养区等进行整体保护、系统修复、综合治理；维持区域整体水生态系统健康稳定；增强水生态系统循环能力，使水生态系统服务功能具有可持续性；按照系统治理的要求，考虑不同区域对保护水生态功能的相互作用，维护生态平衡。

生态维护针对性原则。水生态补偿范围的确定，一方面要体现聚焦对整体水生态系统功能发挥起关键作用的核心区域，聚焦补偿措施实施社会效益、经济效益、生态效益最优的区域；另一方面要充分体现水生态功能保护者应获得的权益，充分调动保护者对生态功能保护的自觉意识和积极性。

2. 水生态补偿对象分析

生态补偿的出发点是恢复和保障流域的水生态空间、水量、水质稳定，使区域整体的水生态系统服务功能在可持续的情况下，还能够有所提升。生态补偿的落脚点是通过落实对具体"个体"的补偿，调整"个体与个体"的关系来实现对重点水生态功能的保护和维护。

从水生态主体功能保护与维护的对象看，主要是从事区域水源涵养与保护、已退化的水生态系统修复和建设活动，向下游区域和其他利益相关方输出水生态服务产品的行为主体，包括水生态功能区所在地的地方政府，在功能区内及周边生活、生产的居民和从事水源涵养与保护、水生态系统修复和建设活动的企业等。这些"个体"需要肩负水生态功能保护与维护的重要责任。

从水资源使用权流转的对象看，初始水权拥有的"个体"在转让水资源使用权后，成为水权受让方需要补偿的主要对象。

3. 水生态补偿措施内容分析

水生态的核心元素包括水生态空间以及水量（流量过程）、水质等。要保证水生态系统服务功能的稳定，就意味着要保证水生态空间、水量、水质稳定，为此需承担的生态保护责任、相应增加的生态保护成本应纳入水生态补偿内容。为保障水生态系统服务功能的可持续，既要采取措施保证水生态空间相对稳定，还要体现水资源节约与开源并举、污染物防控与监管并重等。

维护水生态空间稳定，需要采取的措施主要有：界定水生态空间，划定水生态保护红线，开展生态移民、退耕还林，逐步恢复被侵占的水生态空间；对禁止开发区域实施封育保护，开展饮用水水源地保护区划界和隔离防护；实施重要水域水生生物关键栖息地生境功能修复和增殖放流等管控措施；开展流域水量、水质监测监控系统建设；协调制定流域、区域水生态空间管控制度体系。

维持河流天然水量稳定，需要采取的措施主要有：开展上游地区植树造林、水土保持，积极提高流域上游地区水源涵养和保持水土的能力；加强流域内节水型社会建设，促进产业转型升级，推进高耗水工业结构调整，加大工业节水改造力度，建设节水型园区，鼓励企业间的串联用水、分质用水、一水多用和循环利用；完善灌溉供水体系，加强已有灌区节水改造与续建配套建设，发展低压管道输水、喷灌、微灌等高效节水灌溉；加大雨洪资源、海水、中水、矿井水、微咸水等非常规水源开发利用力度，实施再生水利用、雨洪资源利用、海水淡化工程，把非常规水源纳入区域水资源统一配置；在有条件的情况下，开展云水资源开发利用工作。

保障河流水质稳定，需要采取的措施主要有：调整区域产业结构，淘汰可能对水质造成影响的产业，严格环境准入，制定产业准入清单；优化产业布局与结构，推进产业升级，推进工业产业园建设，采取污水集中收集、集中处理、集中排放措施，全面控制污染物排放入河、入渠；实施雨污分流，完善城镇污水管网配套，建设城镇生活污水集中处理设施并向农村延伸，实施农村清洁工程；对污水处理厂进行提标改造，加强中水回收利用；推进河流水环境综合整治，开展入河排污口整治、河道清淤、生态护岸建设等。

（二）水生态补偿费用测算

水生态补偿费用，既要包括符合水生态主体功能定位要求的、为维护生态功能的建设项目投资成本，也要包括维持生态功能项目可持续发挥作用的运行成本支出。

1. 水生态功能维护项目建设

对于特定的水生态空间区域，为维护水生态空间主体功能而产生的全部费用均应纳入水生态补偿费用，例如水生态保护红线范围内的生态修复工程、饮用水水源保护区的生态移民等。对具有综合开发利用功能的建设项目，首先对区域水生态功能维护所需的费用进行分摊，不符合水生态功能的建设费用不应纳入水生态补偿费用。例如灌区节水改造后的结余水量用于灌区自身经济发展，其所需的投资不应纳入补偿费用。

2. 水生态补偿工程的年运行费

为了使特定区域水生态维护项目功能得到可持续利用，且使水生态效益最大化，仅考虑水生态保护与修复等补偿工程建设是不够的，还应加强对生态补偿工程的运营管理。鉴于生态补偿工程大都是具有社会公共服务功能，属于社会公益性质的项目，无财务收入或者财务收入难以支撑生态补偿工程项目年运行费用，因此需要建立长效水生态补偿基金，支付水生态补偿工程的年运行费，保障水生态补偿工程可持续利用。

3. 水权交易

水权在不同的用水户之间具有不同的价值增值是水权交易的根本动因，水权交易是水资源由低效益、低效率的"个体"向高效益、高效率的"个体"流转，水权出让方的水资源使用价值是水权交易价格和交易费用的基础。水权出让方采取相应节水措施节约的水资源转让给受让方时，节水措施投入及运行费用应纳入水权交易价格和费用。此外，水权交易过程中所需缴纳的税金也应纳入水权受让方支付的补偿费用。

（三）水生态补偿方式研究

在行为主体和利益相关者确立生态补偿关系之后，需要根据补偿主体和受偿对象选取适宜的补偿方式。生态补偿方式影响补偿对象获得的补偿，从而影响补偿对象保护修复生态的积极性和可持续性。因此，科学合理设计生态补偿方式可确保生态保护顺利推行和实施。

1. 补偿原则

（1）权责统一、合理补偿。科学界定保护者与受益者权利义务，推进生态保护补偿标准体系和沟通协调平台建设，形成受益者付费、保护者得到合理补偿的运行机制。

（2）政府主导、市场参与。发挥政府对生态环境保护的主导作用，水生态补偿主要由流域上下游地方政府承担，中央财政对重点生态功能区生态保护补偿给予引导支持，对重点生态功能区内的基础设施和基本公共服务设施建设予以倾斜。积极培育水权交易市场，推进水权交易，引导水权受让方合理进行水生态补偿。

（3）机制先行、分步推进。加强制度建设，完善法规政策，创新体制机制，推动建立水生态补偿长效机制。按照一次规划、分步实施的思路，逐步推进水生态补偿项目实施。

2. 水生态补偿方式

水生态补偿以政府补偿为主，同时考虑水权受益方补偿。政府补偿的具体方式采取财政转移支付等政策补偿与项目补助相结合的方式。

（1）政策补偿。国家通过财政转移支付等形式，对从事水生态功能保护区域的水源涵养与保护、已退化的水生态系统修复和建设活动付出的代价给予相应的补偿，通过地方政府对该区域内从事生态工程建设和保护的企业、团体和个人给予相应的补偿。另外，对水生态保护和建设作出贡献的企业、团体和个人，也应给予相应的补偿性补助。

（2）项目资助。中央政府对生态保护功能区域范围内节约用水、水资源保护以及水土保持生态建设、清洁生产、人才培养、技能培训、解决就业等以生态修复项目的方式给予补助。

（3）探索水权交易。通过建立水权交易平台，构建水权交易机制，水权获得者通过产业升级、节水改造等方式结余出水权指标，通过协商或拍卖等形式推动水权交易实施，水权受让方付出的资金用于水生态补偿。

3. 水生态补偿资金的来源

水生态补偿资金的来源主要包括四类：一是中央政府对生态保护地区地方政府以及省级地方政府对辖区内生态保护地区的下级地方政府的财政转移支付，又称纵向补偿转移支付；二是水生态受益地区地方政府对水生态保护地区地方政府的财政转移支付，又称横向补偿转移支付；三是社会范围内以市场规则为基础的水权购买付费；四是水资源费等税费收入用于水生态补偿。

（1）纵向转移支付。在现阶段的生态补偿资金构成中，以财政转移支付为主要手段的政府资金投入占首要地位。在各种形态的生态补偿财政转移支付中，上级政府对生态保护地区下级地方政府的纵向补偿转移支付是生态补偿资金机制稳定和持续的资金来源的重要保障。2011年中央财政正式设立国家重点生态功能区转移支付制度，2017年9月财政部印发的《中央对地方重点生态功能区转移支付办法》提出，重点补助对象为重点生态县域，要求省级财政部门应当根据本地实际情况，制定省对下重点生态功能区转移支付办法。此外，还可根据有关政策，争取江河湖库水系综合整治、水污染防治专项、山水林田湖草生态保护修复等资金来源。

（2）横向转移支付。从受益区的地方各自财政收入中提取一定比例的专项资金，设立生态补偿专项资金（基金），通过横向转移支付用于生态补偿。浙江省与安徽省之间开展的新安江流域生态补偿，是我国第一个进入实践阶段的跨省级行政辖区的流域生态补偿试点。

（3）水权交易。水权交易是按照水权交易制度，水权受让方通过水权市场交易，从水权出让方得到水权，并付给水权出让方相应的费用。水权交易主要包括区域水权交易、取水权交易、灌溉用水户水权交易等形式。区域水权交易：以县级以上地方人民政府或者其授权的部门、单位为主体，以用水总量控制指标和江河水量分配指标范围内结余水量为标的，在位于同一流域或者位于不同流域但具备调水条件的行政区域之间开展。取水权交易：获得取水权的单位或者个人（包括除城镇公共供水企业外的工业、农业、服务业取水权人），通过调整产品和产业结构、改革工艺、安装节水设施等措施节约水资源的，在取水许可有效期和取水限额内向符合条件的其他单位或者个人有偿转让相应取水权的水权交易。灌溉用水户水权交易：已明确用水权益的灌溉用水户或者用水组织之间的水权交易。

（4）税费。按照"开发者保护、受益者补偿"和"资源环境有偿使用"的原则，由开发利用水资源的受益主体，通过依法缴纳相关税费的形式来分摊生态补偿成本。如水资源费及水电、水产、能源化工、旅游、矿产冶炼等企业开发利用水资源与水环境的税金、收费或受益分成等。

第四节 河长制机制

一、河长制的内涵

河长制是我国新时期落实绿色发展新理念、加强依法治水管水、推进生态文明法治建设的重大制度创新。河长制即由各级党政主要负责人担任"河长"，负责组织领导相应河湖的管理和保护工作。通过把党政主要负责人推到治水第一线，河长制使我国水治理工作由"部门制"向"首长制"转型升级，为形成党政牵头、领导负责、部门协同、全民参与的水治理体制，推进水治理与经济社会发展同规划、同部署、同落实提供了制度性保障。河长制职责包括水资源保护、水域岸线管理、水污染防治、水环境治理等。

二、河长制监管机制

在全面推行河长制过程中，需建立和完善以下监管机制。

（一）责任范围的划分机制

河湖管理保护是一项复杂的系统工程。在划分、确定河长职责范围的过程中，要充分遵循河湖自然生态系统的规律，忌一河多策；要把握河流整体性与水体流向，忌多头管理。要注重河流的整体属性，遵循河流的生态系统性及其自然规律。制定流域环境保护开发利用、调节与湖泊休养生息规划，合理分配流经区域地方政府的用水消耗量和污染物排放总量，实现发展与保护的内在统一。要合理设置断面点位。目前河长职责范围的确定以断面点位为依据，而断面点位的设置、划定基本是以各行政区域的交界处划分的。这种划分方式对上下游、左右岸管辖问题考虑较多，对水流变化等原因则考虑较少。建议断面点位设置要在统筹流域水系的基础上，充分考虑水流变化和流域工农业发展实际，合理划分河长们的职责范围。

（二）治理目标的细化机制

在强化河长问责的同时，要细化治理目标，根据不同河湖、不同河段存在的问题，逐年确定分流域、分区域的年度目标，制定差别化的水污染防治计划，建立差异化的评价考核体系。各地要对辖区内的工业、城镇生活、农业、移动源等各类污染源开展调查，通过污染物统计监测，核实区域污染物排放总量，摸清水污染底数。要根据"水十条"对区域内各类水体水质开展生态监测，逐一排查达标情况。对江河湖库生态环境开展安全评估，对沿江河湖库工业企业、工业集聚区环境和健康风险进行评估。要开展水环境专项整治，在严厉打击环境违法行为的同时，深入调查辖区入河排污口情况，全面统计、清理非法或设置不合理的排污口。要对水环境管理实行统一监测、统一执法。在对河湖流域管理中，要通过开展联合监测、统一检测方法等方式，确保河长们履职考核的公平性。要对黑臭河状况调查摸底，分析形成原因，找出污染源头，制定对策。

（三）资金使用的管理机制

黑臭河整治、污水处理设施建设、水生态修复等水环境治理工程势必投入大量资金。因此在资金分配使用上，要建立严格的管理制度，确保资金安全。要建立水环境治理的专项资金账户，建立资金报批制度，建立资金规范运作制度，建立资金使用监管制度。财政部门及时将专项资金使用、考核、验收等情况，在政府网站和公示栏予以公示，便于公众监督。

（四）协调沟通的联席机制

各级河长办公室要建立完善的信息交流、沟通、协调机制。对上级河长，要定期报告河湖管理、水环境治理目标任务进度等情况，落实上级政府水资源保护各项调控政策，执行水污染防治统一组织开展的各项专项行动；对下级河长，要定期督察水环境治理目标任务落实情况和河长履职情况，做好行政区域与行政区域之间、河段与河段之间无缝对接，及时消除同级河长间的"真空地带""三不管地区"；本级河长办公室要根据辖区的水环境污染状况，研究、制定整治方案，落实治理任务，组织开展水污染防治联合执法行动，切实改善区域环境质量。

（五）生态资金的横向补偿机制

国家提出全面推行河长制，就是把生态自然资源利用过程中产生的社会成本，用行政手段实现内部化。通过行政权力分割，通过考核问责，解决上下游、左右岸的水环境治理成本外部性问题。在强化河长责任考核的同时，还需完善生态资金补偿机制。一个是纵向补偿，对那些为了保护生态环境而丧失许多发展机会、付出机会成本的地区，提供自上而下的财政纵向生态补偿资金，确保区域环境基础设施建设。另一个是横向补偿，即根据"谁污染，谁治理""谁受益谁补偿，谁污染谁付费"的原则，对上游水质劣于下游水质的地区，通过排污权交易或提取一定比例排污费，纳入生态建设保护资金，补偿下游地区改善水环境质量。

三、河长制监管机制的保障措施

（一）加强组织领导

各级党委和政府是落实河长制的责任主体，要把推行河长制作为推进生态文明建设的重要举措，切实加强组织领导，狠抓责任落实，抓紧制定工作方案，明确工作进度安排。确定区、乡镇（街道）、村级河长名单，完成市、区、乡镇（街道）河长制办公室设置，制定区、乡镇（街道）级河长制工作方案；完成河长制配套制度制定工作。

（二）完善工作制度

建立河长会议制度，市、区总河长和河长每年至少召开1次工作会议，总结河湖管理保护工作和各级河长履职情况，研究解决河湖管理保护重点难点问题。建立定期巡查制度，乡镇（街道）级河长每月至少开展1次巡查，村级河长每周至少开展1次巡查，及时发现并协调解决河湖管理保护存在的问题，本级无法解决的问题要及时向上级河长报告。建立工作督察制度，市河长制办公室对各区河长制实施情况、河长履职情况等进行督导检查，同时将各区建立健全河长体系和河长制工作任务落实情况纳入本市环境保护督察工作内容。建立信息共享和报送制度，省市河长制办公室各成员单位要共享水污染治理、水资源管理等河湖管理保护相关数据和信息；各级河长制办公室要定期向本级河长和上级河长制办公室报送工作进展、面临问题、意见建议、经验做法等；各级政府要在每年年底前将本年度河长制贯彻落实情况报当地政府。

（三）加大资金保障

将河湖养护、环境保护、执法监管等河湖管理保护相关资金纳入各级财政预算，统筹予以保障，并建立资金绩效考评机制。加大水污染治理、水环境建设等方面固定资产投资力度，积极探索政府与社会资本合作模式，鼓励和吸引社会资本参与河湖管理保护工作。

（四）强化考核问责

根据不同河湖的特点和存在的主要问题，实行差异化绩效评价考核，将领导干部自然资源资产离任审计结果及整改情况作为考核的重要参考。乡镇（街道）级及以上河长负责组织对相应河湖下一级河长进行考核，考核结果作为党政领导干部综合考核评价的重要依据；建立激励机制，对成绩突出的河长及相关单位进行表彰奖励。实行生态环境损害责任终身追究制，对造成生态环境损害的，严格按照有关规定追究责任。

（五）加强社会监督

建立河湖管理保护信息发布平台，通过主要媒体向社会公告河长名单，在河湖岸边显著位置设立河长公示牌，标明河长职责、河湖概况、管护目标、监督电话等内容，接受社会监督。通过招募志愿者、聘请社会监督员、委托第三方机构等方式对河湖管理保护效果进行监督和评价。加强宣传解读和舆论引导，提高全社会河湖保护责任意识和参与意识，形成群防群治的氛围。

参 考 文 献

［1］ 司会敏，张荣华．"河长制"：河流生态治理的体制创新［J］．长沙大学学报，2018，32（1）：

14 - 18.

［2］ 刘伟，杨晴，张梦然，等．构建以流域为基础的水生态空间管控体系研究［J］．中国水利，2018 (5)：27 - 31.

［3］ 杨晴，张梦然，邱冰，等．基于国家主体功能区定位的水生态补偿机制探索［J］．中国水利，2018 (3)：7 - 11.

［4］ 冉阿建，岳振．河长制：治水良策护生态底线［J］．当代贵州，2017 (2)：38 - 39.

［5］ 孔凡斌，许正松，陈胜东，等．河长制在流域生态治理中的实践探索与经验总结［J］．鄱阳湖学刊，2017 (3)：37 - 45.

［6］ 张建永，杨晴，王晓红，等．水生态保护红线类型与划定技术路径［J］．中国水利，2017 (16)：6 - 10.

［7］ 杨晴，张梦然，赵伟，等．水生态空间功能与管控分类［J］．中国水利，2017 (12)：3 - 7, 21.

［8］ 邱冰，刘伟，张建永，等．水生态空间管控制度建设探索［J］．中国水利，2017 (16)：16 - 20.

［9］ 杨晴，赵伟，张建永，等．水生态空间管控指标体系构建［J］．中国水利，2017 (9)：1 - 5.

［10］ 杨晴，王晓红，张建永，等．水生态空间管控规划的探索［J］．中国水利，2017 (3)：6 - 9.

第九章

国内外水生态系统修复案例

本章通过国内外水生态修复优秀案例系统展示了我国和欧美及亚洲一些发达国家的河流与湖泊生态修复的修复措施、治理效果和经验与启发。案例涵盖了区域性大河、城市河流、湖泊等水生态系统类型，对进一步开展水生态修复工作具有重要借鉴意义。

第一节　国外水生态系统修复案例

一、英国泰晤士河的治理与修复

（一）概况

泰晤士河全长 402km，流经伦敦市区及沿河 10 多座城市，流域面积 13000km²，是伦敦市民生产生活用水的主要来源，被称为英国的母亲河。19 世纪以来，随着工业革命的兴起和泰晤士河两岸人口的激增，大量的城市生活污水和工业废水未经处理直接排入河内，使泰晤士河成为伦敦的一条排污明沟，沿岸垃圾污物大量堆积，河水臭气熏天。伦敦居民由于长期饮用被污染的河水，于 1831—1866 年连续爆发大规模的霍乱疫情，死亡人数超过 40000 人，1858 年，伦敦发生了著名的"大恶臭"事件，因夏季河水恶臭，英国议会不得不休会一周。"大恶臭"事件促使英国政府采取措施治理污染，从而拉开了泰晤士河治理的序幕。

（二）治理与修复措施

英国政府和伦敦市对泰晤士河的治理与修复可以分为以下三个阶段。

1. 第一阶段（19 世纪中叶到 20 世纪 50 年代）

以隔离排污为重点，缓解中心城区河段污染。这一时期，泰晤士河的治理主要着眼于"排污"。为了有效缓解污染所带来的危机，英国政府从立法与建立地下排污系统两大方式出发去解决问题。1858 年英国议会通过的《大都市地方管理法修正案》，其中特别规定限制污水排入泰晤士河。1876 年英国议会通过《河流防污法》，这不仅是英国历史上第一部防治河水污染的国家立法，也是世界历史上第一部水环境保护法。同时，1858 年，主要职责为在伦敦主城区河段建立隔离式地下排污系统的"大都市工务局"也开始正式行使职权。其在泰晤士河南北两岸建造了两套庞大的隔离式排污下水道管网，以汇集两岸的污水，然后在泰晤士河离出海口 25 公里处从南北两侧注入，排入北海。这一下水道系统在 1874 年投入使用至今，在一定程度上缓解了泰晤士河伦敦区河段的污染状况，但是只是将污水转移至河口和海洋，河水的污染问题依然没有得到根本性地解决，同时也没有控制住水污染恶化的趋势。

2. 第二阶段（20 世纪 50—90 年代）

由单纯的"排污"转向综合的"治理"。到 20 世纪 50 年代，伴随着化学合成洗涤剂的大量使用，泰晤士河出现了第二次水质恶化。日趋严重的污染迫使英国政府调整治理策略，泰晤士河治理进入第二个阶段。其主要的做法包括以下几方面：

（1）立法严控污染排放。这一时期，政府颁布了更为严格的法律法规，明确了对各种违规行为的司法监禁或经济制裁等处罚规定，英国政府先后制定了《河流法》《水法》《水资源法》《污染控制法》等一系列的法律法规，明确了水环境保护与污染排放的相关要求及违法违规行为的处罚。

（2）污水处理设施的完善与提档升级。英国政府实施全流域治理，对整个河段实施统一管理，对大伦敦地区的各类下水道和污水处理设施进行重新规划和布局，把 190 多个小型污水处理厂合并成 15 个较大规模的污水处理厂。并对 19 世纪末建成的位于两大下水系统末端的污水处理厂进行现代化改造，使之成为当时欧洲最先进的污水处理厂。

（3）实施流域统一管理。通过推进立法对治理体制进行改革，对水资源的保护和管理从分散逐步走向协调和统一，从地方行政分割的局面走向对整个流域实行统一管理，对水量的采用分配、水污染防治、航运防洪以及生态的可持续发展进行全方位筹划与整治。1963 年英国颁布了《水资源法》，成立了河流管理局实施取用水许可制度，统一水资源配置。1973 年《水资源法》修订后，为了对河段进行统一管理，将全流域划分成 10 个区域，合并了 200 多个管水单位，建成一个新的水务管理部门——泰晤士河水务管理局，负责对泰晤士河流域进行统一规划与管理，统一管理水处理、水产养殖、灌溉、畜牧、航运、防洪等工作，形成流域综合管理模式。水务管理局有权提出水污染控制的政策法令、标准，有权控制污染排放。1989 年，随着公共事业民营化改革，水务局转变为泰晤士河水务公司，承担供水、排水职能，不再承担防洪、排涝和污染控制职能；政府建立了专业化的监管体系，负责财务、水质监管等，实现了经营者和监管者的分离。

3. 第三阶段（20 世纪 90 年代至今）

水环境改善与地区更新协同发展。20 世纪 80 年代，伦敦的经济活力开始下降，城市面临着公共服务不足和沿河建筑、景观形象与设施陈旧等问题，伦敦政府于 1995 年开始实施以社区为主体的合作计划，目标是将泰晤士河南岸地区从衰退状态变为新型地区。

（三）经验总结

经过百余年的治理，泰晤士河水质逐步改善，如今泰晤士河已不再是"恶臭河流"。20 世纪 70 年代，重新出现鱼类并逐年增加；20 世纪 80 年代后期，无脊椎动物达到 350 多种，鱼类达到 100 多种，包括鲑鱼、鳟鱼、三文鱼等名贵鱼种。目前，泰晤士河水质完全恢复到了工业化前的状态。泰晤士河治理与修复的经验主要包括：颁布严格的法律法规，规定废水排放标准；改革河流管理体制，实施流域统一管理；河流治理与地区发展相结合。

二、奥地利维也纳多瑙河生态治理

（一）概况

多瑙河全长 2850km，是欧洲第二长河，奥地利首都维也纳地处其中游起点，成为多瑙河地势陡峭的山区河段和城市密集、经济发达的平原河段的分界点。维也纳人对多瑙河的综合治理开发延续了几个世纪，逐渐形成了一套完善的现代化的生态河流综合治理开发体系。维也纳多瑙河的修复在传统治理理念的基础上突出"生态治理"的概念，并运用到防洪、治污、经济开发等领域。

（二）治理措施

1. 科学规划洪水防治体系

历史上维也纳经常遭受季节性洪水的危害，因此防洪是维也纳多瑙河治理的核心。维也纳在与洪水的不断斗争中总结经验，选择给予河流更多空间的治理方案。截至 1986 年，完成了以应对洪水为主要目的的四条河道规划方案，即主河道、作为支流的老多瑙河、新多瑙河及多瑙运河，规划出的支流增加了河道的数量和弯曲程度，延长了洪水在支流的停留时间，减低了主河道的洪峰量。此外，在多瑙河流出维也纳的弗奥德瑙地区修建的水电站发挥多项生态功能，包括：调控维也纳多瑙河的水位和流速，降低洪灾风险，同时方便多瑙河的生态保护与开发。洪水来临时，水电站和四条河道共同发挥疏导功能。

2. 建设生态河堤

恢复河流两岸储水湿润带和河岸水边植物群落，是维也纳多瑙河修复的主要任务之一。基于"亲近自然河流"概念和"自然型护岸"技术，在考虑安全性和耐久性的同时，充分考虑生态效果，把河堤由过去的混凝土人工建筑，改造成适合动植物生长的模拟自然状态的护堤，建成无混凝土或混凝土外覆盖植物的生态河堤。

3. 优化水资源配置和使用

维也纳周边山地和森林水资源丰富，其城市用水 99% 为地下水和泉水，维持了多瑙河的自然生态流量。维也纳严禁将工业废水和居民生活污水直接排入多瑙河，严格审批在多瑙河两岸设立的工业企业数量，对审批后的企业进行严格监管。工业废水和居民生活污水由位于维也纳郊区、濒临多瑙河的布鲁门塔尔和希莫凌的两座大型综合废水处理中心负责。在净化水的质量达到环保标准后，大部分净化水被排入多瑙河，少部分则直接渗入地下补充地下水。

（三）经验总结

维也纳多瑙河被誉为多瑙河治理的"明珠河段"，对滨河城市河流治理具有宝贵的借鉴意义。其成功的生态治理主要的经验包括：防洪与生态建设相结合；严格管理废水排放和处理；自然生态系统和城市建设系统相结合。

三、欧洲康士坦茨湖生态修复

（一）概况

康士坦茨湖是欧洲湖泊生态修复和实现湖泊健康管理的成功典范，康士坦茨湖流域横跨德国、瑞士、奥地利和列支敦士登四个国家，从 20 世纪 50 年代开始，湖泊生态环境开始逐渐恶化，到 20 世纪 70 年代中期，湖泊生态环境破坏最为严重，生态系统服务功能几乎丧失，湖泊濒临消亡。康士坦茨湖流域各国政府逐渐意识到湖泊保护的重要性，并着手湖泊污染治理和加强水资源管理，探索出一条成熟的湖泊管理模式。经过多国联合治理，到 21 世纪初，生态系统服务功能全面恢复。水质基本恢复到污染前水平（1930 年左右），湖泊磷含量由 $87\mu g/L$（1979 年）下降到 $12.26\mu g/L$（2003 年）。

（二）修复措施

1. 成立国际湖泊管理机构

建立了康士坦茨湖生态委员会、康士坦茨湖鸟类研究组织、康士坦茨湖国际航运委员会、保护康士坦茨湖国际委员会等一系列组织，监测和分析康士坦茨湖水质状况，加强对潜在污染源监控，强化国际合作。

2. 共同制定湖泊管理法律法规

1961—2001年期间，先后制定了一系列环境政策与法规，包括：康士坦茨湖保护协定、康士坦茨湖岸线规划编制方针、康士坦茨湖流域土地利用规划、康士坦茨湖航运条令、康士坦茨湖地区环境规划法案、康士坦茨湖议程、跨边界湖泊—流域土地和生物多样性保护计划、博登—符腾堡州群落生境保护法等，促进了流域生态环境恢复。

3. 严格控制污染

点源污染控制方面，建设大量污水处理设施，污水处理机构由国家控制，地方当局管理，接纳大约95%的城市生产生活污水，从源头控制。非点源污染控制方面，禁止生活污水随意排放、限制含磷洗涤剂使用；减少交通工具尾气排放，控制对湖泊的影响；限制含磷化肥的使用、改变农田耕作方式。

4. 综合治理湖泊污染

广泛采用物理法、化学法和生物操纵法等综合手段治理水污染。物理和化学方法主要有：废水除磷、磷沉降钝化、底泥疏浚、机械打捞、更改营养元素循环、植物收割等。生物操纵主要是利用大型沉水植物改善湖泊水体生态系统种群结构和系统稳定性，净化水体，降低水中营养盐含量，从而降低水体富营养化水平。

（三）经验总结

康士坦茨湖作为跨多个国家的湖泊，其治理和保护更具有复杂性，其成功的经验主要包括：成立国际性湖泊管理机构、制定一系列的湖泊管理法律法规、从源头上严格控制点源和非点源污染、采用多种综合手段治理水污染。

四、美国圣安东尼奥河生态修复

（一）概况

圣安东尼奥河是一条宽度不及2m的湍急小河，但在一片荒野的得克萨斯平原确是救命的水源，因此当地居民格外珍惜。但随着城市的发展以及河流防洪工程的建设，圣安东尼奥河逐渐失去了自然属性，并对城市环境造成了不利影响。1988年贝萨尔郡、圣安东尼奥市政府、圣安东尼奥河管理局和不同的市民组织共同成立了圣安东尼奥河改造监督委员会来领导圣安东尼奥河的改造工程。圣安东尼奥河改造规划成功地将河流恢复近自然状态，并整合了周边城市资源，为城市的发展注入了新的活力。是一个非常成功的滨河城市设计、古迹保存与水资源经营管理的案例。

（二）修复措施

根据当地条件，规划方案把圣安东尼奥河改造项目分为南北两个段落。南段自帕赛欧·迪尔·里约向南延伸13km，北段从赛欧·迪尔·里约向北延伸6km。圣安东尼奥河所有的改造方案均以防洪作为先决条件。

1. 洪水调控措施

洪水调控措施主要包括以下几个方面：

（1）通过扩大河床外侧的河流横断面，增加和拉长河床的蜿蜒度。

（2）拆除埃斯帕达大坝以有效地减少赛姆佛兰尼（Symphony Lane）地区的洪水威胁。

（3）在下游地区开挖大水面，这些稍大的水面通过对现有河道下挖形成。

（4）确定植被及地形、道路等构筑物对河槽过水能力的影响，并以此来决定河流景观的种植和竖向设计。通过模型数据反映不同的植被状况，调整植被的界限，防止河槽内的植被促使水位升高和洪水能量的增加。

2. 河床修复措施

考虑工程的总造价和场地用地条件的限制，圣安东尼奥河南部河段的修复措施综合采用在现有河道基础上进行局部改造，主要是对现有的二级河道重新进行调整，但仅限于现有泄洪河道范围以内，或者购置现有泄洪河道以外的少量土地，拓宽河道，使河流恢复到接近天然河道的状态。采用这种方法虽然不能把河流恢复到完全自然的状态，但其景观和生态环境质量将得到非常有价值的改观。横向上，对现有的枯水河道在河床范围内进行整理，能够创造出类似于天然河流的曲流模式。河湾外侧由于在洪水期间所承受的冲击力最大，所以这里是最容易发生侵蚀的地方，需要进行加固和保护。控制侵蚀采用植被覆盖和土壤生态工程的方法，包括使用天然材料创造侵蚀防护带和天然的石砌结构。在水流剪力最大的地方，驳岸的坡脚处采用堆放天然石块的方法来防止侵蚀的发生。纵向上，对河道纵坡坡度大的河段，采用挡水坝、堰等构筑物来阻止激流对河底的冲蚀及河床下切。拆除这里原有的一系列波浪状的金属挡水坝，用石头等当地的材料砌筑新的挡水坝，上面留15cm深的水使独木舟能够通过。一些挡水坝被用来蓄水以便在风景较好的地段形成较大水面，便于开展水上活动。垂向上，通过支流汇入口以及基流河道的分层式结构对河水充气，改善水质，为动植物栖息地开发创造条件。

3. 改造排水口，修建湿生环境

排水口包括把城区地表水排入河道内的雨水管排水口和地表径流排水槽。改造排水口，并通过建造湿生环境等措施，使之具有净水功能和令人愉悦的视觉效果。

4. 种植植物设计

总体的原则是尽可能地保留原有的树木；新增加的树木也主要以乡土品种为主。根据南北河段的不同，细节上有所区别，南部河段较大尺度范围内创造林中空地和沿河视线走廊，创造多样化的植物空间，为行人提供视线开阔、舒适的活动场地；林下播种乡土草种以减少修建次数。蜿蜒河道外侧尽可能地种植乔灌木及水生植物，促进动植物栖息地的发展，并减少水流对驳岸的冲蚀。北部河段场地尺度较小，种植时大树以孤直为主，提供遮阴，并配以灌木丛、地被及开花植物形成层次感，加强观赏性，植物材料采用乡土品种或驯化品种，清除外来物种，并做好控制土壤侵蚀和入侵植物的管理。

5. 完善游憩系统

基于总体的规划，改造后的道路系统将对原有路径进行补充，并对部分道路进行替换、丰富滨水区的历史文化内涵，连接滨河公园，形成统一的游憩系统。并建立完善的标识系统，提供明确的信息，包括位置、解说、观赏点等元素。

6. 土地利用及经济发展规划

圣安东尼奥河的改造治理促进了对当地的土地利用开发和经济发展新的规划。根据河道及周边的现有条件，北部河段形成一个线性公园串联的文化、商业中心区，以及娱乐服务配套设施完善的高密度、多户型居住区，南部河段的可开发土地离河有明显距离，滨河区以自然景观为主，为市民以及游客提供舒适的、文化性强的休闲空间。

（三）经验总结

改造项目计划在 2012 年全部完成，它有效地改善了滨河地区的生态环境和城市面貌，促进了城市的可持续发展，对滨河地区河流治理修复提供了有价值的思路和借鉴。主要的修复经验包括：修复到近天然河流的曲流模式；注重滨水空间的多功能综合利用；河流生态保护与城市历史文化保护及经济发展相结合。

五、美国阿勃卡湖生态修复

（一）概况

阿勃卡湖位于美国佛罗里达州中部，属亚热带气候，湖泊面积 $124km^2$，主要水源是降雨，其次是农业排放水和地下泉。1947 年首次发生蓝藻水华以前，阿勃卡湖是一个清水湖，水生植物区系由沉水植物组成，覆盖水面的 70% 左右，水中还存在着大量的游钓鱼类。然而，随着经济发展，人口膨胀以及自然资源不合理的开发利用，水体富营养化日益严重，湖泊生态系统结构遭到了空前破坏、生态系统功能萎缩，营养盐浓度剧增，蓝藻水华频繁发生，大型水生植物锐减，并造成了巨大的经济损失。

1967 年，佛罗里达州政府成立技术委员会评估阿勃卡湖的生态修复问题，并形成治理方案。1970 年，州政府指定佛罗里达大气和水污染控制委员会负责阿勃卡湖的修复工作，这个委员会建议通过干湖来巩固沉积物，降低营养循环速率，同时为植物生长提供合适的底质。然而，这项计划由于考虑到经费过高以及干湖对农业经济和环境的负面影响等因素而被搁浅。20 世纪 70 年代末和 80 年代初，阿勃卡湖附近的柑橘加工厂和污水处理厂先后停止了向湖里排放有机物和生活污水，打响了整治阿勃卡湖的第一炮，1985—1987 年间，佛罗里达州通过了阿勃卡湖法案与地表水改善和管理法案，要求圣约翰斯河水资源管理局负责阿勃卡湖的整治修复工作。

（二）修复措施

圣约翰斯河水资源管理局制定了五项修复措施：

1. **降低外源磷的输入**

主要措施是购买湖北岸的农场，并将其改造成湿地，以切断农业径流。1999 年，圣约翰斯河水资源管理局购买了面积为 19000 英亩的农场，其中 2000 英亩也已改造为湿地，可减少入湖总磷的 85% 以上。

2. **建造人工湿地，过滤湖水中的悬浮物**

因于阿勃卡湖 90% 的总磷以颗粒性磷的形式存在，因此这项措施既可以提高湖水的透明度，又可以除磷。20 世纪 80 年代末，圣约翰斯河水资源管理局在湖的北面建造了一块面积为 $2km^2$ 的试验湿地，利用湿地除去阿勃卡湖中的悬浮物，经过过滤的湖水再排回湖中。运行去除率分别为：总悬浮物 89%～99%，总磷 30%～67%，总氮 30%～52%。

3. 生物操纵

由于砂囊鲥对阿勃卡湖的生态恢复有许多负面影响包括：搅动表层沉积物，降低湖水透明度；未消化的食物随粪便排出加速有机物分解；摄食浮游动物，间接促进藻类生长。因此，捕捞砂囊鲥有多方面的积极作用。1993—2003 年间，圣约翰斯河水资源管理局总共捕获砂囊鲥 4000t，从湖中除去大部分的氮磷等营养元素；此外还改善了湖水透明度，降低了营养循环，并减轻了鱼类对浮游动物的摄食压力，浮游动物的增殖可以降低藻类生物量。

4. 种植水生植物

圣约翰斯河水资源管理局多次在浅水区种植了 6 种本地水生植物。此外，自 1995 年后，在 20 多块浅水区出现了非人工种植的美国苦草，水生植物系统恢复良好。

5. 提高水位变动幅度

干旱期的低水位可以帮助巩固沿岸带沉积物，为埋在沉积物里的植物种子提供萌芽的机会。因而圣约翰斯河水资源管理局利用干旱期在沿岸带种植多种水生植物。另外高水位有利于水生植物的生长，饵料生物的增殖以及鱼类摄食繁殖。

（三）相关学术争论

围绕阿勃卡湖富营养化发生机制和生态修复问题，许多学者多年来进行了一系列的基础研究，主要争论存在于以下 3 个方面：

（1）考虑到含磷丰富的沉积物受风力作用发生再悬浮的影响，降低外源磷的输入是否能有效降低内源磷。

（2）考虑到悬浮物的再悬浮影响，降低磷的输入和浮游植物数量是否能有效提高水体透明度。

（3）考虑到湖底松软底泥不利于沉水植物生长影响，即使磷输入降低，透明度得到改善，是否能重建沉水植物区系。目前关于这些问题的争论还没有得到完全解决，还需要在修复过程中进行不断的实验研究。

（四）经验总结

阿勃卡湖实施五大修复措施已经有 20 年，水质得到明显地改善，在治理方面也做了许多的探讨和实践，为大型浅水湖泊富营养化的研究和修复积累了许多的经验。主要包括：建立专门的湖泊管理机构对湖泊修复进行统一综合管理；控源截污为基础；水文、物理、生物等多种修复技术手段并用；开展相关的科学研究，为湖泊修复提供理论指导。

六、日本琵琶湖生态修复

（一）概况

琵琶湖是日本第一大淡水湖，位于滋贺县，四面环山，面积约 $674km^2$，是滋贺县总面积的六分之一，其地理位置十分重要，邻近日本古都京都、奈良，横卧在经济重镇大阪和名古屋之间，是日本近年来经济发展最快的地区之一，也是日本准备迁都的三大候选地之一，因此，琵琶湖与富士山一样被日本人视为日本的象征。同时，琵琶湖为国家公园，著名游览胜地，作为京阪地区 1400 万人的供水源地，琵琶湖被人们亲切地称为"生命之湖"。

随着琵琶湖流域内人口剧增和工业发展，排放的入湖污染物增加，以及琵琶湖自身生态变化，原本是贫营养湖的琵琶湖在 20 世纪 70 年代初达到水质恶化的高峰，生态系统严重失衡，出现大范围、多频次的水华。并且随着湖泊富营养化的加剧，琵琶湖的整体生态环境质量急剧下降，体现在：湖滨带芦苇湖岸大幅减少；特有物种的续存危机；渔获量大幅下降。造成这些问题的主要原因有：长期以来水位的下降、内湖的开垦以及芦苇带面积的减少等造成的浅滩湖岸带面积的减少；琵琶湖水位季节节律的变化；湖岸大堤的建设及河道的改修隔断了生物洄游路径；外来种捕食、竞争及基因杂交产生的遗传因子污染；富营养化及有害物质的流入。

从 1972 年起，日本政府全面启动了"琵琶湖综合发展工程"，历时 40 年左右，促使琵琶湖水质由地表水质五类标准提高到三类标准。

（二）修复规划

琵琶湖的综合治理分为两个阶段进行。第一阶段（1972—1997 年）遵从《琵琶湖综合开发规划》，解决了琵琶湖水资源利用及防洪防灾的重大问题，并建立了庞大的流域下水道污水处理系统，有效地控制了流域污染源的排放。其主要的目标是首先保证流入污染负荷恢复到 1965 年以前的水平，其次确保森林、农地等的透水性，最后是确保构建生物生息空间网络化的重点据点区域。第二阶段遵从《琵琶湖综合保护规划》即《母亲湖 21 世纪规划》，并于 1999 年正式实施。该规划的主要目标是水质保护、水源涵养及自然环境与景观保护。该阶段主要分为两期，第一期是 1999—2010 年，第二期为 2010—2020 年。第二阶段的琵琶湖综合治理是在第一阶段的基础上进一步控源，并加大了流域生态系统修复与建设，尤其重要的一点是第二阶段的第二期规划将流域生态建设作为其主要内容。第二阶段主要目标是水质恢复至 1965 年以前的水质状况，提高森林、农地等的透水涵养功能，推进自然水循环的水利用，构建生物生息空间重要据点网络化的基本构架。

琵琶湖流域生物生息空间网络化构筑的长期构像是在琵琶湖流域选定一些重要的野生动物的生息空间作为重要区域，将生物生息空间的保护与再生作为中核来定位，这些重点区域分布与以琵琶湖为中心的有"山地—田园域—市街地—琵琶湖"构成的流域纵轴中，而其中河流时连通流域各重点生息空间的重要生态回廊，选定出能有效促进生物生息空间网络化的重要河流。通过河流生态网络连通各重点区域构成物理连通的流域生物生息空间网络。将选定的重点区域（共 16 个）及作为生态回廊的河流（共10 条）标示在地图上，构建生物生息空间的保护—再生—网络化的长期框架。长期构想确定了至 2050 年的长期保护规划，在"琵琶湖综合保护规划"的基础上，将规划期限划分为 3 期：第 I 期为 2008—2010 年，确保连接生物生息空间形成网络化的据点；第 II 期为 2011—2020 年，初步建成连接生物生息空间形成网络的构架；第 III 期为2021—2050 年，完成各生物生息空间据点连接的网络．琵琶湖流域生物生息空间分为琵琶湖水域、湖滨带及内湖、自然林及次生林域、人工植林域、田园域、市街地域、河流及河畔林域等七种类型。

（三）修复措施

根据琵琶湖综合治理规划的阶段性目标，琵琶湖生态修复措施主要包括流域污染源排放控制措施和流域生态系统保护与重建措施。

1. 琵琶湖流域污染源排放控制措施

（1）城市生活污水处理。为保护琵琶湖的水质，滋贺县从1969年起开始修建城市下水道。琵琶湖流域下水道处理系统（即大型集中式污水处理净化中心）是流域水污染控制的核心。每年滋贺县琵琶湖综合治理财政支出的一半用于下水道管网、污水处理厂建设与运营，2012年琵琶湖流域城镇下水道普及率已达86.4％，高于日本全国75.1％的平均水平。污水处理厂及设施已全面实现高度处理（即三级深度处理），污水高度处理率达83％，遥遥领先于日本全国14％的平均水平，在世界上也处于前列。

（2）城镇工业污染治理。琵琶湖流域的所有工厂与企业都严格遵守《水质污染防止法》《公害防止条例》及《富营养化防止条例》所规定的排放标准．琵琶湖流域所实行的相关法规比日本国家标准严格近10倍，有关部门可通过入内检查及排放污水水质检查对流域内的工厂与企业进行无阻碍监管，并对其中不符合法规的工厂与企业实行司法处置，严格的法规与监管体制使琵琶湖流域内工厂及企业的工业点源得到有效控制。

（3）农村面源污染治理。严格控制湖区及周边畜禽养殖和水产养殖，主要种植污染较少的粮食蔬果和进行天然水产养殖。通过制定鼓励环保型农业政策，与当地农民协商减少50％的化肥使用量，以减轻农业对环境的污染。同时，滋贺县409个村落全部建有污水处理设施，农业灌溉排水也实现了循环利用，有效解决了生活污水和灌溉用水直接入田入湖问题。

（4）河流净化工程。采取了疏浚入湖河道和湖泊底泥以及用沙覆盖底泥，在河流入口种植芦苇等水生植物等措施，修建河水蓄积设施，在涨水时暂时蓄积河水，使污染物沉降后再流入琵琶湖。

（5）公众参与环境治理。在琵琶湖保护过程中，当地民众常年组织参与义务植树造林、拾捡垃圾、清除湖体污垢、割刈水草芦苇、监督企业排污等活动，并积极宣传《富营养化防止条例》，自觉抵制使用合成含磷洗涤剂。

2. 琵琶湖流域生态系统保护与重建措施

（1）琵琶湖流域森林建设和保护。滋贺县森林覆盖率约为50％，是琵琶湖水源涵养的宝贵财富，也是流域生态系统的重要组成部分。滋贺县政府在流域森林建设与保护方面采取了一系列重大措施，包括：2004年3月制定了《琵琶湖森林建设条例》，同年12月，制定了《琵琶湖森林建设基本规划》，2010年2月又推出了今后5年的以"滋贺县木材安定供给体制的整备与地球温暖化防止的森林保护整备的推进"为主题的新的战略计划。为充分发挥森林的公益服务功能，2006年4月实施了琵琶湖森林建设县民税条例，每年个人交纳800日元、企业法人交纳2200～88000日元。此外，还通过县民森林建设义务活动、"琵琶湖木材"产地证明制度的推进、企业的造林活动、"绿色募捐"活动的推进及森林建设的调查研究等一系列举措开展琵琶湖流域的森林建设与保护活动。

（2）内湖重建工程。琵琶湖的周边以前分布着众多内湖，芦苇带密布，作为水生植物、鱼类鸟类等野生生物的栖息地，在琵琶湖的生态系统及水质保护以及景观构造上发挥了重要作用，但大部分的内湖随着战后经济高速发展都被开垦。近年来随着对内湖生态功能的深入调查研究，逐步认识到内湖在琵琶湖生态系统保护中的重要位置，加大了对湖周边内湖的保护。具有示范作用的北部区域早崎的 $17hm^2$ 开垦地进行浸水恢复内湖的工程，5 年后通过调查其动植物的变迁及水质的变化，共观察确认了 449 种植物、107 种鸟类及 23 种鱼类，表明早崎内湖的生态系统得到良好的重建。

（3）多自然河流治理工程。多自然河流治理，是指将整个河流的自然状态纳入视野，在基于水利安全的基础上，注重与地域生活、历史及文化的协调，恢复河流原有的生物生栖、生育、繁殖环境以及景观多样性，采用在原河道上人为造滩、营造湿地、培育水生物种以求形成类似于自然状态的多自然河流等的河流管理措施。日本国土交通省提出《多自然河流建设基本指南》的河流综合整备国策，提出了适用于日本国内河流的调查、计划、设计、施工及维护管理等的一系列河流管理行为。在《琵琶湖综合保全整备规划》的中长期目标总体框架下，滋贺县制定了"滋贺县河川整备方针"，从治水、利水、水量水质、生物、景观及历史与文化的角度提出了流域河流整备目标。

（4）芦苇群落的保护。为修复琵琶湖生态系统，滋贺县政府将湖岸带芦苇群落的保护作为其重要一环，为此 1992 年制定了《滋贺县琵琶湖芦苇群落保护条例》，并于 2010 年进一步制定了《芦苇群落保护基本规划》，其中主要包括：①指定琵琶湖湖岸及周边区域芦苇群落保护地域；②芦苇带的栽植与恢复；③芦苇群落的维护管理及资源利用。

（四）经验总结

日本的琵琶湖在经历了日本高度经济增长期片面的水资源开发利用阶段后，已转向开发利用与保护相结合的阶段。在琵琶湖的污染治理与生态修复过程中，不仅重视自然条件的改善，而且更加注重生态与环境的保护以及人口与资源、环境的协调发展。通过琵琶湖的长期性战略规划的实施，实现对琵琶湖的综合开发利用，形成了以琵琶湖流域为单元、政府主导与全民参与的湖泊保护管理模式。琵琶湖的成功治理经验将对我国湖泊的治理提供宝贵借鉴。主要成功经验包括：①建立完善的湖泊保护和治理相关的法律法规体系；②制定分阶段的湖泊综合保护与治理规划；③入湖污染源控制和流域生态系统保护与修复相结合；④重视协商和公众参与管理。

七、韩国首尔清溪川修复

（一）概况

清溪川是韩国首尔市中心的一条河流，全长 10.84km，总流域面积 59.83km²。在 20 世纪五六十年代，由于城市经济快速增长及规模急剧扩张，清溪川曾被混凝土路面覆盖，成为城市主干道之下的暗渠，因工业和生活废水排放其中，其水质也变得十分恶劣，与之相伴的是交通拥堵、噪声污染等十分严重的"城市病"。2003 年 7 月 1 日，韩国首尔政府斥资 3700 多亿韩元（约合 3.6 亿美元），启动清溪川修复工程，开始了高架公路的拆除和清溪川河道的清理，历时两年竣工。经治理修复，清溪川已经还清，不仅成为首尔文化休闲中心，更成为韩国旅游的必到之处。清溪川的改造与修复，不仅成功打造了一条现代化的都市内河，改善了首尔居民的生产生活环境，塑造了首尔人水和谐的国际绿色城市形象，也为其他国家城市内河水环境治理修复提供了学习借鉴的案例。

（二）修复规划

施工的区域全长 5.8km，规划建成一条从东到西的绿色水轴线与从南到北的绿色轴线相呼应。此外，为保证清溪川一年四季流水不断，最终采用三种方式向清溪川提供水源，即从汉江引流一部分河水、在地铁沿线的周边区域钻井取水、循环使用经过污水处理的废水。

施工区域分为三段，在自然与实用原则相结合的基础上，对不同的河段采取不同的设计理念。西部上游河段旨在体现"现代化的首尔"，景观设计上要求处处体现现代化特点。包括建成可以举办各种文化活动的露天广场，布置假山瀑布等。中部河段旨在体现"古典与自然的结合"，设计上强调反映城市生活和滨水空间的休闲特性。与其他河段不同的是，这里要在确保可以安全抗洪的同时，保留现有的下水管道；另外，河体明显变窄变深，一条天然河流从一侧流过，而一座双层的人行道在江的另一侧，这样设计给人空间缩小的感觉，让人们容易接近。东部下游河段旨在体现"自然与简朴"，与西部上游河段、中部河段的人工化河道设计相比，强调自然和生态特点，河道改造以自然河道为主。保留沿岸连续的野生植被和水生植被，并加入了柳树湿地、浅滩和沼泽，以便留出足够的草地和将来供野生动物生存的空间。

总的来看，清溪川从起点到下游，形成了一条从都市印象到自然风光的城市内河生态水系，如图 9-1 所示。上游以清溪广场为中心，喷泉瀑布和高档写字楼相配，着重体现首尔现代都市特征；中游以植物群落、小型休息区为主，为市民和旅游者提供舒适的休闲空间；下游则主要是大规模的湿地，着重体现自然风光。

（a）　　　　　　　　　　　（b）　　　　　　　　　　　（c）

图 9-1　清溪川修复后不同河段实景
（a）西部上游河段；（b）中游河段；（c）东部下游河段

（三）修复措施

1. 疏浚清淤

拆除了清溪川混凝土高架桥，打开了覆盖在河道上的水泥板，清除了河床长年淤积的污泥浊水，修建了流经市内的 5.8km 长的清溪川护堤，减少河流内源污染物向水体释放。

2. 全面截污

两岸铺设截污管道，将污水送入处理厂统一处理，并截流初期雨水，从源头减少污染物的直接排放。

3. 营造生物栖息空间

通过保护自然退化地、沙石地、植物群落等现有的生态环境，建造人工湿地，铺设观测道路等措施恢复鸟类栖息地；通过建造鱼类通道，修建多孔质植被护岸、浅滩和水潭、多段式跌水设施、护栏等措施恢复鱼类栖息地。

4. 保持充足水量

从汉江日均取水 9.8 万 t 注入河道，加上净化处理的 2.2 万 t 城市地下水，总注水量达 12 万 t，让河流保持 40cm 水深。此外，中水利用作为应急条件下的供水水源。

5. 运用多元化的景观设计手段

为了满足不同地段人群的需求，清溪川复兴改造工程中还运用了跌水、喷泉、涌泉、瀑布、壁泉等多种水体表现形式；另外还注重地面绿化与立体绿化相结合，利用乡土植物造景。

（四）经验总结

清溪川河道生态环境修复工程，全长 5.84km，恢复和整修了 22 座桥梁，修建了 10 个喷泉、1 座广场和 1 座文化会馆，总投入约 3700 亿韩元（约 3.6 亿美元），取得了良好的生态效益和经济效益，为其他地区提供了城市内河修复的典范。清溪川修复的宝贵经验主要包括：多目标、分区域主题规划和修复；生态恢复和景观建设相结合；传承和发展城市文化与历史；注重前期调查与后期的维护管理；重视公众参与。

八、韩国良才川生态修复

（一）概况

韩国良才川是汉江的一条支流，位于首尔的江南区，集水区面积为 59km²，河道枯季流量为 1m³/s，汛期最大流量为 300m³/s。20 世纪 80 年代前，良才川的治理主要考虑的是防洪，因此对河道进行了渠化，顺直河道，混凝土护坡护岸。但由于河流地处住宅区，加之治理不善，良才川的水质受到较大污染，有机污染严重，也影响了汉江的水质。因此 1995 年起主要采用生态-生物方法治理良才川，良才川是韩国的第一个河流生态修复示范项目。

（二）修复措施

1. 生物接触氧化净化

韩国良才川的水质净化设施主体是设于河流一侧的地下生态—生物净化装置，采用卵石接触氧化法，属于生物膜法处理技术的一种。净化原理是利用河卵石表面形成的生物膜，强化自然状态下河流中的沉淀、吸附及氧化分解现象，通过微生物的活动将污染物转化为二氧化碳和水。韩国良才川的净化设施日处理能力为 32000t。净化的工作流程如下：拦河橡胶坝（长 18m、高 1m）将河水拦截后引入带拦污栅的进水口，水流经过进水自动阀，经污物滤网进入污水管，污水管连接有 4 座污水孔墙，污水孔墙两侧各有一座接触氧化槽（长 20m、宽 13.6m、高 14.8m），共有 8 座。污水从孔墙的孔中流入接触氧化槽，氧化槽中放置卵石，污水通过氧化槽得到净化后分别流入 4 座清水孔墙，再汇集到清水出水管中，由清水出口排入橡胶坝下游，如图 9-2，图 9-3 所示。污水在接触氧化槽内被净化产生的主要作用是：接触沉淀、吸附和氧化分解作用。与日本古崎净化场相比，这种净化装置的主要优点是利用橡胶坝拦截河水进入进水口，几乎不耗能，运行成本很低。该设施建成后，治污效果显著，建成 6 年后的 BOD 和 SS 的处理率达 70%～75%。

图 9-2　韩国良才川水质生物-生态修复设施图

图 9-3　韩国良才川水质生物-生态修复设施橡胶坝

2．生态护岸

良才川的生态修复还包括对河道形态和护岸的修复，恢复天然河道的蜿蜒形态，并将混凝土护坡改为天然材料护坡，采用石块、木桩、芦苇、柳树等天然材料进行护岸，形成类似野生的自然环境，同时种植菖蒲等植物，恢复鱼类栖息环境，适于鳜鱼等鱼类生长，也为白鹭、野鸭等禽类群落生存创造条件，恢复河流自然生态。

3．亲水环境

充分利用洪泛区空间，开辟散步、骑自行车小路和木桥等，为居民提供与水亲近的自然环境。

（三）经验总结

韩国良才川的生态修复是韩国河流修复的典型代表，反映了韩国河流修复从防洪减灾，水质改善，最后到河流生态系统保护与修复的河流治理历程，对我国的中小河流生态修复具有很好的借鉴作用。

九、新加坡加冷河生态修复

（一）概况

20世纪60年代新加坡建国初期，经济高速发展，人口急剧增加，带来水污染、洪涝、干旱等若干环境问题。新加坡将天然河流系统大规模转变为混凝土河道和排水渠系统以缓解洪涝灾害，加冷河也不例外，通过工程技术进行硬质处理，改为混凝土河道。洪涝灾害在当时得以缓解，但直线化的运河随着时代发展出现许多问题，与周边景观相容性差、生态系统服务功能减弱。

新加坡于2006年发起"活跃、美丽和洁净的水计划（Active Beautiful Clean Waters Programme，ABC计划）"，动态、全面地进行水资源管理，使现有的功能单一的排水沟渠、河道、蓄水池转变为充满生机、美观的溪流、河湖，并同时整合周边土地创造出崭新的社区活动空间和水滨休闲场所。ABC计划主要是运用低影响开发战略进行城市雨洪管理，规划截至2030年将实施超过100个项目，在过去十多年中竣工完成的已有60多个项目。加冷河—碧山宏茂桥公园修复是ABC计划的旗舰项目之一，其改造目标为"打造新加坡绿色城市基础设施新篇章"，既要满足本身的防洪功能，又要促进景观品质提升，第一次采用了打破混凝土通道、创造自然水道的计划。

加冷河（Kallang River）位于新加坡中心区域，是新加坡最长的河流，生态修复由新加坡公用事业局、国家水务局、国家公园局委托三家单位分别进行景观设计、生态工程、工程合作，2007年开始设计，2012年建设完成，是新加坡将笔直的混凝土排水渠改造为蜿蜒的天然河流的首次构思实践，获得了2012年世界建筑节年度最佳景观设计项目奖和2016年美国景观设计师协会专业奖，如图9-4所示。

图9-4　新加坡加冷河及周边环境

（二）修复措施

1.设计多功能洪泛区

加冷河生态修复将原来长度2.7km的直线型混凝土运河变为3km的自然蜿蜒河道，

并且对 62hm² 的公园空间重新进行设计，保留了大面积的洪泛区，如图 9-5 所示。修复前加冷河的行洪河道最大宽度为 17~24m，现在被扩展到近 100m 宽，使河流的传输能力增加了大约 40%。基于洪泛平原的概念理念，高水位时，河流旁边的公园土地作为泄洪通道，将水流向下游输送，低水位时，人们可以在大面积的河岸开阔区域享受各种休闲娱乐活动，实现了空间的多功能化。

图 9-5　加冷河生态修复前（左）与修复后（右）对比

2. 构建雨水净化系统

河道改造时融入雨水管理设计，通过一系列技术措施科学利用雨水资源，促进良性水循环。公园上游建有生态净化群落，如图 9-6 所示，栽种精心挑选的植物品种，过滤雨水径流污染物、吸收水中的营养物质，达到减少雨水径流污染、净化水质的目的，能有效进行水质净化，同时美化环境；净化后的水输送到宏茂桥水上乐园，最后流到池塘，整个水循环系统完整、有序。

图 9-6　加冷河雨水径流生态净化系统

3. 河流生态绿化设计

加冷河河道沿岸主要通过绿化设计提高生态功能。在河流改造过程中保留受影响树木总量的 30%，移植到宏茂桥公园其他场地。水中种植出水植物，形成荷花群等群落；河边设计草坪缓坡，提高亲水性。同时，生态绿化设计也可为动物提供栖息场所，创造鸟类及其他动物在不同公园间的运动通道，促进生物多样性。

4. 应用生态工程护岸技术

利用土壤生物工程技术能巩固河岸、防止土壤侵蚀、创造微生境。综合考虑防止水土流失的要求以及美学、生态学要求，优化施工方法，择优选择合适的技术和植物。2009 年创造性地建造了 1 个试验床，沿公园一侧长 60m 的排水渠运用 10 种不同的土壤生物工程技术和各种本地植物加固河岸，最终把梢捆、石笼、土工布、芦苇卷、筐、土工布和植物 7 种技术运用到主河道中，把土木工程与天然材料、植物相结合，用岩石控制土壤流失并减缓排水速度，用植物进行结构支撑（如用植物根系加固河岸），如图 9-7 所示。此方法不仅有益于增加生物多样性，同时具备动态演变和适应环境的能力，能够进行持续的自我修复和生长。与混凝土河道相比，此技术建造成本更低，效果更持久，更具可持续性。

图 9-7 加冷河生态工程护岸试验床

并且利用河道设计的水力模型监测和了解动态的河流，探索河道设计的各种可能性，确定水流速度快和土壤较易被侵蚀的关键位置并在该位置配置较茁壮的植物，在比较平缓的区域配置相对柔弱的植物。

（三）修复效果和经验总结

加冷河河流生态修复项目是热带地区具有代表性的自然河流改造工程，也是热带地区首个应用土壤生物工程技术进行的河流自然化项目。进行生态修复后，河流与宏茂桥公园融为一体，河流水质改善，景观品质提升，生物多样性大大提高。虽然在加冷河修复过程中没有引进任何野生生物，但自然化的河流再现使周边区域生物多样性增加了 30%，已经识别的野生生物包括 66 种野花，59 种鸟类和 22 种蜻蜓。同时，由于新加坡位于亚洲—大洋洲鸟类迁徙飞行路径上，加冷河所在的碧山宏茂桥公园成为迁徙鸟类的落脚点，人们已经惊讶地在公园发现了一些迁徙鸟类的到访，包括来自非洲桑给巴尔岛的红衣主教鸟、来自印度尼西亚的丛林斑点猫头鹰和来自安达曼岛的长尾小鹦鹉。

加冷河河流生态修复的最大创新之处在于将混凝土水渠改建成为蜿蜒型自然河道的同时，融入了雨水管理设计。这种将河流管理与雨洪管理相结合、提供生态环境与休闲娱乐场所相结合、自然与城市相结合的河流生态修复为解决城市的旱涝灾害、生态退化等问题提供了发展空间，能够为众多城市河流的修复提供良好的借鉴。

第二节　国内水生态修复案例

一、北京市永定河的治理与修复

（一）概况

永定河是海河水系最大的一条河流，流域地势西北高、东南低，总流域面积 47016km^2，其中官厅水库以上流域面积 43480km^2，山区面积占全流域面积的 95.8%。永定河北京境内流域面积约 3200km^2，占总流域面积的 6.8%。永定河全长 747km，其中北京段长约 170km，流经门头沟、石景山、丰台、大兴和房山五个区。按河道不同特征和防汛特点分为官厅山峡段（官厅水库至三家店段 108.5km，北京市管辖的干流河道长 91.2km）、卢三段（三家店至卢沟桥段 17.4km）和卢崔段（卢沟桥至市界崔指挥营段 60.8km，亦称卢梁段）。

永定河流域多年平均降水量在 360~650mm，官厅山峡段受山地地形的影响，暴雨是其形成洪水的主要成因之一。受暴雨影响，永定河洪水多集中在汛期 6—9 月，特别是 7、8 两个月，在个别环流异常的年份，9 月也有较大暴雨出现。洪水暴涨暴落，多呈复峰形状，单峰较少。从洪水过程线来看，大致可分为峰高量小型、峰低量大型和峰量平均型。

随着永定河流域经济社会的快速发展，用水量不断增加，河道断流，污染排放不断加剧，造成河道水质持续恶化，下游河段河床裸露，加之滥采乱挖，砂坑密布，三家店以下河道成为北京境内五大风沙源之一，河流生态系统退化严重。此外，部分河段防洪安全不达标，依然存在安全隐患。

（二）建设规划

根据规划，北京市永定河将修复成为溪流-湖泊-湿地连通的健康河流生态系统。建成"一条生态走廊、三段功能分区、六处重点水面、十大主题公园"的空间景观格局，从而为两岸五区创造优美的生态环境。2010 年首批开工项目建设目标是：首批建设从三家店拦河闸至卢沟轿下游燕化管架桥总长 14.2km 河道的生态修复工程，完成门城湖工程、莲石湖工程、晓月湖工程、宛平湖工程、小清河综合治理工程、循环管线工程。其中：口头沟区建设河道长 5.24km 的生态修复工程，由溪流串联湖泊和湿地，建设门城湖工程；石景山区建设河道长 5.8km 的生态修复工程，建设莲石湖工程；丰台区建设河道长 3.16km 的生态修复工程，建设晓月湖、宛平湖；同时建设 20.2km 循环管线及附属工程。南大荒潜流湿地及园博园潜流湿地及所在的 4.2km 河道列入第二批建设项目。工程建成后，永定河将成为"有水的河、生态的河、安全的河",成为北京市西部绿色生态走廊,带动永定河全线生态治理,发展永定河水岸经济,为建设"人文北京、科技北京、绿色北京"提供支撑。

(三)生态修复技术措施

1. 生态护岸

河流的岸坡是陆地生态系统与水生态系统的交错带,也是河流中粗木质、养分和能量的重要来源,同时为生物提供生存和繁衍的栖息地。此外,良好的河岸对丰富植物群落层次、增加生物种类、塑造多样性空间、保持水土、调节微气候、美化环境和休闲游憩均有重要的现实和潜在意义。

永定河护岸生态修复主要通过土壤生物工程的柔性结构,附加刚性材料建立稳定的保护结构,并构建完整的水域—湿地—缓冲带生态系统。根据永定河自身特点,同时借鉴多年生态护岸的成功经验,以自然安全的防护为目的,利用材料的"刚"配合植物的"柔"以多种组合方式对河流岸坡采取"刚柔并济"的生态护岸方式。

(1)连柴栅栏植物护岸。利用长度约为 1.5～2.5m、直径 10～20mm 的枝条加工成连柴栅栏,再用活木桩、死木桩和粗麻绳若干对连柴栅栏进行锚固,连柴栅栏与平缓的植被护坡入水形式为主,连柴栅栏植物护岸是将圆木桩、连柴和柳枝组合在一起,可截留土壤颗粒并稳固坡岸。连柴同材料组成一个整体,可以分散来自土的压力,防止其压力集中在某一区域,由于其有极强的透水化,可迅速处理雨水和流水,因此具有抗侵蚀、抗冲蚀和稳固岸坡的功能。此外,柳枝经过数月长成后,可形成有利植物生长的小生境,进而改善自然植物的生境。连柴栅栏植物护岸的优势是以活体亲水植物为主要材料,植物本身具有净化作用,能起到改善水质的作用,而且可通过种植不同植物形成变化的滨水景观,具有美学价值。

(2)柳枝栅栏＋卵石缓坡护岸。此生态护岸方式先经过打桩、编织、柳枝交互成层或成排铺设、覆土压砂等工序后,再与粒径 150～200mm 的卵石缓坡相互衔接。作用是防止缓坡面基部崩塌,栅栏可使雨水或渗水可无遮拦地流出,柳枝长成后,结合水生植物种植,利用植物根系加固土壤,保护坡面、控制水土流失,同时景观效果也较好,呈现自然美感。

(3)山石＋连柴木桩护岸。选用尺寸约为 1.0～1.5m 的山石,石块与石块之间留有缝隙,用碎石和土填充,形成可以使土壤与水分充分交换与循环的孔隙,足够的孔隙空间可供微型水生动植物生存繁衍。此护岸方式多用于生态岛的浅水湾附近,与其相接的山石背后做砾料反滤层,以泥土填实,连柴木桩与山石融为一体,固定在生态岛的缓坡,防止水土流失、维持岸坡整体稳定,并能抗击强烈水流的冲击、淘蚀、促淤保堤。当连柴木桩间的柳枝遇水发芽长成后,其枝叶部分起到覆盖和美化坡体的作用,增强景观多样性,凸显自然之美。

(4)覆土石笼＋柳枝木桩护岸。永定河属防洪河道,行洪时河水流速快,其快速冲击易造成河岸和坡脚的冲刷和侵蚀,引起河岸结构被破坏。覆土石笼＋柳枝木桩这种护岸方式多用在水位变动区。由铁丝编制而成的长方形的石笼,其中填充块石,可在其上覆土后喷洒草种、肥料、稳定剂和水,石笼垫底面设置反滤层,上面扦插能生根的植物枝条,柳桩与接触土壤的柳枝生长根系，与岸坡土石结合，加固坡体。覆土石笼抗冲刷能力强，并保证岸坡稳定，柳枝木柱可改善植物自然定居环境，创建坡岸两侧的生境，两种方式结合使用充分发挥了各自优势，做到在改善河流景观的同时又保证了永定河的防洪安全。

（5）连柴栅栏＋块石护岸。块石主要用于常水位以上的护岸河段，块石可塑性大，可延缓破坏的发生，同时兼具压堤固土的作用，护岸挑选多角的块石，不规则的角状突起能够互相镶嵌，防止石块移动，利用连柴栅栏与块石相结合，便于生物生长繁殖，植物的叶和枝可以减少水流直接冲刷岸坡，护岸实施后水生植被生长成形，可以增添岸坡的绿意，美化环境。两者结合使用使缓坡的滩地达到一定的自愈力，并最终形成自然景观。

2. 堤防生态修复

由于现状河床完整性、生态性差，生态系统单一脆弱，因此遵循生态优先的原则，以"道法自然"的思想为指导，从根本上进行修复。堤顶、堤坡的挡墙生态修复工法通过耐旱、适地适树、乡土野生花卉的植物的生态处理方式，打造防护林与风景林并存的生态屏障景观，具体分为以下三大类。

（1）半覆盖遮挡生态修复工法主要用在陡坡段的堤防生态修复，利用河道开挖的土方适当回填至陡坡段堤角，回填最高处为 2.0～2.5m，回填土上进行灌木、小乔木的生态种植，通过连柴柳栅栏柳枝护坡及绿化来遮挡混凝土墙的硬质护砌，提升生态景观功能。

（2）全覆盖遮挡生态修复工法主要用在缓坡段的堤防生态修复，利用河道开挖的土方全面回填至缓坡段，回填最高处达到堤顶，回填土上进行灌木、小乔木的生态种植，通过"由硬变软"的生态处理工法，利用绿化来覆盖混凝土墙的硬质护砌。

（3）垂直遮挡生态修复工法主要用在直墙段的堤防生态修复，由于直墙段滩地与堤顶的高差较大，局部的混凝土直墙里面是明清时期的条石，因此设计考虑不进行大面积的回填土覆盖，而是通过局部段的水生植物和爬藤植物来进行垂直绿化，通过"以小见大"的生态处理工法，利用色彩丰富、多花的爬藤植物绿化来装饰直墙的硬质护砌。

3. 水系生态修复

为了将永定河打造成"有水之河"，门城湖、莲石湖、晓月湖、宛平湖四湖一次蓄水量为 500 万 m³，补水水源为三家店水库拦蓄的雨洪水；平时蒸发渗漏的补水水源主要依靠清河和卢沟桥再生水，通过修建调水工程实现向永定河补水。水系的修复方法主要通过设置跌水，从而保证永定河河道水的流动性。

水系修复还设置了自然跌水，目的是增加纵向连通性，增加跌水景观、净化水体、增强两岸的沟通性和人们的亲水安全性。跌水设计遵循河道纵向行洪要求，跌水顶高程不高于规划河底高程，自然型跌水水型居多，跌水上点缀景石，是沟通左右岸的主要途径。设计的跌水不是传统的闸和坝，没有隔断河道的纵向连通性，可以保证鱼类的洄游。跌水具有减缓坡降、降低水速、曝气的作用，同时增强景观多样性，有利于水流和河相形成多种变化。在部分区域，设置曲线台地跌水，曲线形跌水形成层层的"梯田生态净化系统"达到曝气、缓坡沉沙的功效，设计能使鱼类回游的通道，是左右两岸连接沟通的水中游廊，最终达到功能与美观的巧妙结合。

4. 滩地与水边、生态岛的绿地系统生态修复方法

利用滨水植物营造介于陆地生态系与水生态系统之间的过渡类型，建设湖泊溪流，改善景观，结合永定河地形地势形成由溪流串联的城市河流景观，建设成为生物多样性丰富的河流滩地。滩地具有显著的边缘效应，应在项目区现有植被的基础上进行调整改造，栽植水生植物-草本植物-花灌木次递升高的植物景观带，营造出色彩丰富、线条柔美、富于季相变化的具有韵律感的植被景观。

由于永定河城区段以沙质土为主，在滩地与水边、生态岛的生态修复中以换种植土和进行营养土、腐殖土的改良来实现生态绿化的整体效果，在滩地与水边进行种植土层深度改良。生态岛地形的塑造考虑丰水年和枯水年的不同时期的水位变化，设计适合动植物生存的栖息空间。在生态岛应进行特殊土壤改良，在回填土上加黏土或复合材料层（20～30cm）、自然土层（20～30cm）、营养土层（≥20cm）及植被层。通过"张弛有序，收缩自如"的空间设计，形成富有半开放空间、开放空间、围合空间的绿地系统，形成有节奏感、区域特色感及方向引导感的自然绿地生态系统。

5. 浅水湾、溪流、河港、沼泽、湖泊的生态修复方法

永定河兼具生态与防洪两个重要功能，两者紧密相关。由于生态用水不足导致永定河生态环境极度退化，如何在有限的生态用水条件下打造城市河流水绿相融的生态景观，采取生态减渗措施则显得十分必要。项目经过试点实验，分析了减渗措施对地下水回补和再生水作为生态用水的影响，在此基础上研发了由壤土、膨润土等掺混而成的减渗混合料、覆膜砂和复合土工膜3类减渗材料，具有水质净化、抗龙头压力、抗干湿交替的能力，能保持水体纵向连通性，在满足河流生态修复减渗保水、维持地下水位要求的同时又能保持河流生态系统的健康发展。

景观方面，永定河的溪流水系呈现"线"的形态，生态湿地型湖区呈现"面"的形态，借鉴"回环曲引，深聚留恋，环抱有情，溪水有声"的中国传统园林的理水手法及自然界的水系形态，最终形成适合动植物生存的，人与自然和谐共生的安全生态水体系统。

（四）经验与启示

1. 保障生态水量是前提

对于永定河这一缺水地区城市河道综合治理而言，保障河道生态基流是河流生态修复的前提，做好流域的水资源配置对河道综合治理达到预期效果是至关重要的。在开展河道治理的同时，北京市对流域水资源进行了优化调配，官厅水库不再为京西工业供水，城市污水处理厂升级改造，再生水水质得到提高并加大利用量，加强雨水集蓄利用。多水源的科学调配，为永定河提供生态水源创造了条件。

2. 全流域截污控污是关键

实施全流域排污口综合整治，加强岸上截污控污是保持河流综合治理效果的关键举措，否则治理效果将功亏一篑。北京市对城市污水处理厂升级改造，并首次成功建设了北方地区规模最大、可全年运行的湿地水质净化工程，有效改善了流域水环境。

3. 多部门跨区域协作决定成效

永定河"五湖一线"工程建设涉及水利、国土、环保、住建、林业等多个部门，涉及

门头沟、石景山、丰台、大兴和房山五个区。在市政府的领导下，各区域统一规划、统一标准、统一实施，多部门跨区域的通力协作为河道综合整治达效提供了有力保障。

二、武汉大东湖的生态水网建设

（一）概况

大东湖地区位于武汉市中部，长江以南，龟蛇山以北。是长江中下游一个浅水型内陆湖泊。大东湖水域面积 $33km^2$，最大深度 4.66m，平均深度 2.48m，总容积 1.24 亿 m^3。由郭郑湖、庙湖、汤菱湖、后湖、团湖、小潭湖、菱角湖、筲箕湖、喻家湖、水果湖等 10 个湖区组成。

（二）治理与修复措施

1. 生态引水口技术

大东湖引水口采用生态引水口技术，不仅有传统的引水功能，还有修复湖泊生态的功能。生态引水口技术主要包括降磷技术、除螺技术、沉沙技术、生物交换技术和生态引水口集成技术。

（1）降磷技术。根据试验检测成果，青山港进水闸和曾家巷闸站水段长江水质较好，但磷含量高于内湖Ⅲ类水体的磷含量，必须进行降磷处理。结合引水口悬浮物浓度不高但对含磷浓度要求，结合我国已建水厂技术，采用絮凝沉淀的处理工艺，建造平流式沉淀池。

（2）除螺技术。钉螺是长江流域血吸虫的唯一宿主，要控制血吸虫疫情，消除钉螺是唯一可行的防治手段。因此，预防血吸虫扩散，主要依靠除螺技术来实现，除螺技术主要依靠中层取水技术和沉螺池来实现。中层取水措施中，青山港进水闸采用固定式进水口，进口箱涵底板高程为 14.50m，以 1/48 的反坡与进水闸连接，进水口底板高程满足中层取水进水口的要求。进水口采用矩形喇叭口形式，使进水流态更加平顺，避免因进水口产生涡流而将吸附钉螺的漂浮物吸入进水闸。

（3）沉沙技术。沉沙原理是以重力分离或离心分离为基础，控制进入沉砂池的污水流速或旋转流速，使相对密度大的无机颗粒下沉，从而达到去除水中砂石颗粒的效果。

（4）生物交换技术。引水口生物交换技术旨在使江、河中产卵的鱼类及其他水生动物的幼体（如河蟹）通过引水口，随江湖的水体交换而在湖泊中得到补充，达到促进湖泊生态功能恢复，改善生物多样性，加快实现良好的生态平衡，改善湖泊水质的目的。青山港引水口每年 5—7 月鱼类繁殖高峰季节期间适度引江纳苗，从长江自然补充鱼类资源，增加湖泊鱼类资源的物种多样性。经过对灌江纳苗闸门结构比较，大东湖水网连通工程采用引水闸上设置纳苗窗作为灌江纳苗设施。灌江纳苗期间，为了避免絮凝药剂对鱼苗的伤害，对于纳苗时的引水采取只沉淀不投药的措施。纳苗所需总水量较小，对湖泊水质影响很小，不会导致湖泊水质超标。

（5）生态引水口集成技术。在大东湖生态引水口工程中，通过进水口中层取水措施避螺，絮凝沉淀池进行降磷、沉沙及沉螺，形成综合的一体化处理程序来完成引水口的水质处理、除螺处理及沉沙处理，达到节省投资、节约用地、简化管理的目的。

2. 河渠保护与综合整治技术

城市河道是影响城市风格和美化城市环境的重要因素，关系到城市的生存，制约着城市的发展。"大东湖"区域内分布有主要港渠 15 条,总长 43.17km。除青山港、东湖港和武惠渠兼具排水、引水功能外,其他均为排水渠道。东沙湖水系主要港渠有青山港、明渠、东湖港、沙湖港、罗家港、新沟渠、东杨港 7 条,北湖水系主要港渠有北湖渠、北湖大港、武惠渠、红旗渠、西竹港、周港、竹青港、北严港 8 条。项目的实施使河渠环境得到极大改善。大东湖项目实施改造后,对河道两岸进行了清障、扩卡,对河底淤泥进行了清理,扩大了河道的行洪断面,降低了渠道边坡的糙率,大大提高了河道的行洪能力;同时大东湖项目将城市主要湖泊进行了连通,增加了城区洪水的排泄通道,通过几个湖泊之间的联合调度,充分利用其调蓄能力使城市积水的频率得到大大降低,每年减少经济损失约 2.5 亿元。

3. 湖泊底泥生态处理技术

湖泊淤积是一种自然现象,但近年来随着工业发展和城市化进程的加快,城市湖泊由于长年接纳雨污水排入,淤积严重,淤泥中氮、磷、重金属富集,形成内源污染源,在一定程度上增加了水环境治理的难度和周期。根据环境地质勘验和工程地质勘探成果,大东湖湖岸 50m 范围底泥及重点排污口附近区域污染较重。因此,其清淤范围为湖岸 50m,重点排污口向湖内延伸 150m,排污口左右侧各 50m 为清淤(污)范围。该工程中采用绞吸式环保船和管道输送底泥的水下环保清淤方案进行湖泊底泥疏浚。

开展废弃疏浚淤泥的资源化利用技术具有广阔的应用前景,东湖疏浚底泥则采用土地利用(底泥堆肥)为主要处置方式,辅助以工程填筑利用和生态湿岛填筑。经过对比,东湖的淤泥疏浚效果较好。

4. 河湖水力优化调度

水网连通的目标是恢复湖与湖、江与湖之间的连通。湖与湖的连通系指东沙湖与北湖两大水系之间的连通,以及两大水系内部的连通;江与湖的连通主要是通过新建或改造通江涵闸与"大东湖"水网沟通。通过对"大东湖"湖泊水体水质的年内变化分析,引水要求主要集中在 5—11 月。从长江与内湖水位对比分析来看,涵闸可自流引水时间主要集中在 6—9 月,其余月份因外江水位较低,难以自流引水或自流引水流量不大,为满足"大东湖"生态需求,引水方式拟以闸引为主,泵引为辅。

在实行水利调度时,湖泊水位调度按照有利于排涝、生态和景观的需求为原则,设计湖泊控制水位。汛初,各湖泊水位回落至常水位,以备调蓄雨水,保证湖泊水位不超过控制最高水位;汛末,湖泊水位可逐步蓄至控制最高水位。引水期间,东湖以控制常水位 19.15m 作为引水设计运行水位。

(三) 经验与启示

(1) 控污工程是整个项目的前提和基础,是水网连通、生态恢复的必要条件。

大东湖生态水网构建工程是湖泊治理的一次大胆尝试,不同于以往截污、治污的传统治理方式,连通工程在截污控污工程的基础上,通过引水使水体流动以期水质污染状况得到缓解,以清水入湖的手段来促进水生态的修复。

(2) 水网连通不仅是改善湖泊水质最直接、最快捷的措施,而且为生态修复创造良好的外部条件和生境，改善生物多样性，加快实现良好的生态平衡。

（3）生态修复工程是实现水环境长效稳定的核心。湖泊底泥疏浚、饮水调度、水利优化等生态修复措施能增加生物多样性，提升湖泊的自净能力，提高湖泊水环境容量的作用。

（4）监测评估研究平台是实现科学调度长效管理的必备手段。为了监控工程建设，评估工程效能，实现长效、系统管理，为类似城市的工程提供技术与借鉴。

（5）采取任何单一的工程措施，都不足以达到"大东湖"的水质管理目标，只有采取系统的综合性措施才能恢复"大东湖"的生态功能。

三、重庆苦溪河的治理与修复

（一）概况

苦溪河发源于重庆市巴南区，全长 25.2km，流域面积 83.4km²，由南向北贯穿茶园新区流入长江。有跳蹬河、拦马河（鸡公嘴河）、梨子园河等支流汇入。流域内现有雷家桥水库、百步梯水库、木耳厂水库、踏水桥水库、石塔水库和团结湖等水利设施，苦溪河治理与修复工程竣工于 20 世纪七八十年代，主要为农业灌溉和城乡供水。茶园新区水系如图 9-8 所示。

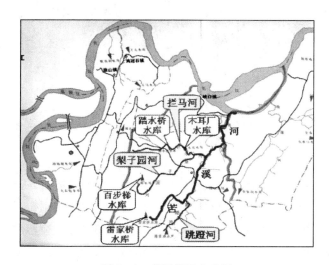

图 9-8　茶园新区水系图

苦溪河具有山区性河流的典型径流特征：一是径流年内、年际变化较大。苦溪河干流峡口断面汛期 6 月平均流量为 2.86m³/s，枯期 2 月平均流量为 0.25m³/s，年内丰枯比为 11.44。二是洪水暴涨暴落，汇流时间短。苦溪河流域汇流时间约为 10h 左右，河床平均比降 0.485%。沿河高程在 265～161m（雷家桥—入江口）变化，近东西向分布多条冲沟。河床由砂卵石层与冲积粉质黏土组成，两岸坡由残坡积粉质黏土或残坡积粉质黏土加新近人工填土构成，天然岸坡一般较平缓，稳定性较好，人工堆积岸坡较陡，稳定性较差，暴雨洪水期岸坡崩滑严重。

茶园新区是重庆市都市区东部片区，是新规划的开发区，将成为主城区的 6 个副中心之一。茶园新区规划面积 70 余 km²、人口 50 余万。进行生态治理的茶园新区河段从雷家桥水库（高程 265m）至入江口（高程 161m）长约 21km，高差 100m 多，分上游、中游、下游三段，治理前状况如图 9-9 所示。上游段（雷家桥—河嘴）长约 7km，通过新开发厂区河段，建有防洪混凝土挡墙，局部河段被平场弃渣侵占，使原本狭窄的河道更加窄深，防洪存在隐患，该段下部保存着自然状态的湍流瀑布，自然植被茂密。中游段（河嘴—下河嘴）长约 8km，穿过市镇区域水体受轻微污染。下游段（下河嘴—入江口）长约 6km。

（a） （b） （c）

图 9-9 苦溪河治理前状况

（a）上游段的自然湍流瀑布；（b）上游段河道原状；（c）中游段的长生桥镇

（二）规划指导思想

在规划初期曾经作过景观概念性设计，按照这个景观设计方案，苦溪河将改造成一条高度人工化的城市河流，后经过反复讨论研究，对苦溪河生态治理作了重新定位，明确生态治理的目标是运用生态水工学的理念，通过合理的规划设计，在防洪保安的前提下确保流域内完善的水循环系统，恢复河流生态系统的结构与功能，提高河流生境及生物群落的多样性，建设一条生态健康的河流。同时，挖掘河流地域文化特色，形成城市中富有情趣的水域空间，创造优美的人居环境。

（三）治理与修复措施

1. 岸线布置

岸线方案具有以下特点：基本保留了河流的自然形态，避免了河流形态的直线化、规则化问题，使其蜿蜒性得以延续；河流两岸岸坡距离宽窄相间，由整治前的 10~30m 变为 40~300m；为湿地、河湾、急流和浅滩的保留和建造创造了条件。

2. 沿河建筑物

考虑到苦溪河多年平均流量较小、纵坡较陡的特点，设置壅水堰成为工程实现河流形态多样性的关键措施。根据地形地质条件，在桩号 3+115、3+925、4+180、5+740 处布置了踏水桥、胜利桥、陡坎、汪家石塔四级壅水堰，陡坎堰下接陡槽。将这四级低堰分别打造为争艳水帘（堰后坡为多级跌水）、茶园银滩（堰后坡为 1∶5 缓坡）、石卜清泉（堰后接天然陡槽）和迎宾瀑布（堰后坡设观景廊道）。通过壅水堰的设置，一方面将窄深式河道变得宽阔，增加了水景；另一方面形成急流与浅滩相间、跌水与瀑布相映的景观，并增加曝气作用以加大水体中的含氧量。

沿河选择地形地质条件适宜的地方布置 3 处亲水平台，总面积 9540m²，以加强亲水性；在壅水堰下设置了卵石带，总面积 3300m²，以加强对河水污染物的降解作用，增加枯期景观效果；布置了 10 处湿地，总面积 27940m²；布置了 1 处荷塘，面积 1540m²；为开发旅游资源，还在壅水堰形成的水域中建设"日月双岛"，总面积 26490m²。

3. 河道纵横断面设计

河道断面的多样性和河流连通性是河道纵横断面设计研究的重点内容，尽可能保持自然状态和少用生硬的工程措施是实现连通性和多样性的关键。

（1）纵断面。苦溪河整治段的纵断面设计完全保留了建堰壅水后的深潭与浅滩相间的自然状态，既避免了河道的规则化与平坦化，又节约了工程投资。

（2）横断面。在横断面的设计中，采用亲水性较好的复合断面形式，濒岸坡设计中尽可能利用自然岸坡，以保持岸坡的多样性；人工边坡采用缓坡设计，结合边坡稳定性和亲水性两方面的要求来确定坡比，土质和平场弃渣堆积边坡为 1∶3.5，岩质岸坡视岩性及风化程度取 1∶1.5～1∶2.0；自然坡比大于上述坡比的保持自然坡比，以增加人与自然的亲和性。在苦溪河整治段的河岸中，自然岸坡占 15%，削为缓坡的占 29%，较陡的岩质边坡仅占 2.3%，其余多为填筑堤体。填筑堤体尽可能不用刚性材料，如混凝土和浆砌石等，如果局部地段因堤体稳定需要必须采用刚性材料（或利用原建挡墙）时，将其高程控制在一级马道以下。

4. 护坡设计

为保持河流的横向连通性，保证水、土、气的通透，岸坡防护必须采用通透性的材料。通过近岸流速分析，本工程可全部采用通透性材料。综合考虑抗冲性能与工程造价，按一定频率（5%）洪水位将岸坡沿高程划分为两段，其下采用石笼护垫，其上采用混凝土框格植草。为利于植物生长，在格宾块石中间扦插充填土壤，表层覆耕作土并撒播草籽。

（四）经验与启示

在重庆市苦溪河的生态治理中，从岸线布置、沿河建（构）筑物布置、河流纵横断面设计、岸坡防护设计等方面解决了防洪安全、河流纵向形态多样性、断面形态多样性及河流内栖息地多样性等问题，初步实现了提高河流生境及生物群落多样性、促进人水和谐的工程目标。

在生态修复上，通过设堰壅水，将窄的现状水面拓宽抬高；运用生态水工学的理念进行河道整治设计，以修复被破坏的生态，并发挥大自然的自身修复功能，建设人与自然和谐的良好生态环境。

四、北京市通州区温榆河老河湾的治理与修复

（一）概况

老河湾是温榆河的故旧河道，位于北京市通州区宋庄镇。治理河段河道长 1730m，宽70m，河道水深约 1.5m，总需水量约 18 万 m^3。河道两岸为自然驳岸，主要汇集沿岸的雨水和部分村庄污水排放，河道内水体水色发黑，有严重异味，河道底泥淤积严重。治理前水质为劣Ⅴ类，COD、总磷、氨氮的含量分别为 103mg/L、0.78mg/L 和 2.045mg/L。沉积黑臭淤泥 0.3～0.6m，水面浮萍泛滥，藻类周期性暴发，河道底部无沉水植物生长，河道水生态脆弱，河水自净能力基本丧失。

（二）治理与修复措施

主要实施的治理措施有：底质改良与净化、水生态系统构建、曝气增氧、局部强化净化及河滨湿地生态工程等多项生态修复技术。工程措施实施后，结合本工程主要特点，为了保证工程措施能发挥其持续效果，建立了长效管理系统。

（1）底质改良与净化工程。底质改良与净化工程主要是采用水体净化剂产品，将微生物通过载体沉淀到河底或湖底，分解去除水底含有氨、亚硝酸盐、硝酸盐、硫化氢、硫黄合物等成分和病原菌，去除淤泥、净化水质、水体增氧，具有其他微生物产品所无可比拟的净化效果。

（2）水生态系统构建工程。应用水域生态构建技术进行城市受污染水体的水质改善，主要原理是基于生态学原理，恢复退化水生态系统结构中缺失的生物种群及结构，达到重建水生态系统的良好结构，修复和强化水体生态系统的主要功能，并能使水生态系统实现"生产者""消费者""分解者"三者的有机统一，促进整个生态系统自我维持、自我演替的良性循环。通过沉水植物等水生植被重建、水体微生物菌剂培养，减轻营养负荷的再悬浮程度，提高水体的自净能力，达到提高水质安全性的目的。

（3）增氧曝气工程。水体内供氧和耗氧失衡时，水体缺氧乃至厌氧条件下污染物转化并产生氨氮、硫化氢、挥发性有机酸等恶臭物质及铁、锰、硫化物等黑色物质。因此，恢复水体耗氧-复氧平衡、提高水体溶解氧浓度是水环境治理和水生态恢复的首要前提。曝气增氧是水体增氧的主要方法，能快速提高水体溶解氧，使水体环境在短期内由厌氧发酵转化为好氧矿化，为好氧微生物与植物联合净化污染物提供了先决条件。

（4）局部强化净化工程。城市河道水质恶化，生态系统破坏之后，水体自净能力差，因此在水生态系统恢复之初往往需要利用原位污染治强化治理技术，以提升水体的自净能力。根据老河湾地形条件及现场状况，受河道点源污染及周边地表径流影响，局部出现黑臭，为保证新构建的水生态系统能够稳定恢复，在重点区域设置曝气充氧和人工水草对水体水质进行原位强化净化处理。

（5）河滨湿地生态工程。河滨湿地生态系统构建工程主要由水生植被重建和水生动物种群结构优化与调整两部分组成。水生植被重建包括对滨水岸带挺水植物、近岸带浮叶植物和水面沉水植物的种植和恢复。在完成水生植物种植后，根据滨湖公园湖泊面积，择机放养滤食性鲢、鳙等鱼类和螺、蚌等底栖动物，一方面通过水生动物的下行效应控制水体

藻类生长，促进沉水植物恢复；另一方面优化水生动物种群结构，进一步完善水生态系统的基本生物组成部分。此外，还放养一定数量耐污肉食性鱼类，控制水体中小杂鱼的数量。

（三）经验与启示

本工程实施后河道水质在短期内得到明显改善，水质由地表水劣Ⅴ类提升到Ⅳ类。而且，通过水质跟踪监测显示，自工程结束至今，滨湖整体水质可稳定保持在地表水Ⅳ类水标准，部分指标可达到Ⅲ类水标准。

随着水生植物的恢复及有益鱼类和底栖动物的放养，河滨生物多样性得以完善和丰富，健康生态系统得以建立，水体自净能力提升，全湖水体透明度提高，富营养化程度及藻类生长得到有效控制，形成较为完善的河道生态系统结构，逐步恢复其生态良性循环，发挥正常的生态功能。

五、安徽芜湖澛港水系黑臭水体治理与生态修复

（一）概况

澛港水系总长度约 10.18km，水面面积约 216580m^2，含澛港主水系及澛港支渠，其中澛港主水系长 4.86km，起点位于仓津路，穿过南塘湖路、九华南路、花津南路、中山南路、长江南路，流入麻蒲桥泵站前池，经麻蒲桥泵站排入漳河。沿途经过烟厂仓库安师大南校区、职业技术学院、澛港新镇等单位及小区；支水系跨峨山路，长 5.32km，两侧为高新开发区企业用地。全水系涉及高新开发区、居住区、高校园区、商业区等共 10 余万人。澛港水系黑臭现象的形成是由于点源污染、面源污染、内源污染和其他特殊污染等造成，水系两侧堤岸均为硬化堤岸，生态功能基本丧失，工业及生活污水混排、直排现象普遍存在，沿河垃圾遍地，河道淤泥深达 1.5m 左右，整条水体发黑发臭，严重影响了居民的生活及身心健康。

（二）治理目标

把城市黑臭水体治理成生态健康的河流，实现主要水质指标提升至地表水体Ⅳ类；物种多样性提升；常见水生动植物能够正常生存、繁殖；形成良好的景观。生态河流示意图如图 9-10 所示。

（三）治理及修复历程

参照住建部黑臭水体治理思路，采用控源截污、内源治理、生态修复、活水循环等治理技术。

1. 治理模式的确立——交叉协作式和"1+5"模式

采用调研（生物调查、污染源调查、雨污水管网摸排、水文基础资料收集）、检测（水质、底泥、大气和生态）、方案设计、施工、运营管理一体化模式，把原来交接式工作模式变为多部门、多工艺、多学科（水利、环境、市政、园林、智能、水产、农业、生态）交叉式协作，建立了"建管结合，按效付费"的模式。

运营模式上采用"1+5"模式（1 年建设期和 5 年维护期），由单一河道治理向"陆域-管网-污水厂-河道-排水泵站"方向延伸，最终向城市水环境大运管方向发展，确保了

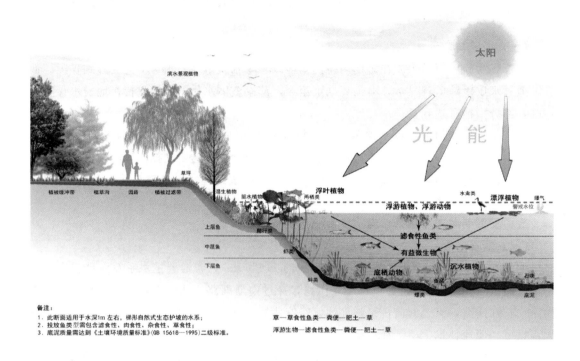

图 9 - 10　生态河流示意图

水体治理效果的长效稳定。

主要通过创建或改善生物生存环境，最大程度发挥河流物质生产功能，通过生物提取消解河流污染物，使生物容量最大化、环境容量最大化，将污染物转换为生态产业。

（1）消纳污染链：保持河流生物最高值，通过生物提取进行调配，让动物、植物和微生物消解进入水体中的污染物，使水体中污染物转换为生物的能源，保持生物容量最大化及环境容量最大化，实现水体生态系统的长期平衡。

（2）修复生态链：通过生物生态集成技术治理水体，创建生物生存条件，构建生物多样性，恢复水生态系统的平衡。

（3）打造产业链：保持生态平衡及生物多样性，让河流污染资源化，水生蔬菜、螺、蚌、鱼等水生动植物进行产业循环，打造水环境与水生态的产业循环，避免环境过渡治理。

图 9 - 11 为三链网式治理技术图解。

2. 治理效果

经过 8 个月的生态治理，澛港水系水体已消除黑臭，具备生物生存条件，水生动物品种占芜湖圩区常见物种 80% 以上；水生植物绿化率达 50%；指示物种河虾、螺蛳、河蚌在此栖息繁衍，形成了生态自我修复的功能，达到生态稳定，治理效果如图 9 - 12 所示。

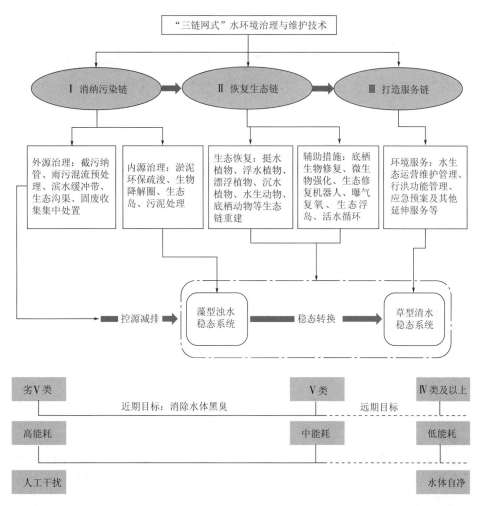

图9-11 三链网式治理技术图解

图9-12 沪港水系治理前（左）与治理后（右）对比图

（四）经验总结

澄港水系治理与修复的经验主要包括：打破传统治水格局，机制上管理创新、模式上交叉协作创新、科技上生态技术创新、思路上生态理念创新、考核运营上生态标准创新；设置生态考核、水质考核和环境考核为一体的综合考核机制，让政府"省心、省力、省钱、效果好"；采取生态治水理念，形成"生活、生产、生态"三生为一体的循环产业，构建健康的水生态体系；治理运营相结合，确保水体治理长效稳定。

参 考 文 献

［1］ Bachmann R W，Hoyer M V，Canfield D E. The restoration of Lake Apopka in relation to alternative stable states ［J］. Hydrobiologia，1999，394：219-232.

［2］ 古滨河. 美国 Apopka 湖的富营养化及其生态恢复 ［J］. 湖泊科学，2005，17（1）：1-8.

［3］ 李显锋. 水污染防治的立法实践、经验与启示：以日本琵琶湖保护为例 ［J］. 农林经济管理学报，2015，14（2）：184-191.

［4］ Lowe E F，Battoe L E，Coveney M F，et al. The restoration of Lake Apopka in relation to alternative stable states：an alternative view to that of Bachmann et al. Hydrobiologia，2001，448：11-18.

［5］ 乔书娜，黎南关，邹朝望. 大东湖生态水网工程实施效果后评价 ［C］//全国河湖污染治理与生态修复论坛，2015.

［6］ 史虹. 泰晤士河流域与太湖流域水污染治理比较分析 ［J］. 水资源保护，2009，25（5）：90-97.

［7］ 王军，王淑艳，李海燕，等. 韩国清溪川的生态化整治对中国治理河道的启示 ［J］. 中国发展，2009，9（3）：15-18.

［8］ 王义龙，刘泽娟，刘勇. 温榆河水环境和水生态建设 ［J］. 北京水务，2010（2）：10-11，17.

［9］ 姚晓红，姜翠玲，许科文，等. 平原河道生态修复措施研究 ［C］//中国原水论坛，2010.

［10］ 余辉. 日本琵琶湖的治理历程、效果与经验 ［J］. 环境科学研究，2013，26（9）：956-965.

［11］ 张连伟，张琳. 北京市永定河流域生态环境的演变和治理 ［J］. 北京联合大学学报（人文社会科学版），2017，15（1）：118-124.

［12］ 赵进勇，廖伦国，董哲仁，等. 重庆市苦溪河生态治理的实践 ［J］. 水利水电技术，2007，38（3）：9-13.

［13］ 彭文启. 河湖健康评估指标、标准与方法研究 ［J］. 中国水利水电科学研究院学报，2018，16（5）：394-404.

［14］ 徐宗学，顾晓昀，左德鹏. 从水生态系统健康到河湖健康评价研究 ［J］. 中国防汛抗旱，2018，28（8）：17-24.